Wi-Fi

Instalación, Seguridad y Aplicaciones

Wi-Fi

Instalación, Seguridad y Aplicaciones

José A. Carballar

Ra-Ma®

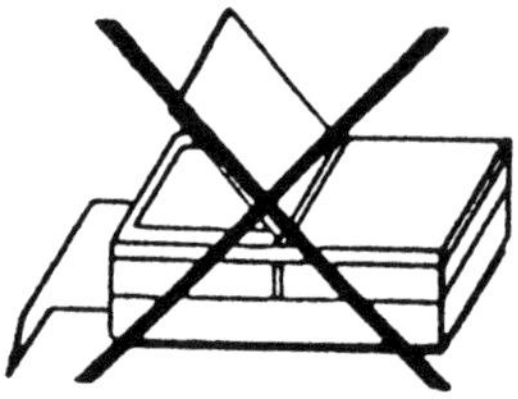

La ley prohíbe
fotocopiar este libro

Editado por:
RA-MA Editorial
Calle Jarama, 3A, Polígono Industrial Igarsa
28860 PARACUELLOS DE JARAMA, Madrid
Teléfono: 91 658 42 80
TeleFax: 91 662 81 39
Correo electrónico: editorial@ra-ma.com
Internet: **www.ra-ma.es** y **www.ra-ma.com**
ISBN: 9788478978076
Depósito Legal: M-26522-2007
Autoedición: Autor
Filmación e impresión: Albadalejo, S.L.
Impreso en España
07 12 11 10 9 8 7 6 5

A mis compañeros de fatiga diaria en estos últimos años: José Antonio, Marco, Juan, Antonio, Jorge, Olga, Paula, todos los Paco, Fernando, Juani, Nacho, Cuca, Esteban, Enrique, José Manuel, Alfredo, Rosi, Fermín, Natalia, Aniceto, Pepe, Manolo, Inés y Luis. Gracias por vuestra amistad.

ÍNDICE

PRÓLOGO

Cuando me pongo a pensar en las cosas que han cambiado en los ocho años que llevo trabajando en Estados Unidos, una de las que más me llama la atención es la evolución que ha tenido Internet y la facilidad creciente con la que podemos acceder a través de este medio a un contenido cada vez más completo, y a unas aplicaciones cada vez más sofisticadas.

Decía el escritor americano Gregory Benford en uno de sus libros que una tecnología distinguible de la magia no es suficientemente avanzada. La primera vez que hice una videoconferencia desde un ordenador portátil que no estaba conectado a ningún cable, no pude evitar pensar que algo de magia debía haber en el asunto. El acceso inalámbrico a Internet desde un ordenador ha debido ser la primera experiencia que hemos tenido la mayoría con esta fascinante tecnología llamada Wi-Fi.

En casa, Wi-Fi ha pasado en poco tiempo de ser un mero sustituto del cable que conectaba el ordenador al módem de banda ancha, al convertirse en el gran facilitador del hogar digital. Muchos dispositivos pueden conectarse ya a través de Wi-Fi a la red, como portátiles, PDA, cámaras digitales, equipos de sonido, consolas de videojuegos, y hasta teléfonos móviles que han encontrado en el acceso Wi-Fi una forma más económica de hacer llamadas.

En la oficina, Wi-Fi ha reducido sustancialmente el coste de conexión de los ordenadores a la red de área local y facilitado su movilidad.

En muchos aeropuertos, hoteles, centros comerciales, hospitales y restaurantes, Wi-Fi ha hecho posible que el visitante pueda leer su e-mail, navegar por Internet, o incluso comunicarse por videoconferencia. Actividades que hasta hace poco sólo eran posibles en el hogar o en la oficina.

En Estados Unidos se estima que en 2007 hay ya más de medio millón de puntos públicos de acceso Wi-Fi, comparado con sólo unos pocos miles en 2004. Y este número seguirá creciendo mientras haya espacios públicos sin este tipo de acceso.

Existen varios modelos de negocio desarrollados por las compañías que ofrecen acceso público Wi-Fi. Muchos hoteles, restaurantes y centros comerciales lo dan gratis, esperando atraer clientes a sus establecimientos. Otros cobran por el servicio en modalidades que van desde el prepago por horas, hasta la contratación mensual o anual.

Aquí en Estados Unidos están proliferando las redes municipales Wi-Fi, donde suelen combinarse el esfuerzo de una empresa privada, que actúa como operador, y el del ayuntamiento, como promotor e incluso financiador. En unos casos se ofrece acceso a los ciudadanos en toda la ciudad, y en otros está restringido a parques o ciertos espacios públicos. A veces se ofrece el servicio de forma gratuita, ya sea bajo la subvención del ayuntamiento o gracias al negocio de publicidad generado por el operador, mientras que otras veces se debe pagar por el servicio.

Algunos operadores de telecomunicaciones tradicionales ven las redes Wi-Fi como una amenaza, y otros como una oportunidad. Nadie sabe en este momento cuáles van a ser los modelos de negocio de éxito sostenibles en el tiempo, ni qué tipo de compañías serán las más beneficiadas en la revolución Wi-Fi, pero lo que sí está claro es que la rápida expansión de esta tecnología ha contribuido al desarrollo de nuevas aplicaciones en el multisector de las telecomunicaciones, tecnologías de la información y el entretenimiento. Por lo tanto, los 220 millones de referencias que hoy encuentra uno al introducir la palabra "Wi-Fi" en un buscador de Internet seguirán creciendo en los próximos años a la vez que aumenten las nuevas posibilidades que nos traerá esta fascinante tecnología.

Este libro que he tenido el honor de prologar, aborda de una forma clara y amena todos los aspectos relacionados con la tecnología Wi-Fi, incluida sus aplicaciones. Su autor, José Antonio Carballar, con quien he tenido ocasión de trabajar varios años en Suiza, Holanda y aquí en Estados Unidos, es un gran conocedor de la materia y un experto comunicador, por lo que estoy convencido que el lector encontrará este libro interesante, ameno y didáctico.

Rafael Serrano
Vicepresidente de Estrategia, Marketing y Regulación
Telefónica USA

Para contactar con el autor: *carballar@telefonica.net*

CAPÍTULO

1

La revolución inalámbrica

INTRODUCCIÓN

Se llama comunicación inalámbrica a aquélla que se lleva a cabo sin el uso de cables de interconexión entre los participantes; por ejemplo, una comunicación con teléfono móvil es inalámbrica, mientras que una comunicación con teléfono fijo tradicional no lo es.

No cabe duda de que la tecnología inalámbrica está ocupando rápidamente las preferencias de todo tipo de usuarios. La telefonía móvil está cada vez más cerca de convertirse en un sistema de comunicación personal universal en el mundo occidental, los teléfonos inalámbricos de casa son cada vez más comunes en detrimento de los incómodos teléfonos con cables enrollados y, desde hace poco, los ordenadores están también liberándose de sus ataduras. Cada vez son más los hogares, los cafés, las pequeñas empresas, los aeropuertos o las grandes compañías en los que se dispone de redes inalámbricas de ordenadores.

Aunque las tecnologías que hacen posible las comunicaciones inalámbricas (láser, infrarrojo y radio, principalmente) existen desde hace muchos años, su implantación comercial no ha sido posible hasta fechas recientes. El primer servicio que se liberó del cable fue la telefonía, la transmisión de voz. La telefonía móvil apareció en los años 70 y poco a poco se ha ido desarrollando hasta superar a la telefonía fija en el número de líneas; por ejemplo, en España existe una penetración de telefonía fija de 50 líneas por cada 100 habitantes mientras que la telefonía móvil supera las 80.

La revolución de los ordenadores personales y el espectacular desarrollo de Internet está haciendo que la informática sea tan común en la vida diaria como lo es el teléfono. Tenemos ordenadores de sobremesa, portátiles o los más recientes PDA (*Personal Digital Assistant*, 'Asistentes digitales personales') o TabletPC. Por otro lado, también tenemos la informática en todo tipo de útiles diarios: desde el coche o la calefacción de casa hasta los juguetes de los niños. Todos estos dispositivos son susceptibles de comunicarse entre sí y, aunque pueden hacerlo por los sistemas de cables tradicionales, su mayor potencial se alcanza a través de las comunicaciones inalámbricas.

En este entorno, no es de estrañar que esté creciendo el número de soluciones inalámbricas: GSM, UMTS, Wi-Fi, Bluetooth, Dect, GPRS, 3G, WiMax, etc.

REDES INALÁMBRICAS DE DATOS

Una red inalámbrica de datos no es más que un conjunto de ordenadores, o de cualquier otro dispositivo informático, comunicados entre sí mediante soluciones que no requieran el uso de cables de interconexión. También existen redes inalámbricas de voz, pero éstas no son el objeto de este libro y, salvo mención expresa, siempre nos referiremos a las redes inalámbricas de datos.

Aunque se puede llegar a pensar que las redes inalámbricas están orientadas a dar solución a las necesidades de comunicaciones de las empresas, dado su bajo coste, cada vez más forman parte del equipamiento de comunicaciones de los hogares.

Para disponer de una red inalámbrica, sólo hace falta instalar una tarjeta de red inalámbrica en los ordenadores involucrados, hacer una pequeña configuración y listo. Esto quiere decir que instalar una red de este tipo es un proceso mucho más rápido y flexible que instalar una red cableada. Piense lo que supone no tener que instalar cables por los suelos y paredes de la oficina o la casa. Además, las redes inalámbricas hacen posible que sus usuarios se muevan libremente sin perder la comunicación.

Una vez instalada la red inalámbrica, su utilización es prácticamente idéntica a la de una red cableada. Los ordenadores que forman parte de la red pueden comunicarse entre sí y compartir toda clase de recursos. Se pueden compartir archivos, directorios, impresoras, unidad de disco, o incluso, el acceso a otras redes, como puede ser Internet. Para el usuario, en general, no hay diferencia entre estar conectado a una red cableada o a una red inalámbrica. De la misma forma, al igual que ocurre con las redes cableadas, una red inalámbrica puede estar formada por tan sólo dos ordenadores o por miles de ellos.

Por todo lo anterior, las soluciones inalámbricas están poco a poco ocupando un lugar más destacado dentro del panorama de las posibilidades que tienen dos equipos informáticos de intercomunicarse.

Los únicos puntos negativos de las redes inalámbricas en su comparación con las redes cableadas son: tienen un menor ancho de banda (velocidad de transmisión) y son más susceptibles a una instalación no segura. El ancho de banda de las soluciones inalámbricas actuales se encuentra entre los 11 y los 54 Mbps (aunque ya existen algunas soluciones propietarias a 100 Mbps), mientras que las redes de cable alcanzan los 100 Mbps. En cuanto a la seguridad, aunque existen sistemas que la garantizan, éstas hay que configurarlas específicamente, cosa que suelen pasar por alto muchos usuarios.

TIPOS DE REDES INALÁMBRICAS DE DATOS

Cuando anteriormente hemos hablado de las redes inalámbricas de datos, realmente nos hemos estado refiriendo a las redes de área local inalámbricas. Sin embargo, a poco que hayamos leído algún que otro artículo al respecto o participado en alguna conversación, rápidamente vienen a nuestra mente otras siglas como WiMax, Bluetooth, UMTS, etc. Estas siglas, al igual que otras existentes, hacen referencia a distintos tipos de redes o de tecnologías inalámbricas. Para saber bien por dónde nos movemos, vamos a pararnos un momento a diferenciar los distintos tipos de redes inalámbricas que existen.

Las comunicaciones inalámbricas, como cualquier otra cosa en esta vida, pueden clasificarse de distintas formas dependiendo del criterio al que se atienda. En este caso, vamos a clasificar los sistemas de comunicaciones inalámbricas de acuerdo con su alcance. Se llama **alcance** a la distancia máxima a la que pueden situarse las dos partes de la comunicación inalámbrica.

WPAN	WLAN	WMAN	CELULAR
<10 metros	**Edificio Campus**	**Ciudad**	**Región Global**
Bluetooth	*Wi-Fi*	*LMDS*	*2,5G*
ZigBee	*HomeRF*	*MMDS*	*3G*
IrDA	*HiperLAN*	*WiMax*	*4G*

Tabla 1.1. Tipo de redes inalámbricas

Por tanto, las comunicaciones inalámbricas se dividen en los siguientes grupos de acuerdo con su alcance:

- Las **redes inalámbricas de área personal** o **WPAN** (*Wireless Personal Area Network*) cubren distancias inferiores a los 10 metros. Estas soluciones están pensadas para interconectar los distintos dispositivos de un usuario (por ejemplo, el ordenador con la impresora). Éste es el caso de la tecnología Bluetooth.
- Las **redes inalámbricas de área local** o **WLAN** (*Wireless Local Area Network*) cubren distancias de unos cientos de metros. Estas redes están pensadas para crear un entorno de red local entre ordenadores o terminales situados en un mismo edificio o grupo de edificios. Éste es el caso de Wi-Fi o HomeRF, por ejemplo.
- Las **redes inalámbricas de área metropolitana** o **WMAN** (*Wireless Metropolitan Area Network*) pretenden cubrir el área de una ciudad o entorno metropolitano. Los protocolos LMDS (*Local Multipoint Distribution Service*, 'Servicio local de distribución multipunto') o WiMax (*Worldwide Interoperability for Microwave Access*, 'Interoperatividad mundial para accesos de microondas') ofrecen soluciones de este tipo.
- Por último, tenemos las **redes globales** con posibilidad de cubrir toda una región (país o grupo de países). Estas redes se basan en la tecnología celular y han

aparecido como evolución de las redes de comunicaciones de voz. Éste es el caso de las redes de telefonía móvil conocidas como 2,5G o 3G. En comunicaciones móviles de voz se les llama **1G** (primera generación) a los sistemas analógicos (tipo NMT o AMPS), **2G** a los digitales (tipo GSM o CDMA), **2,5G** a los digitales con soporte para datos a alta velocidad (tipo GPRS, IS-95B o EDGE, *Enhanced Data for GSM Evolution*) y **3G** o tercera generación a los nuevos sistemas de telefonía celular con capacidad de gran ancho de banda. Este último es el caso de UMTS (*Universal Mobile Telecommunications Service*, 'Servicio universal de telecomunicaciones móviles') o CDMA-2000 *(Code División Multiple Access*, 'Acceso múltiple por división de código'), por ejemplo.

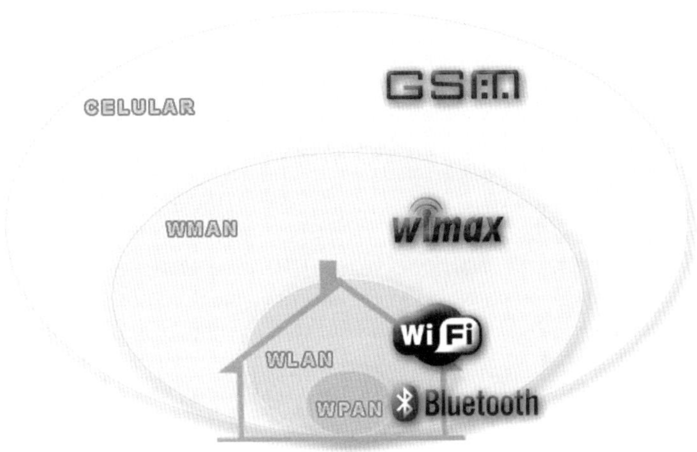

Figura 1.1. Tipos de redes inalámbricas

REDES INALÁMBRICAS DE ÁREA PERSONAL

Se ha venido a llamar redes inalámbricas de área personal, WPAN (*Wireless Personal Area Networks*), a aquellas redes que tienen un área de cobertura de varios metros (del orden de 10 metros). La finalidad de estas redes es comunicar cualquier dispositivo personal (ordenador, terminal móvil, PDA, etc.) con sus periféricos, así como permitir una comunicación directa a corta distancia entre estos dispositivos.

Hoy en día se dispone de una variedad de dispositivos personales: al ordenador se ha unido el teléfono móvil y, más recientemente, la PDA. Tradicionalmente, la comunicación de estos dispositivos con sus periféricos se ha hecho utilizando el cable.

No obstante, tener pequeños dispositivos repletos de cables alrededor no resulta muy cómodo, por lo que la comunicación inalámbrica supone un gran avance en cuanto a versatilidad y comodidad.

Impresoras, auriculares, módem, escáner, micrófonos, teclados, todos estos dispositivos pueden intercomunicarse con su terminal vía radio evitando tener que conectar cables para cada uno de ellos.

Bluetooth

Bluetooth es una de las tecnologías de redes inalámbricas de área personal más conocidas. Al contrario que otras tecnologías como Wi-Fi, la tecnología Bluetooth no está pensada para soportar redes de ordenadores, sino, más bien, para comunicar un ordenador o cualquier otro dispositivo con sus periféricos: un teléfono móvil con su auricular, una PDA con su ordenador, un ordenador con su impresora, etc.

Bluetooth fue desarrollado en 1994 por la empresa sueca Ericsson con el objetivo de conseguir un sistema de comunicación de los teléfonos móviles con sus accesorios (auriculares, ordenadores, etc.). En 1998 se creó el Grupo de Interés Especial Bluetooth (*Bluetooth Special Interest Group*, SIG), *www.bluetooth.com*, formado por la propia Ericsson, IBM, Intel, Nokia y Toshiba (se anunció en mayo de 1998 y se formalizó en febrero de 1999). Esto le dio un gran empuje comercial a esta tecnología. En diciembre de 1999 se habían unido al grupo otras cuatro grandes empresas: Microsoft, Lucent, 3Com y Motorola. Hoy lo forman más de 6.000 empresas en todo el mundo.

Figura 1.2. Dispositivos Bluetooth

Por cierto, el nombre Bluetooth significa en español 'diente azul' y procede del apodo que tenía el rey Harald Blaatlund II, un legendario guerrero danés del siglo X. *Blaatlund* significa *blue tooth* o diente azul. Este rey pasó a la historia por unificar las tribus noruegas, suecas y danesas.

Las comunicaciones de Bluetooth se llevan a cabo mediante el modelo maestro/esclavo. Un terminal maestro puede comunicarse hasta con siete esclavos simultáneamente. No obstante, el maestro siempre puede suspender las comunicaciones con un esclavo (mediante una técnica conocida como *parking*) y activar la comunicación con un nuevo dispositivo esclavo. Con este sistema un maestro puede establecer comunicación con un máximo de 256 esclavos, donde sólo siete comunicaciones pueden permanecer activas simultáneamente. A este conjunto de relaciones maestro/esclavo se le llama *piconet*. En este entorno, un dispositivo puede ser a la vez maestro de un *piconet* y esclavo de otro. Cuando ocurre esto, al conjunto resultante se le conoce como *scatternet* (red dispersa).

Bluetooth utiliza la técnica FHSS (*Frequency Hopping Spread Spectrum*, 'Espectro expandido por salto de frecuencia') en la banda de frecuencias de 2,4 GHz. Puede establecer comunicaciones asimétricas, donde la velocidad máxima en una dirección es de 721 Kbps y 57,6 Kbps en la otra, o simétricas de 432,6 Kbps en ambas direcciones. Por otro lado, puede transmitir tanto voz como datos.

La tecnología Bluetooth está descrita en la especificación IEEE 802.15.1. La primera versión de Bluetooth se publicó en julio de 1999. A esta versión siguieron la v1.1 (marzo de 2001), v1.2 (año 2003) y v2.0 (noviembre de 2004). Esta última versión reduce el consumo de energía a la mitad y aumenta el ancho de banda a 3 Mbps, pasando la velocidad máxima en una dirección de los 721 Kbps a 2,1 Mbps.

CARACTERÍSTICA	Bluetooth	ZigBee
Técnica de modulación	*FHSS*	*DSSS*
Ocupación del protocolo	*250 Kbytes*	*28 Kbytes*
Duración de la batería	*4 a 8 horas*	*2 a 3 años*
Velocidad máxima	*1 Mbps*	*250 Kbps*
Alcance	*1 a 100 m*	*< 70 m.*
Tiempo de activación	*3 segundos*	*30 milisegundos*

Tabla 1.2. Comparación de tecnologías Bluetooth, Dect y Wi-Fi

ZigBee

En diciembre de 2004 el IEEE publicó un nuevo estándar de red inalámbrica de área personal. Se trata de la recomendación IEEE 802.15.4, más comúnmente conocida como ZigBee. La aportación fundamental de esta nueva tecnología es que está pensada específicamente para aplicaciones domóticas, donde se ha considerado más importante el bajo coste de los dispositivos y bajo consumo de energía antes que la velocidad de transmisión. Esta velocidad está comprendida entre los 20 y los 250 Kbps.

Otra particularidad de ZigBee, también conocida como Home RF Lite, es que se ha pensado para que pueda operar en distintas bandas de frecuencia para las que no se necesita licencia de uso (2,4 GHz en todo el mundo, 868 MHz en Europa y 915 MHz en Estados Unidos).

Los promotores de la tecnología ZigBee, entre los que se encuentran Mitsubishi, Motorola, Philips y Samsung, están asociados en la ZigBee Alliance.

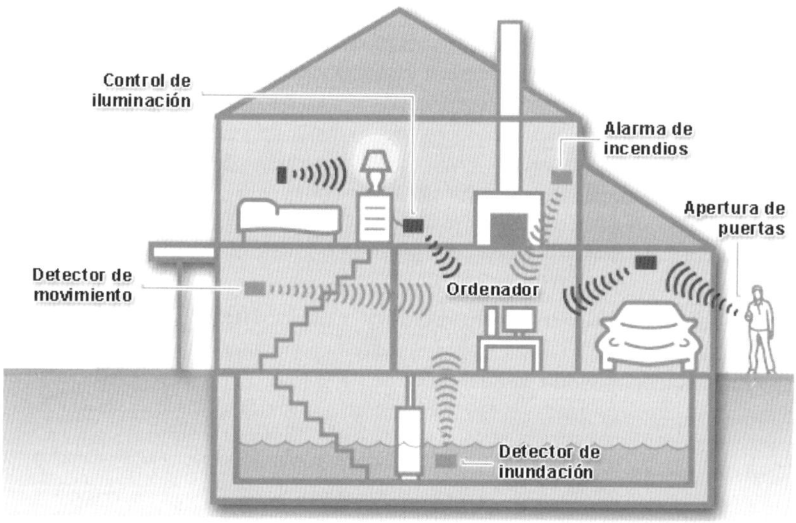

Figura 1.3. Aplicaciones domóticas de ZigBee

DECT

El objetivo de la tecnología DECT es facilitar las comunicaciones inalámbricas entre terminales telefónicos (teléfonos y centralitas inalámbricas). Mediante esta tecnología varios terminales telefónicos inalámbricos pueden compartir una misma línea telefónica, disfrutando además de ciertas facilidades típicas de una centralita.

El estándar DECT (*Digital Enhanced Cordless Telecommunications*, 'Telecomunicaciones digitales inalámbricas mejoradas') existe desde 1992 promulgado por ETSI (*European Telecommunications Standards Institute*, 'Instituto europeo de normalización en telecomunicaciones'). Aunque DECT nació con la orientación del servicio telefónico, en 1999 se adaptó para servicios de transmisión de datos mediante la incorporación de las tecnologías DPRS (*DECT Packet Radio Services*, 'Servicios DECT de paquetes de radio') y DMAP (*DECT Media Access Profile*, 'Perfil DECT de acceso al medio').

DECT trabaja en la banda de frecuencias de 1,9 GHz y utiliza la técnica TDMA (*Time Division Multiple Access*, 'Acceso múltiple por división del tiempo'). La velocidad máxima actual a la que trabaja DECT es de 2 Mbps con alcances de hasta 200 metros.

La mayor limitación que presenta DECT ha sido siempre el hecho de que trabajase en el rango de frecuencias de 1880 a 1900 MHz. Al tratarse de una banda que no es de uso público, no está disponible en todos los países. Aunque en Europa y otros muchos países sí lo está, no es el caso de Estados y Canadá. Esto ha impedido una rápida expansión global. Este inconveniente quedó resuelto en 2005 con DECT 6.0 al ampliar el espectro hasta 1930 MHz y otorgar la FCC (*Federal Communications Commission*, 'Comisión federal de comunicaciones') norteamericana licencia para el uso de esta tecnología en la banda de 1920 a 1930 MHz.

Ciertamente, aunque el uso de esta banda de frecuencias ha sido un freno para DECT, también la ha dado la garantía de sufrir menos interferencias, ya que son frecuencias menos concurridas.

Figura 1.4. Dispositivos DECT

A pesar de que técnicamente DECT podría haber sido competidor de Bluetooth o, incluso, de otros sistemas inalámbricos de mayor alcance, como Wi-Fi, el hecho de que trabaje en la banda de 1,9 GHz (utilizada en Europa para esta tecnología pero con barreras regulatorias en Norteamérica y otras partes del mundo) y que esté muy orientada a voz le puso grandes limitaciones para competir con esas otras tecnologías.

El último avance de ETSI en relación con la tecnología DECT (año 2006) ha sido la incorporación de un nuevo estándar conocido como CAT-iq (*Cordless Advanced Technology – Internet and Quality*, 'Tecnología inalámbrica avanzada – Internet y calidad'). Esta nueva extensión está orientada a utilizar DECT con aplicaciones IP, como voz de banda ancha, retransmisión de audio y video, etc.

CARACTERÍSTICA	BLUETOOTH	DECT	WI-FI
Alcance	*10 m*	*200 m*	*300 m*
Consumo de energía	*Muy bajo*	*Bajo*	*Medio*
Comunicación en movilidad	*No*	*Sí*	*No*
Velocidad máxima	*1,5 Mbps por conexión*	*552 Kbps por canal*	*54 Mbps (802.11g/a)*
Primera aplicación	*Voz*	*Voz*	*Datos*
Interferencias	*Sí*	*No*	*Sí*

Tabla 1.3. Comparación de tecnologías Bluetooth, Dect y Wi-Fi

Infrarrojo

La luz infrarroja es un tipo de radiación electromagnética invisible para el ojo humano. Los sistemas de comunicaciones con infrarrojo se basan en la emisión y recepción de haces de luz infrarroja. La mayoría de los mandos a distancia de los aparatos domésticos (televisión, vídeo, equipos de música, etc.) utilizan comunicación por infrarrojo. Por otro lado, la mayoría de las famosas PDA (agendas electrónicas personales), algunos modelos de teléfonos móviles y muchos ordenadores portátiles incluyen un dispositivo infrarrojo como medio de comunicación entre ellos.

Los sistemas de comunicaciones de infrarrojo pueden ser divididos en dos categorías:

- Infrarrojo de haz directo. Esta comunicación necesita una visibilidad directa sin obstáculos entre ambos terminales.
- Infrarrojo de haz difuso. En este caso el haz tiene suficiente potencia como para alcanzar el destino mediante múltiples reflexiones en los obstáculos intermedios. En este caso no se necesita visibilidad directa entre terminales.

Las ventajas que ofrecen las comunicaciones de infrarrojo es que no están reguladas, son de bajo coste e inmunes a interferencias de los sistemas de radio de alta frecuencia. Sus principales inconvenientes son su corto alcance, el hecho de que no puedan traspasar objetos y que no son utilizables en el exterior debido a que agentes naturales como la lluvia o la niebla les producen grandes interferencias.

El estándar original IEEE 802.11 (antecesor de Wi-Fi) contemplaba el uso de infrarrojos, pero nunca llegó a desarrollarse debido principalmente a los inconvenientes mencionados. No obstante, no cabe duda de que los sistemas infrarrojos son de los más eficaces sistemas de comunicaciones punto a punto para corta distancia. De hecho, es el sistema utilizado, no sólo por millones de mandos a distancia, sino por millones de ordenadores portátiles, PDA, teléfonos móviles y otros equipos electrónicos de todo el mundo.

Figura 1.5. Dispositivos infrarrojo

IrDA (*Infrared Data Association*) es una asociación que tiene como objetivo crear y promover el uso de sistemas de comunicaciones por infrarrojo. Actualmente tiene creados dos estándares:

- **IrDA-Control**. Es un protocolo de baja velocidad optimizado para ser utilizado en los dispositivos de control remoto inalámbricos. Éste es el caso de dispositivos como los mandos a distancia, ratones de ordenador o *joysticks*.
- **IrDA-Data**. Es un protocolo orientado a crear redes de datos de corto alcance. Está diseñado para trabajar a distancias menores de 1 metro y a velocidades que van desde los 9,6 Kbps hasta los 16 Mbps. Existe una versión que extiende el alcance a 2 metros, con un alto coste de consumo energético, y otra que reduce el alcance a 30 cm, reduciendo el consumo energético a la décima parte. Existen también varios protocolos opcionales que habilitan el protocolo IrDA-Data para ser utilizado en aplicaciones específicas. Éste es el caso de IrCOMM (*Infrared Serial/Parallel Port Emulation*, 'Emulador infrarrojo de puerto serie/paralelo'), IrTran-P (*Infrared Digital Image Transfer*, 'Transferencia de imagen digital con

infrarrojo'), IrLAN (*Infrared Local Area Network Connectivity*, 'Conectividad de red de área local con infrarrojo') o IrMC (*Infrared Mobile Communications*, 'Comunicaciones móviles con infrarrojo').

La tecnología de infrarrojos parece que ha encontrado su nicho en las comunicaciones a muy corto alcance. Esto convierte a IrDA en compatible con tecnologías como Bluetooth. Además, IrDA ofrece la ventaja adicional de la seguridad, ya que las emisiones de haces infrarrojos se quedan en un entorno mucho más privado que las propagaciones de ondas de radio.

REDES INALÁMBRICAS DE ÁREA LOCAL

Se llama redes inalámbricas de área local, WLAN (*Wireless Local Area Networks*), a aquellas redes que tienen una cobertura de unos cientos de metros. Estas redes están pensadas para crear un entorno de red local entre ordenadores o terminales situados en un mismo edificio o grupo de edificios. En el mercado existen distintas tecnologías que dan respuesta a esta necesidad. Entre estas tecnologías se encuentran las siguientes:

- Wi-Fi
- HomeRF
- HiperLAN
- HiSWAN
- OpenAir

Vamos a describir algunas de estas tecnologías.

Qué es Wi-Fi

Durante bastantes años, las redes inalámbricas de ordenadores se llevaban a cabo utilizando soluciones particulares de cada fabricante. Estas soluciones, llamadas propietarias, tenían el gran inconveniente de no permitir interconectar equipos de distintos fabricantes. Cada fabricante desarrollaba su propia solución y la comercializaba por su cuenta. Para el cliente, esto suponía tener que trabajar siempre con el mismo fabricante, y, por tanto, estar sometido siempre a las limitadas soluciones que un solo fabricante puede ofrecer.

La única forma de resolver este problema es desarrollar un sistema normalizado que sea aceptado por todos los fabricantes como sistema común. Idealmente, son los organismos internacionales de normalización quienes realizan este trabajo con la ayuda de los propios interesados. No obstante, en muchas ocasiones una de las empresas o asociación de empresas ha sido la que ha logrado imponer su sistema en el mercado. Éste es el caso, por ejemplo, del sistema VHS de vídeo o del sistema GSM de comunicaciones móviles.

En el caso de las redes locales inalámbricas, el sistema que se está imponiendo es el propuesto por la asociación WECA (*Wireless Ethernet Compatibility Alliance*, 'Alianza de compatibilidad Ethernet inalámbrica') y normalizado por IEEE con el estándar 802.11b. A esta norma se la conoce más habitualmente como Wi-Fi o *Wireless Fidelity* ('Fidelidad inalámbrica').

Con el sistema Wi-Fi se pueden establecer comunicaciones a una velocidad máxima de 11 Mbps, alcanzándose distancias de hasta varios cientos de metros. No obstante, versiones más recientes de esta tecnología permiten alcanzar los 22, 54 y hasta los 100 Mbps.

Figura 1.6. Ordenador TabletPC con conexión inalámbrica Wi-Fi

HomeRF

Varias empresas crearon en 1998 un grupo de trabajo bajo el nombre HomeRF (*Home Radio Frequency*, 'Radiofrecuencia del hogar') con el objetivo de desarrollar y promover un sistema de red inalámbrica para el hogar. Aunque el grupo de trabajo lo formaron inicialmente Compaq, HP, IBM, Intel y Microsoft, posteriormente se le unieron más miembros hasta casi alcanzar los 100 a finales de 2000. No obstante, la proliferación de otras tecnologías hizo que fuera perdiendo fuerza hasta que finalmente se disolvieron en enero de 2003.

A principios de 1999, HomeRF sacó la versión 1.0 de su protocolo SWAP (*Shared Wireless Access Protocol*, 'Protocolo de acceso compartido inalámbrico'). La versión 2.0 de este protocolo salió en mayo de 2001.

SWAP trabaja en la banda de frecuencias de 2,4 GHz y permite configuraciones de comunicaciones punto a punto y en red.

La versión 1.0 permite transmitir datos a 1,6 Mbps y mantener hasta cuatro comunicaciones dúplex de voz. Tiene un alcance de unos 50 metros y una potencia de transmisión de 100 mW. Utiliza un protocolo similar a IEEE 802.11 para datos y otro similar a DECT para voz. La versión 2.0 alcanza los 10 Mbps.

Por cierto, HomeRF, como Bluetooth, utiliza el sistema FHSS.

HiperLAN

HiperLAN (*High-Performance Radio Local Area Network*, 'Red de área local de radio de alto rendimiento') es el resultado de los trabajos de ETSI (*European Telecommunications Standards Institute*, 'Instituto europeo de normalización en telecomunicaciones') para conseguir un estándar de red de área local inalámbrica vía radio. La primera versión de este estándar, HiperLAN/1, publicada en 1996, trabajaba en la banda de frecuencias de 5 GHz y alcanzaba velocidades de hasta 24 Mbps.

En 1997 ETSI reconoció que HiperLAN/1 no estaba resultando viable comercialmente y creó un proyecto llamado BRAN (*Broadband Radio Access Network*, 'Red de acceso radio de banda ancha'). El resultado se obtuvo en febrero de 2000 con HiperLAN/2.

HiperLAN/2 ofrece velocidades de transmisión de 54 Mbps utilizando el sistema OFDM (*Orthogonal Frequency Division Multiplexing*, 'Multiplexado ortogonal por división de frecuencia'). Las frecuencias utilizadas son de 5,25 a 5,35 GHz para sistemas de interior a 200 mW de potencia y de 5,47 a 5,725 GHz para sistemas de exterior a 1000 mW de potencia.

La capa física de Hiperlan es prácticamente idéntica a IEEE 802.11a. La mayor diferencia radica en la capa MAC. Mientras que IEEE 802.11a pretende ser simplemente una versión inalámbrica de 802.3, Hiperlan está diseñado de una forma más ambiciosa: soporta aplicaciones en las que el tiempo de respuesta es crítico, define interfaces de redes de tercera generación, redes ATM (*Asynchronous Transfer Mode*, 'Modo de transferencia asíncrono') y *Firewire* (IEEE 1394). Además, para conseguir una mejor utilización del espectro radioeléctrico, Hiperlan considera características como TPC (*Transmission Power Control*, 'Control de la potencia de transmisión') o DFS (*Dynamic Frequency Selection*, 'Selección dinámica de frecuencia').

En 1999 se creó una asociación, *HiperLAN2 Global Forum*, formada por Nokia, Tenovis, Dell, Ericsson, Telia y Texas Instrument, para promover el uso de este estándar. A pesar de ello, este sistema sigue sin alcanzar el éxito comercial deseado.

Figura 1.7. PDA con dispositivos inalámbricos

REDES INALÁMBRICAS DE ÁREA METROPOLITANA

Se llama redes inalámbricas de área metropolitana, WMAN (*Wireless Metropolitan Area Networks*), las que tienen una cobertura desde unos cientos de metros hasta varios kilómetros. El objetivo es poder cubrir el área de una ciudad o entorno metropolitano. Los protocolos LMDS (*Local Multipoint Distribution Service*, 'Servicio local de distribución multipunto') o WiMax (*Worldwide Interoperability for Microwave Access*, 'Interoperatividad mundial para accesos de microondas') ofrecen soluciones de este tipo.

Existen dos topologías básicas: sistemas que facilitan una comunicación punto a punto a alta velocidad entre dos emplazamientos fijos y sistemas que permiten crear una red punto-multipunto entre emplazamientos fijos. En este último caso el ancho de banda utilizado es compartido entre todos los usuarios del sistema.

LMDS

LMDS es una tecnología inalámbrica vía radio para comunicación entre puntos fijos. Esto quiere decir que no es una tecnología pensada para ser utilizada por terminales en movimiento. El rango de frecuencias utilizado varía entre 2 y 40 GHz dependiendo de la regulación del país en el que se utilice.

LMDS utiliza un transmisor central emitiendo su señal sobre un radio de hasta 5 kilómetros. Las antenas de los receptores se sitúan generalmente en los tejados de los edificios para procurar una visibilidad directa con el transmisor central.

Un inconveniente de los sistemas LMDS es que no existe un estándar que asegure la compatibilidad de los equipos de distintos fabricantes.

WiMax

WiMax (*Worldwide Interoperability for Microwave Access*, 'Interoperatividad mundial para accesos de microondas') es una tecnología de transmisión inalámbrica de datos que permite crear zonas de accesos concurrentes de hasta 48 Km de radio a velocidades de hasta 70 Mbps sin necesidad de visibilidad directa.

La tecnología WiMax está impulsada por un consorcio de empresas (WiMax Forum) creado en abril de 2002. Esta tecnología, basada en los estándares HiperMan de ETSI y 802.16 del IEEE, está recogida en el estándar 802.16a/HiperMan ratificado en marzo de 2003.

Desde el punto de vista de la cobertura, una estación base típica WiMax (802.16a/HiperMAN) tiene un alcance de hasta 50 kilómetros. Aunque la cobertura típica suele ser menor de 10 kilómetros. Por otro lado, desde el punto de vista del servicio, una estación base puede ofrecer servicio a más de 60 empresas (a 2Mbps) y cientos de hogares (a 256 Kbps) simultáneamente. Todo esto convierte a WiMax en una tecnología de banda ancha alternativa a xDSL o el cable. De hecho, también se la conoce como WDSL (*Wireless DSL*, 'DSL inalámbrico').

Para garantizar la conectividad en las peores condiciones, WiMax considera la utilización de distintos tipos de modulaciones, pudiendo aumentar el alcance a costa de bajar la velocidad de conexión. Por otro lado, aunque actualmente se está trabajando a velocidades de hasta 72 Mbps, se espera poder aumentar esta velocidad en un futuro.

Uno de los grandes inconvenientes que ha tenido siempre WiMax era que no permitía la movilidad. Sin embargo, en diciembre de 2005 quedó aprobado lo que se conoce como WiMax Móvil o 802.16e, el cual permite la utilización de terminales en movimiento. Por otro lado, en Corea han desarrollado una versión de este estándar a la que han bautizado como WiBro (*Wireless Broadband*, 'Banda ancha inalámbrica').

TECNOLOGÍA	DESCRIPCIÓN
AMPS	Advanced Mobile Phone System *(Sistema de telefonía móvil avanzada). Desarrollado por los laboratorios Bell en los años 70. Su primer uso comercial no se produjo hasta 1983 en Estados Unidos. Opera en la banda de los 800 MHz.*
C-Netz	*Antiguo sistema de telefonía celular utilizado en Alemania y Austria. Opera en la banda de 450 MHz.*
Comvik	*Sistema lanzado en 1981 en Suecia por la empresa Comvik Network.*
N-AMPS	Narrowband Advanced Mobile Phone System *(Sistema de telefonía móvil de banda estrecha). Desarrollado por Motorola como paso intermedio entre la tecnología analógica y digital. Opera en la banda de 800 MHz y tiene tres veces más capacidad que AMPS.*
NMT	Nordic Mobile Telephones *(Teléfonos móviles nórdicos). Desarrollado por Ericsson y Nokia para operar en los países nórdicos. Este sistema lo instaló Telefónica en España a finales de los años 90. La primera versión trabajaba en la banda de 450 MHz. Posteriormente se desarrolló una versión en 900 MHz.*
NTT	Nippon Telegraph and Telephone *(Teléfonos y telégrafos de Japón). Sistema de telefonía móvil analógica utilizado en Japón. Tuvo una nueva versión de mayor capacidad conocido como HICAP.*
RC2000	*Radiocom 2000. Sistema analógico francés lanzado en noviembre de 1985.*
TACS	Total Access Communications System *(Sistema de comunicaciones de acceso total). Desarrollado por Motorola. Es un sistema similar a AMPS que fue utilizado por primera vez en el Reino Unido en 1985. En Japón se utilizó con el nombre JTAC. Opera en la banda de 900 MHz.*

Tabla 1.4. Tecnologías celulares analógicas (1G) existentes en el mundo

REDES INALÁMBRICAS GLOBALES

Se puede decir que los únicos sistemas inalámbricos de cobertura global que existen actualmente son los de telefonía móvil. Aunque los primeros sistemas de telefonía móvil fueron sistemas analógicos con muy pocas prestaciones para transmitir datos, pronto se empezó a pensar en el móvil como una buena herramienta para mantener la comunicación independientemente del lugar donde nos encontremos. No obstante, el alto precio de este tipo de soluciones y sus limitaciones de ancho de banda han supuesto siempre un freno para su despegue.

Hasta finales de los años 80 no aparecieron los primeros sistemas digitales con posibilidades de transmitir datos. A estos sistemas se les ha conocido como sistemas de telefonía celular de segunda generación (2G). Éste es el caso de la tecnología europea GSM (*Global System for Mobile Communications*, 'Sistema global para comunicaciones móviles') y de la norteamericana CDMA (*Code Division Multiple Access*, 'Acceso múltiple por división de código').

Figura 1.8. Transmisión de datos con teléfonos GSM (imagen por cortesía de Siemens)

GSM

GSM es una tecnología estandarizada por el ETSI (*European Telecommunications Standards Institute*, 'Instituto europeo de estándares de telecomunicaciones') a finales de los años 80. Su comercialización se llevó a cabo en Europa durante los primeros años de la década de los 90 y rápidamente alcanzó una cobertura global con cientos de millones de usuarios. Hoy en día es el sistema 2G más extendido.

GSM puede transmitir datos a 13 Kbps sin necesidad de utilizar módem. Para conectar un ordenador o PDA a un teléfono GSM, sólo hace falta un cable adaptador y el *software* apropiado. Un modo especial de transmisión de datos que admite GSM es el envío y recepción de mensajes cortos de texto (hasta 160 caracteres) mediante el servicio

SMS (*Short Message Service*, 'Servicio de mensajes cortos') desde el propio terminal de telefonía móvil. Estos mensajes pueden intercambiarse tanto con otros terminales móviles, como con terminales de telefonía fija e Internet.

TECNOLOGÍA	DESCRIPCIÓN
CDMA (IS-95)	Code Division Multiple Access *(Acceso múltiple por división de código). Sistema digital desarrollado por Qualcomm. Utiliza las mismas frecuencias que el sistema AMPS y, de hecho, son sistemas compatibles.*
CT-2 y CT-3	Cordless telephone *(telefonía inalámbrica). Es la segunda y tercera versión del estándar de telefonía inalámbrica precursora de DECT.*
D-AMPS (IS-54)	Digital AMPS *(AMPS digital). Versión digital del estándar AMPS analógico. Emplea las mismas frecuencias que su antecesor analógico (800 MHz).*
DCS 1800	Digital Cordless Standard *(Estándar inalámbrico digital). Es una versión de GSM que opera en la banda de 1.800 MHz.*
DECT	Digital European Cordless Standard *(Estándar inalámbrico digital europeo). Es una evolución de CT-3. Permite transmitir datos a 32 Kbps. Existen terminales que pueden funcionar indistintamente en DECT y GSM.*
GSM	Global System for Mobile Communications *(Sistema global de comunicaciones móviles). Sistema digital europeo utilizado tanto en Europa como en el resto del mundo. Opera en la banda de 900 MHz.*
PCS	Personal Communications Service *(Servicio de comunicaciones personales). Es la versión de GSM utilizada en Estados Unidos. Opera en la banda de 1.900 MHz.*
Inmarsat	International Maritime Satellite System *(Sistema internacional de comunicaciones marítimas por satélite). Permite comunicaciones móviles desde cualquier parte del mundo gracias a los satélites geoestacionarios que componen el sistema.*
PDC	Personal Digital Cellular *(Celular digital personal). Es un estándar japonés que utiliza el sistema TDMA y funciona en las bandas de 800 y 1.500 MHz.*
PHS	Personal Handy System *(Sistema personal manejable). Sistema japonés que permite transmitir datos a alta velocidad.*
TDMA	Time Division Multiple Access *(Acceso múltiple por división en el tiempo). Tecnología en el que se han basado los primeros sistemas digitales de telefonía: DAMP y GSM.*

Tabla 1.5. Algunas tecnologías celulares digitales 2G existentes en el mundo

Ante la necesidad de dotar a GSM de unas mayores prestaciones de transmisión de datos, en el año 2000 se comercializó una nueva tecnología que hacía posible utilizar las redes GSM para transmitir datos con banda ancha. Hablamos de GPRS (*General Packet Radio Service*, 'Servicio general de radio paquetes'), con la que se consiguen 20 Kbps en transmisión y 40 Kbps en recepción (aunque, en teoría, su velocidad máxima son 171,2 Kbps). Posteriormente surgió una versión mejorada, conocida como EGPRS (*Enhanced*

GPRS, 'GPRS mejorado') o EDGE (*Enhanced Data rates for GSM Evolution*, 'Velocidad mejorada de datos para la evolución de GSM') con la que se alcanzan velocidades de hasta 384 Kbps. Todas estas tecnologías forman parte de lo que se conoce como 2,5G.

CDMA

CDMA es una tecnología desarrollada por la empresa Qualcomm. El gran mérito de esta tecnología es que supone una nueva forma de establecer comunicaciones inalámbricas multiusuario con un aprovechamiento de la capacidad seis veces mejor que TDMA. CDMA estuvo lista en 1988, aunque, posteriormente, con la ayuda de AT&T, Motorola y otros fabricantes, se desarrolló una nueva versión dual (analógica y digital) a la que se llamó IS-95, y que ha sido la que se ha instalado en distintos países. La primera implantación de la tecnología CDMA tuvo lugar en Hong Kong en 1995. CDMA también ofrece el servicio SMS de mensajes cortos.

2,5G

Aunque los sistemas 2G tienen ciertas capacidades de transmisión de datos, fundamentalmente se trata de un sistema que da soporte a servicios de voz. Para ofrecer servicios de datos, se ha pensado en una nueva generación de redes celulares, la tercera generación o 3G. No obstante, mientras se desarrolla convenientemente la tecnología para poder ofrecer servicios 3G, se ha creado una ampliación de la tecnología 2G a la que se ha llamado 2,5G. Esta tecnología de transición añade nuevas capacidades de transmisión de datos a la infraestructura de red celular existente.

Existen distintas tecnologías 2,5G:

- **GPRS** (*General Packet Radio Service*, 'Servicio general de radio paquetes'). Esta tecnología añade a las redes GSM la posibilidad de transmitir paquetes de datos. Utiliza la misma infraestructura GSM para enviar la voz y añade una infraestructura de red que permite utilizar un conjunto de protocolos para la transmisión de paquetes de datos. La tecnología GPRS permite transmitir datos a velocidades de hasta 171 Kbps. Esta tecnología se ha implementado fundamentalmente en Europa, aunque se está expandiendo a aquellas otras regiones con sistemas GSM.
- **EDGE** (*Enhanced Data Rates for GSM Evolution*, 'Velocidades mejoradas de datos para la evolución de GSM'). Se trata de una variación de la tecnología GPRS que permite alcanzar velocidades de transmisión de datos de hasta 384 Kbps. Para conseguir esto, se utiliza parte del canal de voz.

- **IS-95B**. Esta tecnología añade la capacidad de transmitir datos a 64 Kbps a las redes CDMA (IS-95A). Esta tecnología se ha implementado principalmente en Corea, Japón y Norteamérica.
- **IMode**. Esta tecnología desarrollada en Japón es complementaria de las redes CDMA. Permite entregar correo electrónico y navegar por los servicios ofrecidos por los proveedores de información. La velocidad de transmisión es de 9,6 Kbps.

TECNOLOGÍA	DESCRIPCIÓN
WCDMA	Wideband CDMA, *'CDMA de Banda Ancha', desarrollada en Japón por NTT DoCoMo. Es la base tecnológica en la que sustentan las tecnologías 3G asociadas a IMT2000.*
UMTS	Universal Mobile Telecommunications System, *'Sistema universal de telecomunicaciones móviles'. Es el estándar europeo creado como evolución de la arquitectura GSM. Basada en WCDMA, ofrece servicios de voz, fax, mensajes multimedia, así como servicios de datos a velocidades de hasta 2 Mbps.*
CDMA-2000	*Evolución del estándar americano CDMAOne. Las empresas coreanas SK Telecom, LG Telecom y KT Freetel la convirtieron en la primera tecnología 3G que ve el mercado al comercializarla a finales del año 2000. Esta primera versión, CDMA-2000-1x, permite transmitir datos a 300 Kbps.*
TD-SCDMA	Time Division-Synchronous Code Division Multiple Access, *'División de tiempo-acceso múltiple síncrono por división de código'. Desarrollada por Siemens y CATT, es una combinación de las técnicas TDMA y CDMA. Su mayor ventaja es que permite interoperar con las redes 2G.*

Tabla 1.6. Algunas tecnologías celulares 3G existentes en el mundo

3G

En el paso de las redes celulares analógicas a las digitales, cada una de las tres regiones importantes desde el punto de vista del desarrollo tecnológico de la tecnología celular (Europa, Norteamérica y Asia) tomaron caminos distintos. De hecho, incluso dentro de cada región ha habido sus variaciones. En cualquier caso, es evidente que lo ideal sería que la tercera generación (3G) se afrontara con el objetivo de conseguir un sistema global común. No obstante, conseguir esto es extremadamente complicado debido a los distintos intereses económicos, políticos y regulatorios que tiene cada parte.

Se puede decir que la tecnología celular de tercera generación comenzó en 1985 cuando la UIT (Unión Internacional de Telecomunicaciones, conocida en inglés por ITU, *International Telecommunications Union*) anunció su iniciativa de crear un nuevo sistema de comunicaciones móviles al que llamó FPLMTS (*Future Public Land Mobile Telecommunications System*, 'Futuro sistema público de telecomunicaciones móviles terrestres'). Esta iniciativa se concretó en 1996 con la creación de IMT2000

(*International Mobile Communications*, 'Comunicaciones móviles internacionales'). El número 2000 se le puso porque se esperaba que la nueva tecnología estuviera lista para la primera década de este nuevo milenio y porque la banda de frecuencia asignada era 2GHz (2000 MHz).

TECNOLOGÍA	VELOCIDAD TEÓRICA	VELOCIDAD REAL	COMENTARIOS
GSM	*9,6 Kbps*	*9,6 Kbps*	*Conmutación de circuitos*
GPRS	*171,2 Kbps*	*44 Kbps*	*Conmutación de paquetes*
EDGE	*384 Kbps*	*70 Kbps*	*Nuevo sistema de modulación*
UMTS	*2 Mbps*	*100 Kbps*	*Interfaz de radio Utran*
HSDPA	*14,4 Mbps*	*7,2 Mbps*	*Asimétrico (5,76 Mbps de subida)*
4G	*100 Mbps*	*100 Mbps*	*Todavía en desarrollo*

Tabla 1.7. Velocidad de transmisión en telefonía móvil

El objetivo de IMT2000 es definir un marco dentro del cual puedan coexistir distintas tecnologías 3G, asegurándose la interoperatividad de servicios (*roaming*, portabilidad, multimedia, etc.). De hecho, IMT2000 pretende ir más allá de un acuerdo entre tecnologías celulares. La visión es disponer de un sistema universal de comunicaciones que cubra todo tipo de redes: con cables y sin cables, terrestres y satelitales.

Después de muchas luchas entre todos los grupos de intereses, finalmente se llegó a un acuerdo de tecnología única en marzo de 1999. Esta tecnología dispone de una base única, conocida como WCDMA (*Wideband* CDMA, 'CDMA de banda ancha', desarrollada en Japón por NTT DoCoMo), sobre la que se desarrollan tres modos opcionales:

- **UMTS** (*Universal Mobile Telecommunications System*, 'Sistema universal de telecomunicaciones móviles'). Es el estándar europeo creado como evolución de la arquitectura GSM MAP basada en WCDMA. Ofrece servicios de voz, fax, mensajes multimedia, así como servicios de datos a velocidades de hasta 2 Mbps. A este estándar también se le conoce como 3GSM.
- **CDMA-2000**. Es una evolución del estándar americano CDMAOne. La particularidad de esta tecnología es que, a finales del año 2000, se convirtió en la primera tecnología 3G que ve el mercado. Los primeros en comercializarla fueron las empresas coreanas SK Telecom, LG Telecom y KT Freetel. Esta primera versión, CDMA-2000-1x, permite transmitir datos a 300 Kbps.
- **TD-SCDMA** (*Time Division-Synchronous Code Division Multiple Access*, 'División de tiempo–acceso múltiple síncrono por división de código'). Es una combinación de las técnicas TDMA y CDMA. Esta tecnología ha sido desarrollada por Siemens y CATT, academia china para la tecnología de las telecomunicaciones. Su mayor ventaja es que permite interoperar con las redes 2G.

CARACTERÍSTICA	UMTS	TD-SCDMA	CDMA 2000
Método de acceso	*CDMA*	*TDMA/CDMA*	*CDMA*
Ancho de banda del canal	*5 MHz*	*5 MHz*	*3x1,25 MHz*
Velocidad de chip	*3,84 Mchip/s*		
Longitud de trama	*10 mseg*	*10 mseg*	*20 mseg*
Factor de expansión	*4-512*	*1-16*	*4-256*
Modulación	*QPSK*		
Codificación del canal	*Convolucional, turbo codificado*		

Tabla 1.8. Comparación de las tecnologías 3G

Desde el punto de vista de la transmisión de datos, la tercera generación define tres modalidades de transmisión: 144 Kbps para usuarios de mucha movilidad, 384 Kbps para usuarios con movilidad limitada (de a pie) y 2 Mbps para usuarios sin movilidad.

Recientemente ha aparecido una nueva tecnología, conocida como HSPA (*High-Speed Packet Access*, 'Acceso de paquetes de alta velocidad'), que permite ofrecer unos mayores anchos de banda en las redes UMTS (3GSM). Esta tecnología dispone de dos estándares: HSDPA (*High-Speed Downlink Packet Access*, 'Acceso de paquetes de alta velocidad de bajada'), aparecido en 2002, y HSUPA (*High-Speed Uplink Packet Access*, 'Acceso de paquetes de alta velocidad de subida') del año 2004. En el primer caso se consiguen velocidades teóricas de hasta 14,4 Mbps, mientras que en el segundo son de hasta 5,76 Mbps. En los desarrollos prácticos actuales, las velocidades que se están consiguiendo son de 1,8, 3,6 y 7,2 Mbps.

Figura 1.9. Terminales móviles de tercera generación

HSDPA hace uso de las tecnologías AMC (*Adaptive Modulation and Coding*, 'Codificación y modulación adaptable'), MIMO (*Multiple Input - Multiple Output*, 'Múltiple entrada - múltiple salida'), HARQ (*Hybrid Automatic Request*, 'Solicitud automática híbrida'), de la búsqueda rápida de celda y de un diseño avanzado de nuevos terminales móviles.

4G

Evidentemente la evolución es imparable. La tercera generación no está todavía bien introducida en el mercado, sin embargo, los desarrolladores de tecnología están continuamente trabajando en nuevos estándares que permitan ir más allá. Las características que se están considerando son las siguientes:

- Velocidades de bajada de 100 Mbps y velocidades de subida de 50 Mbps por cada 20MHz del espectro de frecuencia.
- Al menos 200 usuarios activos por cada célula de 5MHz.
- Tiempos de latencia menores a 5 ms.
- Utilización flexible de las bandas de frecuencia (entre 1,25 MHz y 20 MHz).
- Tamaño óptimo de células de 5 Km, pudiendo alcanzarse los 100 Km con una respuesta aceptable.
- Coexistencia y transparencia con otros estándares (GSM/GPRS o UMTS).

Adicionalmente, una característica de las redes 4G va a ser que estarán basadas, fundamentalmente, en el protocolo IP de Internet.

LA LUCHA TECNOLÓGICA

Como hemos visto anteriormente, existen muchas tecnologías distintas de comunicaciones inalámbricas. Muchas de estas tecnologías son complementarias (éste es el caso de Bluetooth, Wi-Fi o UMTS), pero otras dan respuesta a una misma necesidad y, por tanto, compiten entre ellas por ser las preferidas del mercado. En el caso de las tecnologías de redes de área local inalámbricas, Wi-Fi se ha convertido en un estándar de hecho, ganándole la batalla a HomeRF y HiperLAN.

Para que una tecnología esté lista para ser adoptada por el mercado, es necesario que tenga suficientemente desarrolladas estas cinco características:

- Normalización
- Regulación
- Tecnología
- Servicios
- Precios

Wi-Fi ha sabido posicionarse mejor que el resto en la mayoría de estos puntos.

Característica	Wi-Fi	HiperLAN	HomeRF
Normalización	*Alto*	*Alto*	*Bajo*
Regulación	*Alto*	*Medio*	*Alto*
Tecnología	*Medio*	*Alto*	*Alto*
Servicios	*Alto*	*Medio*	*Medio*
Precios	*Alto*	*Bajo*	*Bajo*

Tabla 1.9. Nivel de adaptación al mercado de las distintas tecnologías de redes locales inalámbricas

LA REGULACIÓN

Uno de los aspectos más importantes para el desarrollo de una tecnología es la regulación. En cada país existe un organismo que se encarga de regular el uso del espectro radioeléctrico. Si dos dispositivos intentasen utilizar la misma frecuencia al mismo tiempo y en el mismo lugar, ninguno de los dos funcionaría. Esto quiere decir que, para que funcionen los equipos de radio, es necesario regular el uso de las bandas de frecuencias. El espectro radioeléctrico es único y se considera un bien social.

ESTÁNDAR	ÁREA	FRECUENCIA	POTENCIA MÁXIMA
802.11, 11b y 11g	*Norteamérica*	*2,4-2,4835 GHz*	*1.000 mW*
	Europa	*2,4-2,4835 GHz*	*100 mW*
	Francia	*2,4465-2,4835 GHz*	*100 mW*
	España	*2,445-2,475 GHz*	*100 mW*
	Japón	*2,471-2,497 GHz*	*10 mW/MHz*
802.11a	*Norteamérica*	*5,15-5,25 GHz*	*50 mW*
		5,25-5,35 GHz	*250 mW*
		5,725-5,825 GHz	*1.000 mW*
HiperLAN/2	*Europa*	*5,15-5,25 GHz*	*200 mW*
		5,25-5,35 GHz	*200 mW*
		5,47-5,725 GHz	*1.000 mW*
HiSWAN	*Japón*	*5,15-5,35 GHz*	*200 mW*

Tabla 1.10. Distintas regulaciones de las bandas de 2,4 y 5 GHz

El regulador se asegura que cada servicio que utiliza una banda de frecuencias (televisión, radio, policía, ambulancia, telefonía móvil, etc.) lo pueda hacer con las mejores garantías y sin que existan interferencias entre ellos. Por este motivo, la mayoría de las bandas de frecuencia no pueden ser utilizadas a menos que se disponga de una licencia (éste es el caso de la telefonía móvil, las emisoras de radio o de televisión, por ejemplo). Sin embargo, existen bandas de frecuencias para las que no se necesita licencia de uso. Éste es el caso de la banda de 2,4 GHz y de 5 GHz.

El hecho de que no se necesite licencia para el uso de estas frecuencias ha favorecido tremendamente la implantación de la tecnología inalámbrica. No obstante, no se está exento de problemas ya que estas bandas de frecuencias son utilizadas por distintas tecnologías (como Wi-Fi, Bluetooth, etc.) pudiendo producirse problemas de interferencias.

Aunque no se necesite licencia de uso, los equipos que funcionan en la banda de 2,4 GHz sí deben cumplir una serie de características, entre las que podemos destacar que la potencia máxima de emisión debe ser de 1.000 mW.

CAPÍTULO 2

Wi-Fi por dentro

INTRODUCCIÓN

Ciertamente, se puede construir una red Wi-Fi sin saber cómo funciona; no obstante, si se comprende su funcionamiento, se estará en una mejor disposición para entender qué está pasando cuando algo no va como se espera. Por otro lado, también ayuda a entender mejor las características de los distintos equipos Wi-Fi y cuáles son las posibilidades reales.

En este capítulo vamos a describir los principios generales en los que se basa el funcionamiento del estándar IEEE 802.11. Como ya sabemos, esta familia de estándares tiene miembros diversos con diferencias tecnológicas. Por ello, vamos a empezar por presentar a la familia para luego centrarnos en su funcionamiento interno.

Wi-Fi hace referencia al estándar IEEE 802.11b. No obstante, las redes inalámbricas Wi-Fi que se instalan hoy en día cumplen también el estándar 802.11g o 802.11a. En cualquier caso, hay que tener en cuenta que todas estas nuevas redes siguen siendo compatibles con 802.11b, por lo que pueden seguir llamándose redes Wi-Fi.

LA EVOLUCIÓN DE IEEE 802

Uno de los factores más importantes para que una tecnología sea aceptada es la normalización, el hecho de que la tecnología esté perfectamente definida para que los distintos fabricantes de equipos, componentes o *software* puedan hacer su trabajo con la seguridad de ser aceptados por el mercado. El organismo de normalización que más ha avanzado en la definición de normas de redes de área local es el IEEE (*Institute of Electrical and Electronics Engineers*, 'Instituto de ingenieros eléctricos y electrónicos'), *http://standards.ieee.org/*.

El IEEE empezó a tratar el tema de la normalización de redes locales y metropolitanas en 1980. Para ello creó un grupo de trabajo al que llamó 802. La norma IEEE 802 fue aprobada en 1990. Esta norma sentaba las bases para el establecimiento de redes de área local y redes metropolitanas basadas en el modelo de interconexión de sistemas abiertos conocido como OSI (*Open Systems Interconnection*).

El modelo OSI se basa en estructurar el proceso de comunicación en siete áreas independientes a las que llama capas (física, enlace, red, transporte, sesión, presentación y aplicación). La mayoría de las redes públicas y privadas de comunicaciones utilizan el modelo OSI como modelo de referencia.

Las redes de cable

De las siete capas del sistema OSI, la norma IEEE 802 define exclusivamente los temas relacionados con las dos primeras capas: las capas física y de enlace. Uno de los temas que se definen en estas dos capas son las técnicas de acceso, las cuales definen cómo cada terminal puede hacer uso del medio de comunicación común. Las primeras técnicas de acceso que definió el IEEE se pensaron para las redes de cable. De esta forma, empezaron a surgir los primeros miembros de la familia 802:

- IEEE 802.3 define una tecnología conocida como CSMA/CD (*Carrier Sense Multiple Access with Collision Detection*, 'Acceso múltiple por detección de portadora con detección de colisión'). Se la conoce más comúnmente como Ethernet.
- IEEE 802.4 define una tecnología conocida como *token bus* o red de área local en *bus* con paso de testigo. Se utiliza fundamentalmente en aplicaciones industriales.
- IEEE 802.5 define una tecnología conocida como *token ring* o red de área local en anillo con paso de testigo. Fue desarrollada por IBM en los años 70.

De los estándares anteriores, el más utilizado es el primero. La tecnología Ethernet fue creada por Robert Metcalfe y comercializada por Xerox en 1973. Este primer diseño funcionaba a 1 Mbps sobre cable coaxial. Posteriormente se extendió el ancho de banda a 10 Mbps (es la que está recogida en la especificación 802.3 de 1983), 100 Mbps (también conocida como 802.3u o Fast Ethernet, año 1995), 1 Gbps (Gigabits Ethernet o 802.3z y 802.3ab, año 1998) y 10 Gbps (802.3ae, año 2003), aunque se habla de futuras versiones a 40 y 100 Gbps. En cualquier caso, la mayoría de las redes instaladas trabajan a 100 Mbps.

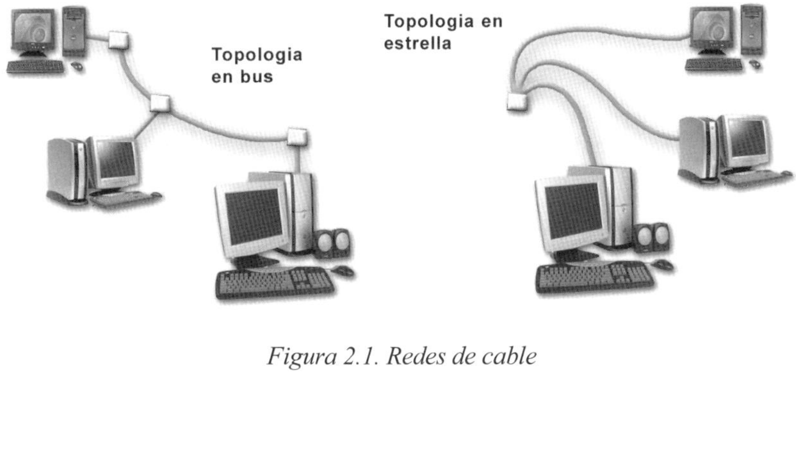

Figura 2.1. Redes de cable

Las redes inalámbricas

En 1997 el IEEE añadió un nuevo miembro a la familia 802 que se ocupa de definir las redes de área local inalámbricas. Este nuevo miembro es el 802.11.

La primera norma 802.11 utilizaba infrarrojos como medio de transmisión y nunca tuvo una buena aceptación en el mercado. Posteriormente, salieron otras dos normas 802.11 basadas en el uso de radiofrecuencia en la banda de 2,4 GHz. Ambas se diferencian en el método de transmisión de radio utilizado. Una utiliza el sistema FHSS (*Frequency Hopping Spread Spectrum*, 'Difusión por salto de frecuencia') y la otra, el sistema DSSS (*Direct Sequence Spread Spectrum*, 'Difusión por secuencia directa').

ESTÁNDAR	GRUPOS DE TRABAJO
802.0	Comité ejecutivo patrocinador, SEC
802.1	Interfaces de red de área local de alto nivel (*High-Level LAN Interfaces*)
802.2	Control lógico del enlace, LLC (*Logical Link Control*)
802.3	CSMA/CD (Ethernet)
802.4	Token Bus
802.5	Token Ring
802.6	MAN (red de área metropolitana)
802.7	Emisión (Grupo técnico de recomendación)
802.8	Fibra óptica (Grupo técnico de recomendación)
802.9	Redes de área local isosíncronas
802.10	Seguridad de interoperación de redes de área local
802.11	Redes de área local inalámbricas
802.12	Prioridad de demanda
802.14	Red de cable de comunicaciones de banda ancha
802.15	Redes personales inalámbricas, WPAN (*Wireless Personal Area Network*)
802.16	Acceso inalámbrico de banda ancha, BWA (*Broadband Wireless Access*)

Tabla 2.1. Grupos de trabajo del comité de normalización IEEE 802

El mayor inconveniente de los sistemas inalámbricos definidos originalmente por 802.11 es que trabajaban a velocidades de 1 y 2 Mbps. Esto, unido al alto coste inicial de los equipos, hizo que la tecnología inalámbrica no se desarrollase hasta 1999. En ese año aparecieron semiconductores de tecnología de radio de 2,4 GHz mucho más baratos (principalmente liderados por empresas como Lucent y Harris). Por otro lado, aparecieron tres nuevas versiones de la norma 802.11:

- **IEEE 802.11b**, que subía la velocidad de transmisión a los 11 Mbps. Por este motivo se la conoció también como 802.11 HR (*High Rate*, 'Alta velocidad').
- **IEEE 802.11a**. Esta norma se diferencia de 802.11b en el hecho de que no utiliza la banda de los 2,4 GHz, sino la de los 5 GHz y que utiliza una técnica de transmisión conocida como OFDM (*Orthogonal Frequency Division*

Multiplexing, 'Multiplexación ortogonal por división de frecuencia'). La gran ventaja es que se consiguen velocidades de 54 Mbps; llegándose a alcanzar los 72 y 108 Mbps con versiones propietarias de esta tecnología (por ejemplo, la de Netgear). El mayor inconveniente es que la tecnología de semiconductores para 5 GHz no está suficientemente desarrollada todavía.

- **IEEE 802.11g**. Esta norma surgió en el año 2001 con la idea de aumentar la velocidad sin renunciar a las ventajas de la banda de los 2,4 GHz. Esta norma permite transmitir datos a 54 Mbps. En cualquier caso, existen versiones propietarias de esta tecnología que llega a los 100 Mbps (por ejemplo, la de US Robotics).

ESTÁNDAR	AÑO	DESCRIPCIÓN
802.11	1997	Especificaciones de la capa física y MAC de las redes de área local inalámbricas (infrarrojo y radio 2,4 GHz)
802.11a	1999	Especificaciones para redes inalámbricas de alta velocidad (54 Mbps) en la banda de 5 GHz
802.11b	1999	Especificaciones de la capa física y MAC de las redes de área local inalámbricas de rango de velocidad de 5,5 a 11 Mbps (radio 2,4 GHz)
802.11c	1998	Define las características que necesitan los puntos de acceso para actuar como puentes (*bridges*)
802.11d	2001	Adaptación a los requerimientos regionales (modo mundial)
802.11e	2005	Calidad de servicio para aplicaciones en tiempo real (voz, vídeo, etc.)
802.11f	2000	Interoperatividad entre puntos de acceso de distintos fabricantes (*Interaccess Point Protocol*, IAPP) para permitir la itinerancia (*Roaming*)
802.11g	2003	Especificaciones para redes inalámbricas de alta velocidad (54 Mbps) en la banda de 2,4 GHz
802.11h	2003	Mejoras en la gestión del espectro (selección dinámica de canal y control de potencia de transmisión)
802.11i	2004	Mejoras para seguridad y autentificación
802.11j	2004	802.11a con canales adicionales por encima de 4,9 GHz (802.11a en Japón)
802.11k	2002	Intercambio de información de capacidad entre clientes y puntos de acceso
802.11m	2003	Estándar propuesto para el mantenimiento de redes inalámbricas
802.11n	2006 (borrador)	Nueva generación para redes inalámbricas de alta velocidad (hasta 540 Mbps teóricos). Existen propuestas para 2,4 y 5 GHz
802.11p	¿2008?	Acceso inalámbrico para el entorno de vehículos (coches, ambulancias, etc.)

Tabla 2.2. Recomendaciones relacionadas con IEEE 802.11

- **IEEE 802.11n**. En enero de 2004 el IEEE anunció la formación de un nuevo grupo de trabajo con el objetivo de desarrollar un nuevo estándar con el que alcanzar velocidades de transmisión más elevadas que las actuales (se ha llegado a hablar de hasta 540 Mbps). Se espera que la versión definitiva de este nuevo estándar esté listo en 2007 y que se pueda implantar en 2008. No obstante, algunos fabricantes han sacado ya algunos productos basados en el primer boceto de 802.11n con la promesa de actualizar el *firmware* cuando salga la versión definitiva. La característica más destacable de 802.11n es que incorpora varias antenas para poder utilizar varios canales simultáneamente. Es lo que se conoce como MIMO (*Multiple Input - Multiple Output*, 'Múltiple entrada - múltiple salida').

EL NACIMIENTO DE WI-FI

El problema principal que pretende resolver la normalización es la compatibilidad. No obstante, como hemos visto, existen distintos estándares que definen distintos tipos de redes inalámbricas. Esta variedad produce confusión en el mercado y descoordinación en los fabricantes. Para resolver este problema, los principales vendedores de soluciones inalámbricas (3Com, Aironet, Intersil, Lucent Technologies, Nokia y Symbol Technologies) crearon en 1999 una asociación conocida como WECA (*Wireless Ethernet Compatibility Alliance*, 'Alianza de compatibilidad Ethernet inalámbrica'). El objetivo de esta asociación fue crear una marca que permitiese fomentar más fácilmente la tecnología inalámbrica y asegurase la compatibilidad de equipos.

CARACTERÍSTICA	802.11a	802.11b	802.11g
Año de publicación	*1999*	*1999*	*2003*
Banda de frecuencia	*5 GHz*	*2,4 GHz*	*2,4 GHz*
Modulación	*OFDM*	*DSSS*	*DSSS y OFDM*
Velocidad máxima	*54 Mbps*	*11 Mbps*	*54 Mbps*
Velocidad típica	*18 Mbps*	*6 Mbps*	*12 Mbps*
Rango de velocidades (Mbps)	*54, 48, 36, 24, 18, 12, 9 y 6*	*11, 5,5, 2 y 1*	*54, 48, 36, 24, 18, 12, 11, 9, 6, 5.5, 2 y 1*
Número de canales sin sobreposición	*8*	*3*	*3*
Ancho de banda en un área	*432 Mbps (8 x 54)*	*33 Mbps (3 x 11)*	*162 Mbps (3 x 54)*
Usuarios en un área	*512*	*192*	*192*
A destacar	*Alta velocidad y número de usuarios*	*Buen alcance y consumo de potencia*	*Compatible con 802.11b y más alcance que 11a*

Tabla 2.3. Comparación de las tecnologías inalámbricas existentes

De esta forma, desde abril de 2000, WECA certifica la interoperatividad de equipos según la norma IEEE 802.11b bajo la marca Wi-Fi (*Wireless Fidelity*, 'Fidelidad inalámbrica'). Esto quiere decir que el usuario tiene la garantía de que todos los equipos que tengan el sello Wi-Fi pueden trabajar juntos sin problemas independientemente del fabricante de cada uno de ellos. Los miembros de la asociación WECA a principios del año 2006 eran 260. Se puede conseguir un listado completo de equipos que tienen la certificación Wi-Fi en *www.wirelessethernet.org/certified_products.asp*.

Como la norma 802.11b ofrece una velocidad máxima de transferencia de 11 Mbps y ya existen estándares que permiten velocidades superiores, WECA no se ha querido quedar atrás. Por este motivo, WECA anunció que empezaría a certificar también los equipos IEEE 802.11a de la banda de 5 GHz mediante la marca Wi-Fi5.

Compatibilidad entre Wi-Fi y Ethernet

La norma IEEE 802.11 fue diseñada para sustituir a las capas física y MAC de la norma 802.3 (Ethernet). Esto quiere decir que, en lo único en que se diferencia una red Wi-Fi de una red Ethernet es en la forma en cómo los ordenadores y terminales en general acceden a la red; el resto es idéntico. Por tanto, una red local inalámbrica 802.11 es completamente compatible con todos los servicios de las redes locales de cable 802.3 (*Ethernet*).

QUÉ ES UN PROTOCOLO

Cuando una persona pretende comunicarse con otra, lo primero que hace es llamar su atención ("perdone", "oye, Paco", etc.); luego, comprueba que la otra persona le atiende, para, a continuación, transmitirle la información que desea. Durante la comunicación, lo normal es que la persona que habla se asegure de que la que escucha está entendiendo lo que le dice. Para ello, espera recibir gestos de asentimiento o palabras de asimilación. Si el que habla no recibe estos mensajes, interpretará que lo que dice no es entendido y lo volverá a repetir. Finalmente, mediante mensajes preestablecidos, se da por concluida la comunicación ("adiós", "hasta luego", etc.).

Pues bien, la transmisión de datos entre ordenadores también requiere llevar a cabo estos mismos procedimientos. En cualquier comunicación, bien sea entre personas o entre máquinas, siempre hacen falta una serie de normas que regulen dicho proceso. En el caso de las comunicaciones entre personas, las normas las establece la sociedad y son aplicadas por cada persona de acuerdo con la educación que haya recibido; en el caso de las máquinas, las normas las establecen los organismos de normalización (IEEE, ETSI, UIT, etc.) y son aplicadas por los ordenadores de acuerdo con el protocolo o conjunto de protocolos que se está utilizando.

Obviamente, aunque existen grandes similitudes de procedimientos, la diferencia fundamental entre personas y máquinas es que las personas están dotadas de inteligencia y pueden adaptarse fácilmente a situaciones imprevistas. Los ordenadores, sin embargo, deben tener protocolos muy estrictos, que tengan previstos todos los posibles casos que se puedan presentar en una comunicación, sin dejar nada al azar.

En definitiva, un protocolo no es más que un conjunto de reglas que emplean dos equipos informáticos para dialogar entre sí, de forma que puedan establecer y mantener una comunicación sin errores.

Para que los protocolos puedan llevar a cabo sus objetivos, necesitan añadir ciertos datos de control a la información original a transmitir. Estos datos adicionales son incluidos por el terminal emisor y suprimidos por el terminal receptor antes de entregar la información al destino.

En un principio, cada fabricante establecía los procedimientos de comunicación de sus propios equipos, siendo casi imposible conectar equipos de fabricantes distintos. Con la expansión de la informática, se hizo evidente que era necesario disponer de protocolos normalizados que permitiesen la interconexión de equipos independientemente de quién los fabricase. Con esta idea, a lo largo de los años han ido apareciendo distintos protocolos normalizados, cada uno de ellos dedicados a distintas aplicaciones o cubriendo distintas necesidades. Muchos de estos protocolos normalizados han surgido a partir de los protocolos desarrollados por empresas u organismos concretos (caso de TCP/IP para interconexión de redes Internet), mientras que otros han sido desarrollados por los organismos de normalización (Wi-Fi).

De forma práctica, los protocolos de comunicación son unos programas que se instalan tanto en el terminal origen, como en el destino de la comunicación. Parte de estos programas residen en el propio *hardware* del equipo, otra parte puede venir incorporada en el sistema operativo y la restante debe ser instalada por el usuario en el momento de configurar el equipo.

El modelo OSI

Una característica común de las comunicaciones actuales de ordenadores es el hecho de que todas ellas estructuran el proceso de comunicación en distintos niveles o capas. Cada capa se encarga de realizar una tarea distinta y perfectamente coordinada con el resto de capas. Por ejemplo, hay capas que se encargan de poner en contacto dos terminales (nivel de enlace), otras se encargan de detectar posibles bloqueos o fallos en la línea (nivel de transporte) y otras, de identificar al terminal llamante, pedir las claves de acceso, etc. (nivel de sesión).

La ventaja de hacer una división por capas es que cada una de ellas puede ser normalizada de forma independiente. No obstante, finalmente, la comunicación se lleva a cabo gracias al buen funcionamiento de todas.

La Organización Internacional de Normalización, ISO (*International Standards Organization*), propuso un modelo de referencia que permitiese estructurar las comunicaciones en siete capas. A este modelo lo llamó OSI (*Open Systems Interconnection*, 'Interconexión de sistemas abiertos').

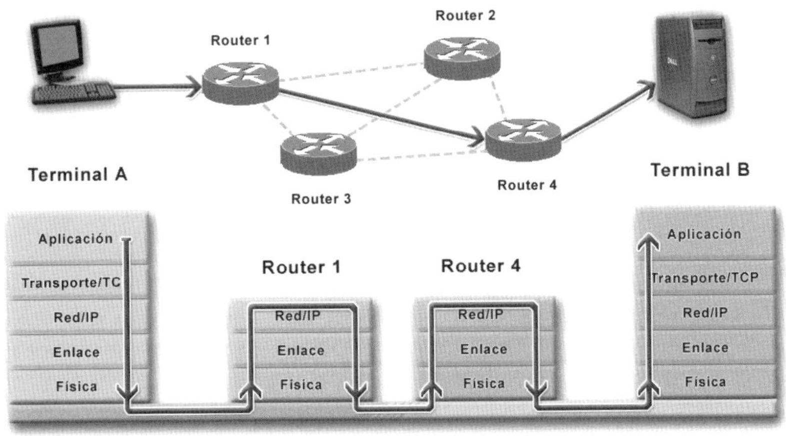

Figura 2.2. Esquema de comunicación con el modelo OSI

Las capas del modelo OSI son las siguientes:

1. **Capa física**. Esta capa define las propiedades físicas de los componentes (frecuencias de radio utilizadas, cómo se transmiten las señales, etc.).
2. **Capa de enlace**. Esta capa define cómo se organizan los datos que se transmiten, cómo se forman los grupos de datos (paquetes, tramas, etc.) y cómo se asegura que los datos llegan al destino sin errores.
3. **Capa de red**. Esta capa define cómo organizar las cosas para que distintas comunicaciones puedan hacer uso de una infraestructura común, una red. Por ejemplo, aquí están definidos cómo se identifican los terminales (numeración) o cómo se enrutan los datos.
4. **Capa de transporte**. Esta capa define las características de la entrega de los datos.
5. **Capa de sesión**. Aquí se describe cómo se agrupan los datos relacionados con una misma función.

6. **Capa de presentación**. Nos define cómo es representada la información transmitida.
7. **Capa de aplicación**. Define cómo interactúan los datos con las aplicaciones específicas.

Los modelos como OSI pretenden definir todos y cada uno de los factores que intervienen en una comunicación de una red abierta; sin embargo, no todas las comunicaciones de datos son iguales; por ejemplo, existen comunicaciones en las que no hace falta definir una determinada capa (por ejemplo, en las comunicaciones directas entre dos ordenadores no es necesario que exista un nivel de red). En cualquier caso, de todos los procedimientos definidos por OSI, los que siempre están presentes en cualquier tipo de comunicación son aquellos que están incluidos dentro de las capas física y de enlace.

CÓMO FUNCIONA WI-FI

Una red Wi-Fi puede estar formada por dos ordenadores o por miles de ellos. Para que un ordenador pueda comunicarse de forma inalámbrica, necesita tener instalado un adaptador de red. Un **adaptador de red** es un equipo de radio (con transmisor, receptor y antena) que puede ser insertado o conectado a un ordenador, PDA o cualquier otro equipo susceptible de formar parte de la red (impresoras, etc.).

De forma general, a los equipos que forman parte de una red inalámbrica se les conoce como **terminales**.

Aparte de los adaptadores de red, las redes Wi-Fi pueden disponer también de unos equipos que reciben el nombre de **puntos de acceso** (AP o *Access Points,* en inglés). Un punto de acceso es como una estación base utilizada para gestionar las comunicaciones entre los distintos terminales. Los puntos de acceso funcionan de forma autónoma, sin necesidad de ser conectados directamente a ningún ordenador.

Tanto a los terminales como a los puntos de acceso se les conoce por el nombre general de **estación**.

Las estaciones se comunican entre sí gracias a que utilizan la misma banda de frecuencias y a que internamente tienen instalados el mismo conjunto de protocolos. Aunque los protocolos que utiliza Wi-Fi están basados en las siete capas del modelo de referencia OSI, el estándar IEEE 802.11b sólo define las dos primeras capas (física y enlace); el resto de las capas son idénticas a las empleadas en las redes locales cableadas e Internet y se conoce con el nombre de conjuntos de protocolos IP (*Internet Protocol* o 'Protocolo Internet').

MODELO OSI			PROTOCOLOS
7	*Aplicación*	*Común*	*HTTP, FTP, POP3, etc.*
6	*Presentación*		*DNS, LDAP, XML, etc.*
5	*Sesión*		
4	*Transporte*		*UDP, TCP, etc.*
3	*Red*		*IP, ICMP, RSVP, etc.*
2	*Enlace*	*IEEE 802*	*LLC, MAC, etc.*
1	*Físico*		*Coaxial, FO, radio, etc.*

Tabla 2.4. Protocolos de red local en el modelo OSI

Los diferentes estándar, incluido IEEE 802.11, permiten que aparezcan nuevas versiones de ese mismo estándar simplemente modificando una de las capas. Esto facilita no sólo la evolución de los estándares, sino que un mismo equipo pueda ser compatible con distintas versiones de un estándar. Por ejemplo, IEEE 802.11b sólo se diferencia de IEEE 802.11 en que su capa física permite transmitir datos a alta velocidad.

Las capas de IEEE 802

La norma IEEE 802 define exclusivamente los temas relacionados con las dos primeras capas del sistema OSI: las capas física y la de enlace. De hecho, a la capa de enlace la divide en dos, por lo que el resultado son tres capas:

- **PHY** (*Physical Layer*, 'Capa física') es la capa que se ocupa de definir los métodos por los que se difunde la señal.
- **MAC** (*Medium Access Control*, 'Control de acceso al medio') es la capa que se ocupa del control de acceso al medio físico. En el caso de Wi-Fi el medio físico es el espectro radioeléctrico. La capa MAC es un conjunto de protocolos que controlan cómo los distintos dispositivos comparten el uso de este espectro radioeléctrico.
- **LLC** (*Logical Link Control*, 'Control del enlace lógico') es la capa que se ocupa del control del enlace lógico. Define cómo pueden acceder múltiples usuarios a la capa MAC.

LA CAPA FÍSICA

Como hemos visto, la capa física se ocupa de definir los métodos por los que se difunde la señal. Para hacer esto, la capa física de IEEE 802.11 se divide en dos subcapas conocidas como PLCP (*Physical Layer Convergence Procedure*, 'Procedimiento de convergencia de la capa física') y PMD (*Physical Medium Dependent*, 'Dependiente del medio físico'). PLCP se encarga de convertir los datos a un formato compatible con el medio físico. Por ejemplo, este formato es distinto si se trata de un medio físico de infrarrojos o de radio, mientras que PMD es el que se encarga de la difusión de la señal.

Por cierto, aunque las especificaciones originales de IEEE 802.11 contemplan la opción de utilizar infrarrojos como medio de transmisión, no obstante, nunca ha llegado a desarrollarse este sistema debido principalmente al corto alcance que ofrece y a que no es utilizable en el exterior debido a las interferencias producidas por agentes naturales como la lluvia o la niebla.

Espectro expandido

En cuanto a la utilización del medio radioeléctrico, la tecnología básica en la que se basa el funcionamiento de los sistemas inalámbricos es el sistema conocido como espectro expandido (*spread spectrum* en inglés). Este sistema consiste en que el ancho de banda real utilizado en la transmisión es superior al estrictamente necesario. Lo que se consigue con esto es un sistema muy resistente a las interferencias de otras fuentes de radio y a los efectos de eco (*multipath*), lo que le permite coexistir con otros sistemas de radiofrecuencia sin verse afectado. Estas ventajas hacen que la tecnología de espectro expandido sea la más adecuada en las bandas de frecuencia para las que no se necesita licencia.

Existen distintas técnicas de espectro expandido, entre las que se encuentra la tecnología CDMA utilizada en la tercera generación de telefonía móvil. No obstante, IEEE 802.11 contempla sólo dos técnicas distintas de espectro expandido:

- FHSS (*Frequency Hopping Spread Spectrum*, 'Espectro expandido por salto de frecuencia'), con la que se consiguen velocidades de transmisión de 1 Mbps.
- DSSS (*Direct Sequence Spread Spectrum*, 'Espectro expandido por secuencia directa'), con la que se consiguen velocidades de transmisión de hasta 11 Mbps.

Dependiendo de la velocidad a la que se van a transmitir los datos, la norma IEEE 802.11 utiliza una técnica u otra.

Aunque la versión original de DSSS sólo alcanzaba los 2Mbps, el IEEE sacó una nueva versión de DSSS en 1999 que permite transmitir datos a 11 Mbps. Esta nueva DSSS está recogida en la norma IEEE 802.11b. Por esta razón, al 802.11b también se le conoce como 802.11 DSSS o 802.11 HR (*High Rate*, 'Alta velocidad').

A pesar de esto, en la práctica, la velocidad de 11 Mbps no es totalmente real debido a distintas razones:

- o Las interferencias y ruidos hacen que la velocidad real baje
- o El propio protocolo consigue menos rendimiento que en sistemas cableados
- o Las conexiones a los puntos de acceso son un cuello de botella

Por otro lado, la mayoría de las tarjetas inalámbricas de las estaciones son semidúplex (sólo contienen un equipamiento de radio), por lo que pueden transmitir o recibir, pero no ambas cosas simultáneamente.

Estos estándares pueden conseguirse en *http://standards.ieee.org/getieee802/802.11.htm*.

Además de las técnicas de difusión comentadas anteriormente, con las nuevas versiones 802.11a y 802.11g salió una nueva técnica conocida como OFDM (*Orthogonal Frequency Division Multiplexing*, 'Multiplexación ortogonal por división de frecuencias') con la que se consigue velocidades de transmisión de 54 Mbps. OFDM se utiliza también en otras tecnologías como ADSL o WiMax.

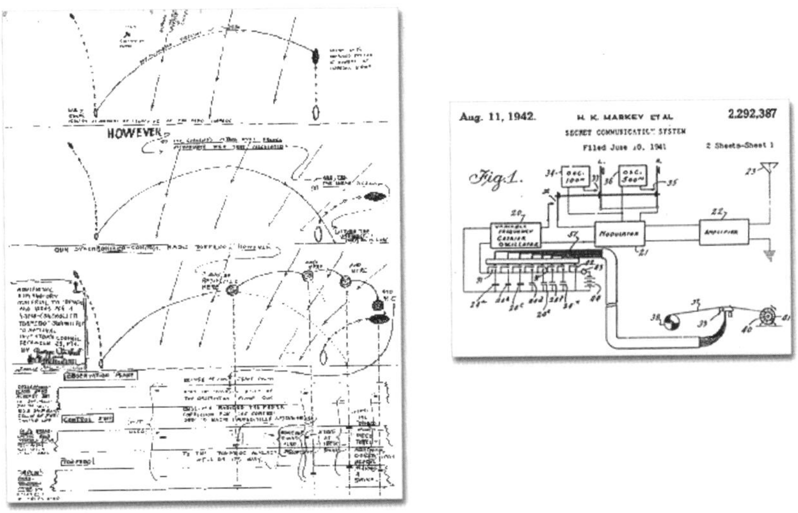

Figura 2.3. Hojas de la patente de Lamarr y Antheil

Hedy Lamarr y George Antheil

Curiosamente, la patente de las técnicas de espectro expandido no la registraron los militares norteamericanos ni ninguna universidad o empresa afamada, sino la actriz austriaca Hedy Lamarr (su nombre original era Hedwig Eva Maria Kiesler, 1913-2000) y el músico norteamericano George Antheil (1900-1959). Ambos desarrollaron una idea de un sistema secreto de comunicaciones en tiempos de la Segunda Guerra Mundial. Esta idea la patentaron en 1942. La idea se basaba en que, en vez de realizar una transmisión utilizando siempre la misma frecuencia, se utilizaran distintas frecuencias preestablecidas y hacer cambiar la frecuencia utilizada cada corto tiempo para evitar ser interceptados.

El problema de la idea de Lamarr y Antheil era que no había tecnología suficiente para ponerla en práctica. Aunque los militares norteamericanos le dieron uso en la década de los 70, no ha sido hasta los años 90, en la era de la tecnología de radio digital, cuando se le ha dado un uso comercial. Desgraciadamente, la patente de Lamarr y Antheil expiraba en 1959, por lo que no ha podido repercutirles económicamente.

Lamarr fue una actriz muy conocida en los años 40 y 50. Sobre todo, obtuvo mucha notoriedad en la película *Ecstasy* (1933) con su escena de 10 minutos en la que aparecía nadando desnuda. Por su parte, Antheil escribía música ultramoderna en los años 20. Todas unas personas adelantadas a su tiempo.

MODELO ISO	MODELO 802.11	TÉCNICAS DE DIFUSIÓN DE 802.11					
Capa de enlace	*LLC*						
	MAC						
Capa física	*PLCP*	*DSSS 802.11*	*FHSS 802.11*	*Infrarrojos 802.11*	*DSSS-HR 802.11b*	*OFDM 802.11a*	*OFDM 802.11g*
	PMD						

Tabla 2.5. Capas física y de enlace del estándar IEEE 802.11

FHSS

La técnica FHSS (*Frequency Hopping Spread Spectrum*, 'Espectro expandido por salto de frecuencia') consiste en dividir la banda de frecuencias en una serie de canales e ir transmitiendo la información saltando de un canal a otro de acuerdo con un patrón de saltos (*spreading code* o *hopping code*) conocido tanto por el emisor como por el receptor. El tiempo máximo que se debe permanecer en cada frecuencia está regulado en 400 mseg.

El inconveniente de FHSS es que tiene la necesidad de sincronizar el emisor y el receptor en la frecuencia a utilizar en cada momento. Este problema fue resuelto por los ingenieros de Sylvania Electronic Systems a finales de los años 50.

El estándar IEEE 802.11 definió en 1997 que cada canal de FHSS tuviera un ancho de banda de 1 MHz dentro de la banda de frecuencias de 2,4 GHz. El ancho de banda total disponible y, por tanto, el número total de canales disponibles varía de acuerdo con el marco regulatorio de cada país o área geográfica. En cualquier caso, siempre existen tres juegos de secuencias de saltos.

La técnica FHSS reduce las interferencias porque, en el peor de los casos, la interferencia afectará exclusivamente a uno de los saltos de frecuencia, liberándose a continuación de la interferencia al saltar a otra frecuencia distinta. El resultado es que el número de bits erróneos es extremadamente bajo.

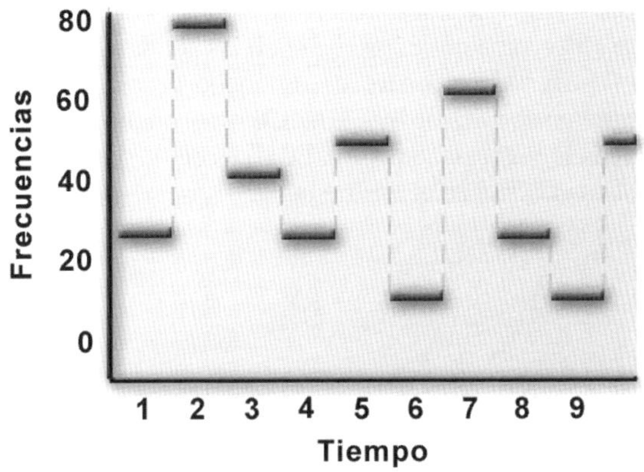

Figura 2.4. Sistema FHSS

Otra de las ventajas de FHSS es que permite que coexistan varias comunicaciones en la misma banda de frecuencias. Para ello, cada comunicación debe tener un patrón de saltos con distinta secuencia.

A pesar de que el estándar original IEEE 802.11 incluía el sistema FHSS, no existe ninguna instalación real que utilice este sistema. La razón es que la velocidad máxima que se consigue con la técnica FHSS es de unos 3 Mbps (aunque sólo está normalizada la velocidad de 1Mbps). No obstante, es posible que en un futuro se consigan velocidades superiores. Se habla de hasta 15 Mbps.

DSSS

La técnica DSSS se basa en sustituir cada bit de información por una secuencia de bits conocida como *chip* o código de *chips* (*chipping code,* en inglés). Estos códigos de chips permiten a los receptores eliminar por filtrado las señales que no utilizan la misma secuencia de bits. Entre las señales que son eliminadas se encuentra el ruido y las interferencias.

El código de *chips* permite al receptor identificar los datos como pertenecientes a un emisor determinado. El emisor genera el código de *chips* y sólo los receptores que conocen dicho código pueden descifrar los datos. Por tanto, en teoría, DSSS permite que varios sistemas puedan funcionar en paralelo; cada receptor filtrará exclusivamente los datos que se corresponden con su código de *chips*. Por otro lado, cuanto más largo es el código de *chips*, más resistente será el sistema a las interferencias y mayor número de sistemas podrán coexistir simultáneamente. La norma IEEE 802.11 recoge que la longitud mínima del código de *chips* debe ser de 11.

En la práctica, la coexistencia de sistemas no se consigue por el uso de distintos códigos de *chips*, sino por el uso de distintas bandas de frecuencias. Un sistema DSSS de 11 Mbps (IEEE 802.11b) necesita un ancho de banda de 22 MHz, siendo la distancia mínima entre portadoras de 30 MHz. Como el ancho de banda disponible en la banda de 2,4 GHz (en el área regulada por el FCC) es de 83,5 MHz, sólo es posible la coexistencia de tres sistemas DSSS en el mismo lugar.

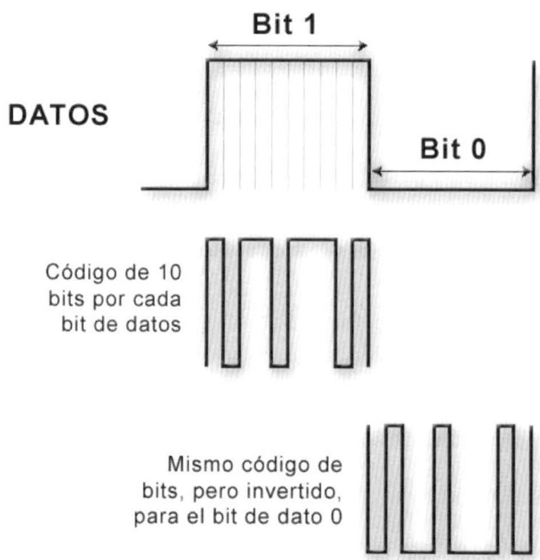

Figura 2.5. Principios del sistema DSSS

OFDM

OFDM (*Orthogonal Frequency Division Multiplexing*, 'Multiplexación ortogonal por división de frecuencias') es la técnica de gestión de frecuencias utilizada por IEEE 802.11a (año 1999) y 802.11g (año 2002). Esta técnica divide el ancho de banda en subcanales más pequeños que operan en paralelo. De esta forma se consigue llegar a velocidades de transmisión de hasta 54 Mbps (100 Mbps con soluciones propietarias).

La técnica OFDM fue patentada por Bell Labs en 1966 (US Patent No. 3,488,445) y está basada en un proceso matemático llamado FFT (*Fast Fourier Transform*, 'Transformada rápida de Fourier'). OFDM divide la frecuencia portadora en 52 subportadoras solapadas. 48 de estas subportadoras son utilizadas para transmitir datos y las otras cuatro para poder alinear las frecuencias en el receptor. Este sistema consigue un uso muy eficiente del espectro radioeléctrico.

OFDM puede transmitir datos a distintas velocidades, utilizando distintas técnicas de modulación en cada una de ellas. Las velocidades normalizadas que admite OFDM son 6, 9, 12, 18, 24, 36, 48 y 54 Mbps.

Una de las ventajas de OFDM es que consigue una alta resistencia a las interferencias producidas por las ondas reflejadas en los objetos del entorno (eco o *multipath*). Estas ondas llegan al receptor con distinta amplitud y a distinto tiempo que la señal principal produciendo interferencias. Estas interferencias son un problema a velocidades superiores a 4 Mbps; por este motivo, se utilizan técnicas (como OFDM) que mitiguen este efecto.

VELOCIDAD	802.11b (1999, 2,4 GHz)	802.11g (2003, 2,4 GHz)	802.11a (1999, 5 GHz)
1 Mbps	*DSSS - BPSK*	*DSSS - BPSK*	
2 Mbps	*DSSS - QPSK*	*DSSS - QPSK*	
5,5 Mbps	*DSSS - QPSK (CCK)*	*DSSS - QPSK (CCK)*	
6 Mbps		*OFDM - BPSK*	*OFDM - BPSK*
9 Mbps		*OFDM - BPSK*	*OFDM - BPSK*
11 Mbps	*DSSS - QPSK (CCK)*	*DSSS - QPSK (CCK)*	
12 Mbps		*OFDM - QPSK*	*OFDM - QPSK*
18 Mbps		*OFDM - QPSK*	*OFDM - QPSK*
24 Mbps		*OFDM - QAM-16*	*OFDM - QAM-16*
36 Mbps		*OFDM - QAM-16*	*OFDM - QAM-16*
48 Mbps		*OFDM - QAM-64*	*OFDM - QAM-64*
54 Mbps		*OFDM - QAM-64*	*OFDM - QAM-64*

Tabla 2.6. Técnicas de modulación utilizadas

Modulación de la señal

Para poder transmitir la señal vía radio, hace falta definir un método de difusión de la señal y un método de modulación de la misma. La modulación consiste en modificar una señal pura de radio para incorporarle la información a transmitir. La señal base a modular recibe el nombre de portadora (*carrier* en inglés). Lo que se le cambia a la portadora para modularla es su amplitud, frecuencia, fase o una combinación de éstas.

Mientras mayor es la velocidad de transmisión, más complejo es el sistema de modulación. Las técnicas de modulación utilizadas en IEEE 802.11 son las siguientes:

- BPSK (*Binary Phase-Shift Keying*, 'Modulación binaria por salto de fase')
- QPSK (*Quadrature Phase-Shift Keying*, 'Modulación por salto de fase en cuadratura')
- GFSP (*Gaussian Frequency-Shift Keying*, 'Modulación gausiana por salto de frecuencia')
- CCK (*Complementary Code Keying*, 'Modulación de código complementario')

Una vez emitida la señal modulada, el receptor tiene que recibir la señal, sincronizar el código de difusión y demodular la información. Los sistemas FHSS son más complicados de sincronizar que los sistemas DSSS. En el primer caso hay que sincronizar tiempo y frecuencia, mientras que en el segundo sólo el tiempo.

ÁREA GEOGRÁFICA	SECUENCIAS DE SALTO	NÚMERO DE CANALES
Norteamérica (2,4 – 2,4835 GHz) *Europa (2,4 – 2,4835 GHz)*	*Secuencia 1: 0, 3, 6, 9, 12, 15, 18, 21, 24, 27, 30, 33, 36, 39, 42, 45, 48, 51, 54, 57, 60, 63, 66, 69, 72, 75* *Secuencia 2: 1, 4, 7, 10, 13, 16, 19, 22, 25, 28, 31, 34, 37, 40, 43, 46, 49, 52, 55, 58, 61, 64, 67, 70, 73, 76* *Secuencia 3: 2, 5, 8, 11, 14, 17, 20, 23, 26, 29, 32, 35, 38, 41, 44, 47, 50, 53, 56, 59, 62, 65, 68, 72, 74, 77*	*79*
España (2,445 – 2,475 GHz)	*Secuencia 1: 0, 3, 6, 9, 12, 15, 18, 21, 24* *Secuencia 2: 1, 4, 7, 10, 13, 16, 19, 22, 25* *Secuencia 3: 2, 5, 8, 11, 14, 17, 20, 23, 26*	*27*
Francia (2,4465 – 2,4835 GHz.)	*Secuencia 1: 0, 3, 6, 9, 12, 15, 18, 21, 24, 27, 30* *Secuencia 2: 1, 4, 7, 10, 13, 16, 19, 22, 25, 28, 31* *Secuencia 3: 2, 5, 8, 11, 14, 17, 20, 23, 26, 29, 32*	*35*
Japón (2,471 – 2,497 GHz)	*Secuencia 1: 6, 9, 12, 15* *Secuencia 2: 7, 10, 13, 16* *Secuencia 3: 8, 11, 14, 17*	*23*

Tabla 2.7. Secuencias de salto de frecuencias de IEEE 802.11 en distintas áreas geográficas

MAC. EL CONTROL DE ACCESO AL MEDIO

La capa MAC define los procedimientos que hacen posible que los distintos dispositivos compartan el uso de este espectro radioeléctrico. Mientras que las distintas versiones del estándar 802.11 utilizan distintos sistemas para difundir su señal (su capa física es distinta), la capa MAC es la misma para todas ellas.

Es interesante también el hecho de que la capa MAC sea muy similar a la utilizada por la red Ethernet. Ambas utilizan la técnica conocida como CSMA (*Carrier Sense Multiple Access*, 'Acceso múltiple por detección de portadora'). No obstante, la versión cableada (Ethernet) utiliza la tecnología CD (*Collision Detection*, 'Detección de colisión'), mientras que la versión inalámbrica utiliza la tecnología CA (*Collision Avoidance*, 'Evitación de colisión'). Una colisión se produce cuando dos terminales intentan hacer uso del medio físico simultáneamente. La tecnología CD detecta que se ha producido una colisión y retransmite los datos, mientras que la tecnología CA dispone de procedimientos para evitar que se produzcan colisiones.

La razón de que haya dos sistemas es que, cuando el medio es un cable, un terminal puede transmitir y recibir al mismo tiempo, por lo que puede detectar las colisiones. Por el contrario, en el medio radioeléctrico un terminal no puede transmitir y recibir al mismo tiempo por el mismo canal (la transmisión dejaría opaca a la recepción), por lo que, al no poder detectar las posibles colisiones, no hay más remedio que disponer de una técnica que las evite.

Evitar las colisiones

Entre la capa MAC y la capa física se intercambian tres tipos de paquetes de datos: de control, de gestión y de información.

MAC tiene dos funciones distintas para coordinar la transferencia de datos:

- **PCF** (*Point Coordination Function*, 'Función de coordinación del punto') facilita un sistema para poder transmitir el tráfico que es sensible a los retardos y que requiere un tratamiento especial para evitar las demoras. A la estación que hace uso de esta función se le llama coordinadora del punto, PC (*Point Coordinator*). El PC emite una señal guía con la duración del período de tiempo que necesita disponer del medio. Las estaciones que reciben esta señal no emiten durante ese tiempo.
- **DCF** (*Distributed Coordination Function*, 'Función de coordinación distribuida') facilita un sistema que permite compartir el medio físico (radioeléctrico, infrarrojos, etc.) entre todas las estaciones de la red. Para ello, DCF define los mecanismos que le permiten a las estaciones negociar el acceso al medio físico, así como los mecanismos que aseguran la entrega de los datos a las estaciones. A través de DCF se transmiten los datos que no son sensibles a los retardos.

La función DCF se encuentra con un problema y es que una de las diferencias de los medios cableados frente a los inalámbricos es que en estos últimos es mucho más complicado detectar las colisiones. Dos estaciones que no se ven entre sí pueden iniciar una comunicación simultáneamente sin percatarse de la colisión. DCF dispone de una función específica que impide este tipo de colisiones.

La función DCF contempla un mecanismo físico y otro lógico de detección de colisión. Al mecanismo físico se le conoce como CCA (*Clear Channel Assessment*, 'Valoración de la disponibilidad del canal'), y consiste en comprobar si el medio está en uso antes de empezar a transmitir. Si el medio está en uso, se espera un tiempo antes de volver a hacer la comprobación. El tiempo que espera cada estación tiene una duración aleatoria (generada por cada estación entre un tiempo mínimo y un máximo) para evitar que haya colisiones sucesivas indefinidas.

El mecanismo físico de detección de colisión es muy eficiente, pero no es eficaz cuando dos estaciones de una misma red que no se ven entre ellas emiten al mismo tiempo. Esto se conoce con el nombre de problema del nodo oculto. Para evitar estos casos, se dispone del sistema lógico de detección de colisión. Este sistema consiste en intercambiar la información del uso del medio a través de tramas de control. A estas tramas de control se las conoce como RTS (*Request to Send*, 'Solicitud para enviar') y CTS (*Clear to Send*, 'Listo para enviar'). Como esta información de control añade más datos de control a la transmisión en detrimento de los datos de información (baja el rendimiento del protocolo), en aquellos casos en los que se disponga de un medio físico con poca probabilidad de colisiones se puede deshabilitar el mecanismo de detección de colisión, o habilitarlo exclusivamente para aquellos paquetes de datos que tengan un tamaño superior a uno determinado.

Cuando una estación de una red va a transmitir información, primero envía una trama RTS al punto de acceso donde facilita información del destinatario de la transmisión, el remitente y el tiempo que ocupará dicha transmisión. El punto de acceso responde con una trama CTS que reciben todas las estaciones que están en el área de cobertura del punto de acceso. En esta trama CTS se incluye el tiempo de ocupación del medio; por tanto, las estaciones saben el tiempo que estará ocupado el medio y no intentarán hacer ninguna transmisión hasta que dicho tiempo no haya pasado.

Por cierto, cuando el destinatario ha recibido toda la información, emite una trama ACK (*Acknowledgment*, 'Confirmación') para indicarle al emisor que todo está bien. Si el emisor no recibe la trama ACK que espera, aguardará un tiempo antes de dar la transmisión por errónea y volver a hacer el envío.

La calidad de servicio para audio y vídeo

Cuando surgió Wi-Fi se tuvo el objetivo de crear una red para transmisión de datos (transferencia de archivos, acceso a servidores Web, correo electrónico, etc.). Estos servicios no tienen especiales exigencias en cuanto al tiempo de entrega. En general, no tienen importancia que el archivo, la página Web o el mensaje de correo llegue unos milisegundos más tarde al destino o que no tengan una velocidad de entrega estable. Sin embargo, unos años más tarde se han empezado a popularizar servicios como la telefonía IP o la retransmisión de vídeos en los que el retardo y las fluctuaciones de retardo son críticos. Esto llevó a que el IEEE se embarcara en complementar a la tecnología Wi-Fi con técnicas de calidad de servicio.

En las redes de transmisión de datos se conoce como técnicas de calidad de servicio aquéllas que permiten ofrecer prioridades distintas a distintos tipo de tráfico. El objetivo es ofrecer una mayor prioridad al tráfico de los servicios de tiempo real (servicios de audio y vídeo) y una prioridad menor al resto de servicios (correo electrónico, Web, etc.).

El IEEE aprobó a finales de 2005 el estándar que define las características de calidad de servicios de las redes inalámbricas. Se trata de 802.11e . Este estándar mejora las técnicas PCF y DCF con una nueva función conocida como HCF (*Hybrid Coordination Function*, 'Función híbrida de coordinación').

HCF define dos métodos de acceso al canal: HCCA (*HCF Controlled Channel Access*, 'Acceso controlado al canal HCF') y EDCA (*Enhanced DCF Channel Access*, 'Acceso al canal mejorado DCF'). Ambos métodos definen las distintas clases de tráfico (TC, *Traffic Classes*) a considerar.

Con EDCA, el tráfico de alta prioridad se transmite antes al aplicar la estación unos tiempos de espera menores después de enviar el paquete anterior. Por su parte, HCCA funciona de forma similar a PCF, en el que existe un coordinador híbrido (HC, *Hybrid Coordinator*) que controla el acceso al medio.

Los servicios

Como hemos visto, las redes inalámbricas IEEE 802.11 están formadas por terminales y puntos de acceso y ambos reciben el nombre de estaciones. La capa MAC define cómo las estaciones acceden al medio mediante lo que llama **servicios de estaciones**. De la misma forma, define cómo los puntos de acceso gestionan la comunicación mediante lo que llama **servicios de distribución**.

Los servicios de estación de la capa MAC son los siguientes:

- **Autentificación**. Comprueba la identidad de una estación y la autoriza para asociarse. En una red cableada lo que identifica a un terminal como parte de la red es el hecho de estar conectado físicamente a ella. En una red inalámbrica no existe la conexión física, por lo que, para saber si un terminal forma o no parte de la red, hay que comprobar su identidad antes de autorizar su asociación.

- **Desautentificación**. Cancela una autentificación existente. Este servicio da por concluida la conexión cuando una estación pretende desconectarse de la red.
- **Privacidad**. Evita el acceso no autorizado a los datos gracias al uso del algoritmo WEP (*Wired Equivalency Protocol*, 'Protocolo de equivalencia con red cableada') o WPA (*Wi-Fi Protected Access*, 'Acceso Wi-Fi protegido').
- **Entrega de datos**. Facilita la transferencia de datos entre estaciones.

SERVICIO MAC	DEFINICIÓN	TIPO DE ESTACIÓN
Autentificación	*Comprueba la identidad de una estación y la autoriza para asociarse*	*Terminales y puntos de acceso*
Desautentificación	*Cancela una autentificación existente*	*Terminales y puntos de acceso*
Asociación	*Asigna el terminal al punto de acceso*	*Puntos de acceso*
Desasociación	*Cancela una asociación existente*	*Puntos de acceso*
Reasociación	*Transfiere una asociación entre dos puntos de acceso*	*Puntos de acceso*
Privacidad	*Evita el acceso no autorizado a los datos gracias al uso del algoritmo WEP*	*Terminales y puntos de acceso*
Distribución	*Asegura la transferencia de datos entre estaciones de distintos puntos de acceso*	*Puntos de acceso*
Entrega de datos	*Facilita la transferencia de datos entre estaciones*	*Terminales y puntos de acceso*
Integración	*Facilita la transferencia de datos entre redes Wi-Fi y no Wi-Fi*	*Puntos de acceso*

Tabla 2.8. Servicios de la capa MAC

Por su lado, los servicios de distribución son estos otros:

- **Asociación**. Para que un terminal pueda comunicarse con otros terminales a través de un punto de acceso, debe primero estar asociado a dicho punto de acceso. Asociación significa asignación del terminal al punto de acceso haciendo que éste sea el responsable de la distribución de datos a y desde dicho terminal. En las redes con más de un punto de acceso, un terminal sólo puede estar asociado a un punto de acceso simultáneamente.
- **Desasociación**. Cancela una asociación existente, bien porque el terminal sale del área de cobertura del punto de acceso, o porque el punto de acceso termina la conexión.
- **Reasociación**. Transfiere una asociación entre dos puntos de acceso. Cuando un terminal se mueve del área de cobertura de un punto de acceso a la de otro, su asociación pasa a depender de este último.
- **Distribución**. Cuando se transfieren datos de un terminal a otro, el servicio de distribución se asegura que los datos alcanzan su destino.
- **Integración**. Facilita la transferencia de datos entre la red inalámbrica IEEE 802.11 y cualquier otra red (por ejemplo, Internet o Ethernet).

Los puntos de acceso utilizan tanto los servicios de estaciones como los servicios de distribución, mientras que los terminales sólo utilizan los servicios de estaciones.

La gestión

Tanto la capa física como la capa MAC están divididas en capacidades de gestión y de transferencia de datos. Lo que se conoce como PLME (*PHY Layer Management Entity*, 'Entidad de gestión de la capa física') es quien se encarga de la gestión de la capa física, mientras que lo que se conoce como MLME (*MAC Layer Management Entity*, 'Entidad de gestión de la capa MAC') es quien se encarga de la gestión de la capa MAC.

PLME y MLME intercambian información a través de MIB (*Management Information Base*, 'Base de datos de la información de gestión'). Ésta es una base de datos de las características físicas (velocidad de transmisión, niveles de potencia, tipo de antena, etc.) de las estaciones.

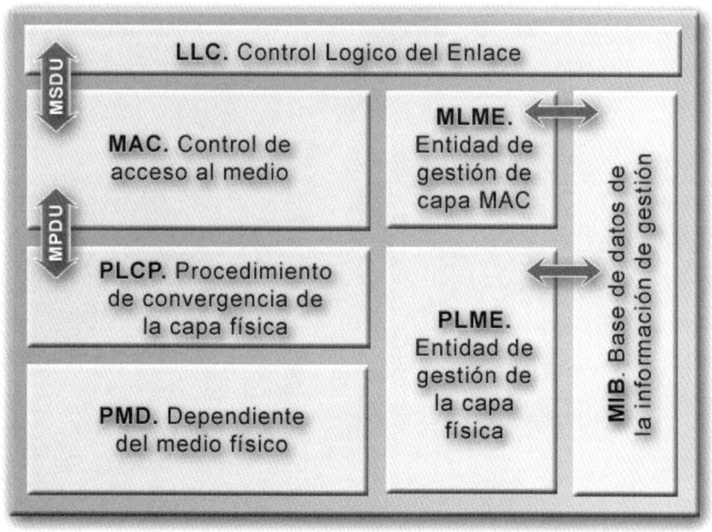

Figura 2.6. Interfaces de la capa MAC y física

El flujo de datos

Los datos que se van a transmitir por el medio radioeléctrico proceden de las capas superiores (formato IP) y se van pasando a la capa LLC (*Logical Link Control*, 'Control lógico del enlace'), a la capa MAC y, por último, a la capa física para su emisión.

Los paquetes de datos que se intercambian entre las capas LLC y MAC se conocen como MSDU (*MAC Service Data Unit*, 'Unidad de datos del servicio MAC'), mientras que los paquetes de datos que se intercambian entre las capas MAC y física reciben el nombre de MPDU (*MAC Protocol Data Unit*, 'Unidad de datos del protocolo MAC'). En la capa física, quien recibe estos datos es PLCP, quien es responsable de convertir los datos MPDU a un formato compatible con el medio físico.

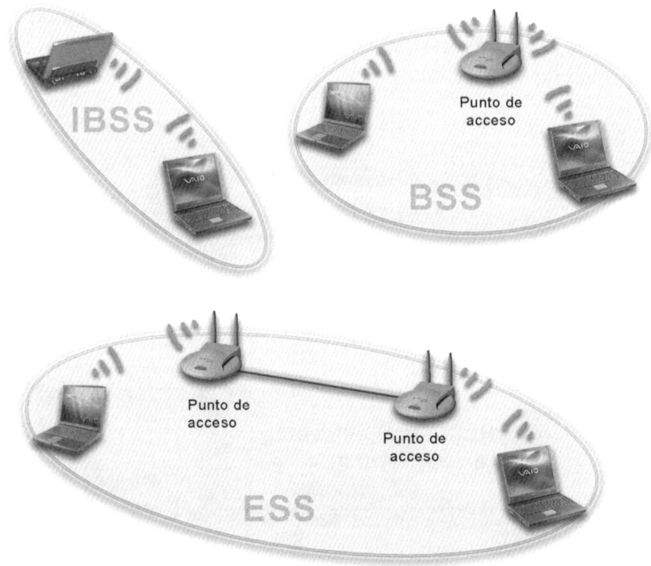

Figura 2.7. Estructuras de redes Wi-Fi

LA ESTRUCTURA DE RED

La topología de una red es su arquitectura, la estructura jerárquica que hace posible la interconexión de los equipos. IEEE 802.11 y, por tanto, Wi-Fi, contempla tres topologías distintas:

- **IBSS** (*Independent Basic Service Set*, 'Conjunto de servicios básicos independientes'). Esta modalidad está pensada para permitir exclusivamente comunicaciones directas entre los distintos terminales que forman la red. En este caso no existe ningún terminal principal que coordine al grupo, no existe punto de acceso. Todas las comunicaciones son directas entre dos o más terminales del grupo. A esta modalidad se la conoce también como *ad hoc*, independiente o de igual a igual (*peer-to-peer* en inglés).
- **BSS** (*Basic Service Set*, 'Conjunto de servicios básicos'). En esta modalidad se añade un equipo llamado punto de acceso (AP o *Access Point* en inglés) que realiza las funciones de coordinación centralizada de la comunicación entre los distintos terminales de la red. Los puntos de acceso tienen funciones de *buffer* (memoria de almacenamiento intermedio) y de *gateway* (pasarela) con otras redes. A los equipos que hacen de pasarelas con otras redes externas se les conoce como *portales*. A la modalidad BSS también se la conoce como modo infraestructura.
- **ESS** (*Extended Service Set*, 'Conjunto de servicios extendido'). Esta modalidad permite crear una red inalámbrica formada por más de un punto de acceso. De esta forma se puede extender el área de cobertura de la red, quedando constituida por un conjunto de celdas pegadas unas a otras. Una red ESS está formada por múltiples redes BSS.

En las modalidades BSS y ESS todas las comunicaciones pasan por los puntos de acceso. Aunque dos terminales estén situados uno junto al otro, la comunicación entre ellos pasará por el punto de acceso al que estén asociados. Esto quiere decir que un terminal no puede estar configurado para funcionar en la modalidad *ad hoc* (IBSS) y de infraestructura (BSS) a la vez.

EL NUEVO ESTÁNDAR 802.11N

Evidentemente, nadie espera que la tecnología de red de área local inalámbrica se quede en el estado de desarrollo actual. Las velocidades de 11 ó 54 Mbps son apropiadas para las aplicaciones actuales, pero no cabe duda que las necesidades de ancho de banda seguirán creciendo. Sólo hay que pensar que hace no muchos años, las velocidades por encima de 100 Kbps parecían astronómicas y hoy en día, lo habitual, es disponer de accesos a Internet superiores a 1 Mbps. Quiere esto decir que, al igual que ocurre con la capacidad de proceso de los microprocesadores, la demanda de ancho de banda también crece de forma exponencial.

El IEEE es consciente de ello, por lo que en enero de 2004 creó un grupo de trabajo (TGn) con el objetivo de desarrollar una tecnología que hiciese posible aumentar fuertemente el ancho de banda de las redes inalámbricas actuales. El resultado ha sido la recomendación 802.11n.

El primer borrador de esta recomendación se publicó en enero de 2006, no habiéndose publicado todavía la versión definitiva. En cualquier caso, algunos fabricantes (Belkin, Linksys o NEtgear entre otros) se han adelantado al protocolo ofreciendo productos *pre-N* con la promesa de actualizar el *firmware* tan pronto salga la versión definitiva. Las velocidades actuales de estos productos están en torno a 300 Mbps.

La tecnología 802.11n será compatible con las tres tecnologías anteriores (a, b y g), lo que hace que pueda funcionar tanto en la banda de 2,4 GHz como en la de 5 GHz. Esto es lo que se conoce como tecnología *dual-band/quad-mode* o banda-dual/tetra-modo.

Figura 2.8. Ejemplos de equipos 802.11n

La base del funcionamiento de 802.11n es la utilización de varias antenas con capacidad para transmitir y recibir de forma simultánea. Esto es lo que se conoce como MIMO (*Multiple-Input, Multiple-Output*, 'Múltiple-entrada, múltiple-salida'). Las versiones anteriores fueron diseñadas para utilizar una única antena y, aunque algunos fabricantes han incorporado dos antenas, en este caso sólo funciona la antena con mejor recepción. Con MIMO, las antenas son independientes, multiplicándose de esta forma el ancho de banda utilizado.

A partir de aquí existen dos grupos de trabajo con propuestas similares pero que persiguen objetivos distintos, lo que marcan ciertas diferencias tecnológicas. Estos grupos son:

- **TGnSync** (*Task Group and synchronization*, 'Grupo de trabajo y sincronización'). Enfocado en conseguir eficiencia en la utilización de las frecuencias y en el consumo de energía. Se basa en comenzar la comunicación con una señal de prueba que, tras analizarla, permite seleccionar la potencia de salida y el esquema de modulación que mejor se adapte a las circunstancias del momento. Es lo que se conoce como diseño de lazo cerrado (*Closed loop design*). El inconveniente de esta solución es que requiere circuitos más complejos y su eficiencia baja en las comunicaciones en movimiento.
- **WWiSE** (*World-Wide Spectrum Efficiency*, 'Eficiencia mundial del espectro'). Está enfocado a conseguir circuitos simples, por lo que en su propuesta supone el envío de los datos sin ningún tipo de realimentación, utilizando siempre la misma potencia. Es lo que se conoce como diseño de lazo abierto (*Closed loop design*). El inconveniente de esta alternativa es una menor eficiencia en el uso de la energía y de las frecuencias, aunque consigue equipos más económicos con una mejor respuesta en comunicaciones con receptores en movimiento.

CAPÍTULO 3

Tipos de red

POR QUÉ INSTALAR UNA RED INALÁMBRICA

Las redes inalámbricas hacen exactamente el mismo trabajo que realizan las redes cableadas: interconectan ordenadores y otros dispositivos informáticos (impresoras, módem, etc.) para permitirles compartir recursos. Las redes locales permiten interconectar desde dos ordenadores hasta cientos de ellos situados en un entorno donde la distancia máxima de un extremo a otro de la red suele ser de algunos cientos de metros. Esto quiere decir que las redes de área local se limitan generalmente al ámbito de un edificio. No obstante, distintas redes locales situadas en distintos edificios (edificios que pueden estar situados en distintas ciudades) pueden interconectarse entre sí formando un único entorno de red.

En resumen, las ventajas que ofrece una red de área local, sea cableada o inalámbrica, son las siguientes:

- Permite compartir periféricos: impresoras, escáneres, discos duros en red, etc.
- Permite compartir los servicios de comunicaciones (ADSL, módem cable, RDSI, etc.)
- Permite compartir la información contenida en cada ordenador
- Permite compartir aplicaciones

A partir de aquí, la pregunta sería si la red local que nos interesa instalar debe ser cableada o inalámbrica. Muchos usuarios responden a esta cuestión simplemente decidiéndose a instalar la última tecnología del mercado, y la última tecnología es la inalámbrica. La inquietud de disponer de la tecnología más moderna es loable y no cabe duda de que las redes inalámbricas ofrecen una mayor comodidad de uso o una mayor facilidad de instalación, pero toda tecnología tiene sus propias limitaciones. Por tanto, resultará interesante pararse a analizar un poco las ventajas y posibles inconvenientes que tiene la tecnología inalámbrica.

Ventajas

Las principales ventajas que ofrecen las redes Wi-Fi frente a las redes cableadas son las siguientes:

Movilidad. La libertad de movimientos es uno de los beneficios más evidentes de las redes Wi-Fi. Un ordenador o cualquier otro dispositivo (por ejemplo, una PDA o una *webcam*) pueden situarse en cualquier punto dentro del área de cobertura de la red sin tener que depender de si es posible o no hacer llegar un cable hasta ese sitio. Ya no es necesario estar atado a un cable para navegar por Internet, imprimir un documento o acceder a la información de nuestra red local corporativa o familiar. En la empresa se puede acceder a los recursos compartidos desde cualquier lugar, hacer presentaciones en la sala de reuniones, acceder a archivos, etc., sin tener que tender cables por mitad de la sala o depender de si el cable de red es o no suficientemente largo.

Desplazamiento. Con un ordenador portátil o PDA no sólo se puede acceder a Internet o a cualquier otro recurso de la red local desde cualquier parte de la oficina o de la casa, sino que nos podemos desplazar sin perder la comunicación. Esto, aparte de resultar cómodo, facilita el trabajo en determinadas tareas, como, por ejemplo, la de aquellos empleados cuyo trabajo les lleva a moverse por todo el edificio.

Flexibilidad. Las redes Wi-Fi no sólo nos permiten estar conectados mientras nos desplazamos con un ordenador portátil, sino que también nos permiten colocar un ordenador de sobremesa en cualquier lugar sin tener que hacer el más mínimo cambio en la configuración de la red. A veces, extender una red cableada no es una tarea fácil ni barata. Piense en edificios antiguos o en áreas apartadas. En muchas ocasiones acabamos colocando peligrosos cables por el suelo para evitar tener que hacer la obra de poner enchufes de red más cercanos. Las redes Wi-Fi evitan todos estos problemas. Resulta también especialmente indicado para aquellos lugares en los que se necesitan accesos esporádicos. Si en un momento dado existe la necesidad de que varias personas se conecten a la red en la sala de reuniones, la conexión inalámbrica evita llenar el suelo de cables. En sitios donde pueda haber invitados que necesiten conexión a Internet (centros de formación, hoteles, cafés, entornos de negocio o empresariales) las redes inalámbricas suponen una alternativa mucho más viable que las redes cableadas.

Ahorro de costes. Diseñar e instalar una red cableada puede llegar a alcanzar un alto coste, no solamente económico, sino en tiempo y molestias. En entornos domésticos y en determinados entornos empresariales donde no se dispone de una red cableada porque su instalación presenta problemas, la instalación de una red Wi-Fi permite ahorrar costes al permitir compartir recursos: acceso a Internet, impresoras, etc.

Escalabilidad. Se le llama escalabilidad a la facilidad de expandir la red después de su instalación inicial. Conectar un nuevo ordenador cuando se dispone de una red Wi-Fi es algo tan sencillo como instalarle una tarjeta y listo. Con las redes cableadas esto mismo requiere instalar un nuevo cableado o, lo que es peor, esperar hasta que el nuevo cableado quede instalado.

Inconvenientes

Evidentemente, como todo en la vida, no todo son ventajas, las redes Wi-Fi también tienen algunos puntos negativos en su comparativa con las redes de cable. Los principales inconvenientes son los siguientes:

Menor ancho de banda. Las redes de cable actuales trabajan a 100 Mbps, mientras que las redes Wi-Fi lo hacen a 11 Mbps. Es cierto que existen estándares que alcanzan velocidades mayores (54, incluso 100 Mbps), pero de forma efectiva, la velocidad real es bastante menor.

Seguridad. Las redes Wi-Fi tienen la particularidad de no necesitar un medio físico para funcionar (podría funcionar incluso en el vacío). Esto fundamentalmente es una ventaja, pero se convierte en un inconveniente cuando pensamos que cualquier persona con un ordenador portátil sólo necesita estar dentro del área de cobertura de la red para poder intentar acceder a ella. Como el área de cobertura no está definida por paredes o por ningún otro medio físico, a los posibles intrusos no les hace falta estar dentro de un edificio o estar conectado a un cable. Wi-Fi ofrece la posibilidad de cifrar sus comunicaciones, pero como esto requiere una cierta participación por parte del administrador de la red, en muchas ocasiones se deja la red sin proteger. Por su parte, el cable ofrece unas barreras físicas que le son inherentes.

Interferencias. Las redes inalámbricas funcionan utilizando el medio radioeléctrico en la banda de 2,4 GHz. Esta banda de frecuencias no requiere de licencia administrativa para ser utilizada por lo que muchos equipos del mercado, como teléfonos inalámbricos, microondas, etc., utilizan esta misma banda de frecuencias. Además, todas las redes Wi-Fi funcionan en la misma banda de frecuencias, incluida la de los vecinos. Este hecho hace que no se tenga la garantía de que nuestro entorno radioeléctrico esté completamente limpio para que nuestra red inalámbrica funcione a su más alto rendimiento. Cuantos mayores sean las interferencias producidas por otros equipos, menor será el rendimiento de nuestra red. No obstante, el hecho de tener probabilidades de sufrir interferencias no quiere decir que se tengan. La mayoría de las redes inalámbricas funcionan perfectamente sin mayores problemas en este sentido.

Incertidumbre tecnológica. La tecnología que actualmente se está instalando y que ha adquirido una mayor popularidad es la conocida como IEEE 802.11b y 802.11g. Sin embargo, ya existen tecnologías que ofrecen una mayor velocidad de transmisión y unos mayores niveles de seguridad. Es posible que, cuando se popularice esta nueva tecnología, se deje de comercializar la actual o, simplemente, se deje de prestar tanto apoyo. Lo cierto es que las leyes del mercado vienen también marcadas por las necesidades de los clientes y, aunque existe esta incógnita, los fabricantes no querrán perder el tirón que ha supuesto

Wi-Fi y harán todo lo posible para que los nuevos dispositivos sean compatibles con los actuales. La historia nos ha dado muchos ejemplos similares.

Qué hacer

Después de ver las ventajas y los inconvenientes, cualquiera puede sacar sus propias conclusiones; no obstante, hagamos un par de apreciaciones.

La tecnología inalámbrica en los hogares es un caso especial. Es raro encontrar una casa que tenga preinstalada una red cableada de datos. Sin embargo, aun contando con una única impresora, una única conexión a Internet (vía ADSL o cable) o un único escáner, cada vez es más normal disponer de más de un ordenador en casa. Para poder compartir estos recursos, se puede instalar una rígida red cableada tendiendo cables a través de las paredes o configurar una red inalámbrica. Es cierto que esta última solución podría llegar a ser más cara que la primera, pero también es más flexible, escalable, fácil de instalar y, además, permite movilidad. ¿Por qué estar encerrado en una habitación si hace un día estupendo y se está mejor en el salón, en el patio o en el parque enfrente de casa? Por otro lado, el problema de la seguridad no es altamente preocupante en la informática del hogar.

El caso de las empresas puede ser similar al anterior, pero también nos encontramos con un punto adicional. Las redes cableadas son un problema en aquellas empresas donde existe la posibilidad de cambiar la disposición de los puestos de trabajo. Sin embargo, para una red inalámbrica no supone ningún problema el cambiar un ordenador de sitio.

El hecho de instalar una red inalámbrica no quiere decir que toda la red tenga que ser de este tipo. Las redes Wi-Fi son completamente compatibles con las redes locales cableadas Ethernet. Por tanto, la parte inalámbrica puede ser un complemento de la parte cableada. Se puede cablear lo que sea fácil cablear y dejar a Wi-Fi que resuelva la extensión de la red a aquellas áreas más difícilmente *cableables*. Por otro lado, también se puede disponer de una red de cable para unos usuarios y una red inalámbrica paralela para aquellos otros que por la labor que desempeñan necesitan disfrutar de la ventaja de la movilidad.

Por último, la redes inalámbricas son ideales, por ejemplo, si se necesita disponer de conexión a red en lugares abiertos (por ejemplo, un campus universitarios), en sitios públicos (centros comerciales, redes vecinales, servicios municipales, etc.) o sitios cerrados pero disponiendo de movilidad (almacenes, salas de reuniones, etc.).

QUÉ POSIBILIDADES TENEMOS

Anteriormente se han descrito los puntos más importantes para confirmar que, efectivamente, necesitamos una red inalámbrica. Ahora toca analizar qué tipo de red es la que le viene mejor a nuestras necesidades. Una red puede comunicar un par de ordenadores o a cientos de ellos, podemos tener a todos los ordenadores concentrados en una pequeña zona o dispersos por una gran área, dentro de un edificio, en varios edificios o en el exterior.

Las decisiones que hay que tomar a este respecto son las siguientes:

- Cuál será la configuración de la red, si se necesitarán instalar puntos de acceso y cuántos serán necesarios.
- Qué tarjeta o dispositivos inalámbricos instalaremos en cada ordenador, PDA o cualquier otro equipo informático que necesitemos conectar.
- Qué tipo de antenas se necesitará para poder cubrir todo el área.
- Cómo conectaremos nuestra red inalámbrica a la red local cableada y a Internet.

Las distintas configuraciones de red

Las redes inalámbricas, al igual que las redes cableadas, sirven para interconectar no sólo ordenadores, sino también cualquier otro tipo de equipo informático al que se le pueda instalar un dispositivo inalámbrico. Éste es el caso, por ejemplo, de las agendas electrónicas PDA (como las Palm Pilot de 3Com), impresoras, discos duros en red, terminales telefónicos IP o cámaras Web. A pesar de ello, no cabe duda de que el uso fundamental que se le da a una red inalámbrica es la interconexión de ordenadores. De hecho, en este libro hablamos frecuentemente de red de ordenadores, aunque evidentemente nos referimos a ordenadores o cualquier otro equipo susceptible de ser conectados a la red.

Las redes inalámbricas Wi-Fi admiten dos tipos de configuraciones desde el punto de vista del tipo de equipamiento:

- **Modo *ad hoc***. Es una configuración en la cual sólo se necesita disponer de tarjetas o dispositivos inalámbricos Wi-Fi en cada ordenador. Los ordenadores se comunican unos con otros directamente, sin necesidad de que existan puntos de acceso intermedios.
- **Modo infraestructura**. En esta configuración, además de las tarjetas Wi-Fi en los ordenadores, se necesita disponer de un equipo conocido como punto de acceso. El punto de acceso lleva a cabo una coordinación centralizada de la comunicación entre los distintos terminales de la red. Si el área a cubrir es

extensa se pueden instalar más de un punto de acceso interconectados. De esta forma se puede llegar a cubrir ciudades enteras.

Hay que tener en cuenta que un terminal no puede estar configurado en modo *ad hoc* e infraestructura a la vez; lo que sí se puede es configurar el terminal de distinta forma dependiendo de lo que interese en cada momento. Por otro lado, aunque se ha hablado de que el terminal necesita disponer de un dispositivo inalámbrico Wi-Fi, los ordenadores más modernos suelen tenerla ya incorporado. Adicionalmente, existe una gran variedad de equipos específicamente Wi-Fi. Por ejemplo, discos duro Wi-Fi, teléfonos Wi-Fi o cámaras de vigilancia Wi-Fi.

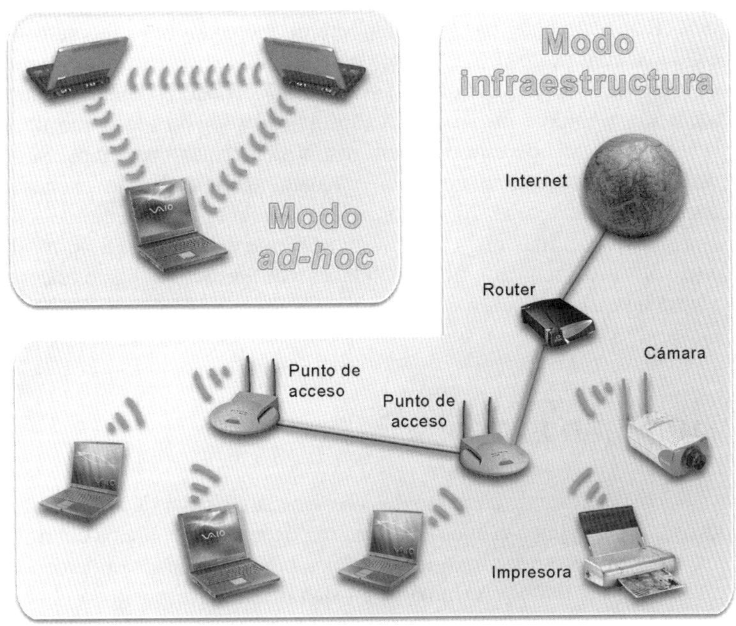

Figura 3.1. Configuraciones de red Wi-Fi

NECESIDAD DE LOS PUNTOS DE ACCESO

Las comunicaciones *ad hoc* son muy fáciles de configurar y resultan muy interesantes cuando se necesita establecer una comunicación temporal entre dos equipos. Por otro lado, el modo infraestructura es el más adecuado para crear redes permanentes, aunque sean de tan sólo dos terminales. Las razones que nos llevan a esta conclusión son varias:

- El modo infraestructura ofrece un mayor alcance que la modalidad *ad hoc*. Los terminales no tienen por qué estar dentro del área de cobertura el uno del otro; al tener un punto de acceso intermedio pueden, al menos, duplicar su distancia.
- El punto de acceso permite compartir el acceso a Internet entre todos sus terminales. Esto permite compartir un acceso de banda ancha (ADSL o cable) entre todos los terminales que forman la red, sean dos o cientos de ellos.
- El punto de acceso permite crear redes con un mayor número de terminales.
- El punto de acceso ofrece características de gestión de la comunicación que no ofrece el modo *ad hoc*.
- El punto de acceso, al igual que cualquier red local, permite compartir los recursos de los terminales que forman la red (archivos, impresoras, etc.).

Recientemente ha aparecido en el mercado una alternativa al modo *ad hoc* conocida como *software* de punto de acceso. Esto consiste en configurar los ordenadores en modo *ad hoc* y hacer que uno de estos ordenadores haga las funciones de punto de acceso instalándole un programa especial, el *software* de punto de acceso. Ya se han hecho programas de este tipo para distintos sistemas operativos. Se ha dado el caso de usuarios que recuperan un viejo ordenador para dedicarlo exclusivamente a trabajar como punto de acceso. En cualquier caso, dado el bajo precio de los puntos de acceso, esta solución es más una cuestión de ocio que de negocio. Sólo resultaría interesante si este software incluyera funcionalidades (de gestión) no habituales en los puntos de acceso normales.

CREAR UNA RED EXTENSA

La cobertura de un punto de acceso no suele pasar de algunas decenas de metros en interior o de algunos cientos de metros en exterior. Si el área a cubrir tiene una extensión mayor, será necesario disponer múltiples puntos de acceso interconectados entre sí. En esta configuración, los terminales pueden desplazarse por todo el área de cobertura sin perder la comunicación.

Este tipo de configuraciones resulta interesante cuando se necesita cubrir un gran área de oficinas, áreas localizadas en distintas plantas, un espacio público o lugares con una alta concentración de terminales donde un solo punto de acceso resulta escaso.

Los distintos puntos de acceso que forman la red deben conectarse entre sí, para lo que existen distintas alternativas:

- Utilizar una conexión cableada tipo Ethernet. En este caso, los puntos de acceso son unos terminales más de la red local Ethernet, haciendo de puente entre los terminales fijos y móviles.

- o Utilizar **enlaces inalámbricos Wi-Fi**. Existen equipos Wi-Fi conocidos como *bridges* (puentes) que establecen un enlace dedicado entre dos o más puntos.
- o Utilizar **enlaces inalámbricos de tipo metropolitano**. Por ejemplo, los distintos puntos de acceso podrían estar interconectados mediante tecnología WiMax o LMDS.
- o Utilizar **Internet como medio de interconexión**. En este caso, cada punto de acceso se conecta a Internet con banda ancha (ADSL o cable) y se establecen conexiones de red privada virtual (VPN) entre ellos. Las conexiones de red privada virtual garantizan la privacidad de las comunicaciones. Esta solución es especialmente interesante para interconectar los puntos de acceso de las distintas oficinas de una empresa. Esto permite que los empleados puedan desplazarse de una a otra oficina sin cambiar la configuración de sus equipos.

Por otro lado, para que todos los puntos de acceso formen parte de una misma red se deben configurar con el mismo nombre de red y los mismos parámetros de seguridad. Los puntos de acceso vecinos, con cierta intersección de su cobertura, deben configurarse con distintos canales de radio para evitar interferencias.

Figura 3.2. Cubrir un área extensa con varios puntos de acceso

Cuando un terminal se mueve fuera del alcance del punto de acceso con el que está asociado originalmente, automáticamente se reasocia con un nuevo punto de acceso con el que tenga cobertura. Esta reasociación la hace el terminal automáticamente, sin que el usuario tenga que hacer nada. Desde el punto de vista del usuario, ésta será una red de tipo infraestructura.

VELOCIDAD	DISTANCIA EN INTERIOR	DISTANCIA EN EXTERIOR
11 Mbps	*50 metros*	*270 metros*
5,5 Mbps	*80 metros*	*380 metros*
2 Mbps	*130 metros*	*430 metros*
1 Mbps	*160 metros*	*540 metros*

Tabla 3.1. Relación entre distancia y velocidad con las tarjetas 802.11b (en ambientes ideales)

SOBRE EL ALCANCE

Cuando nos decidimos a instalar una red inalámbrica, generalmente se parte de unas necesidades de cobertura. Pretendemos tener cobertura en toda la oficina, la casa, el entorno empresarial o el pueblo completo. Quiere esto decir que la cobertura es uno de los factores más importante de las redes inalámbricas. La cobertura de la red depende tanto del alcance de los adaptadores de red (las tarjetas Wi-Fi), como del de los puntos de acceso.

Los fabricantes anuncian que un punto de acceso o una tarjeta Wi-Fi llega a tener una cobertura de cientos de metros en espacio abierto con visibilidad directa entre terminales y sin interferencias de otros equipos que trabajen en la banda de 2,4 GHz (microondas, teléfonos inalámbricos, etc.). Esto es cierto, pero, si se instala el punto de acceso en el interior de una casa u oficina, el alcance puede reducirse a unos 25 a 50 metros dependiendo de los obstáculos que haya en la habitación (armarios, mesas, etc.).

Por otro lado, la mayoría de los equipos Wi-Fi vienen equipados con un sistema que baja automáticamente la velocidad de transmisión conforme la señal de radio se va debilitando. Esto significa que, conforme se aumenta la distancia entre emisor y receptor, se puede ir disminuyendo la velocidad de transmisión de datos.

Además de la distancia, en el entorno existen otros factores que pueden afectar a la cobertura, como son las interferencias (naturales y artificiales) o las pérdidas de propagación debido a los obstáculos. De hecho, muchas de estas condiciones del entorno son cambiantes, por lo que en una posición puede haber cobertura en un momento dado y no haberla unos minutos más tarde. Por ejemplo, puede que no tenga cobertura en la cocina cuando tenga puesto el microondas, pero sí el resto del tiempo; o puede que no tenga cobertura en una zona del patio cuando en primavera los árboles la dejan completamente en sombra radioeléctrica, pero sí el resto del año.

La conclusión es que, a poco que se complique la visibilidad entre los terminales (por distancia, por los obstáculos o por las interferencias), la única manera de saber exactamente si existe cobertura entre ellos es instalando los equipos y haciendo una prueba real de cobertura.

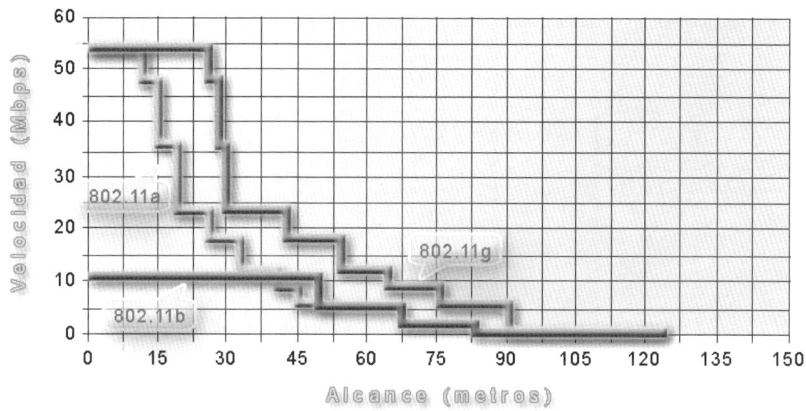

Figura 3.3. Cobertura típica en el interior de una oficina (Fuente: Cisco)

Interferencias

Dado que 802.11b utiliza la banda de 2,4 GHz y que estas frecuencias se encuentran en una banda abierta para usos industriales, científicos y médicos para los que no se necesita licencia (banda ISM o *Industrial, Scientific and Medical*), existe el riesgo de coincidir en el uso de la frecuencia con otros sistemas como los microondas, teléfonos inalámbricos, sistemas de televigilancia, dispositivos bluetooth o, incluso, otras redes inalámbricas. Estos otros usos pueden producir interferencias en las señales de radio de nuestra red. Una interferencia consiste en la presencia no deseada de señales radioeléctricas que interrumpen el normal funcionamiento del sistema.

Para evitar que una interferencia pueda cortar la comunicación, cuando el equipo Wi-Fi (protocolo MAC) detecta la presencia de una señal de interferencia, automáticamente entra en un período de espera en la idea de que, pasado dicho período, habrá pasado la interferencia. Evidentemente, esto hace que el servicio se degrade, pero no se interrumpe.

Desde el punto de vista del usuario, es imposible evitar las interferencias esporádicas, pero lo que sí se puede evitar son las interferencias constantes o periódicas. El sistema consiste en hacer pruebas de recepción de señal en la zona bajo sospecha. Estas pruebas pueden realizarse a distintas horas del día. A veces ocurre que las interferencias sólo se producen a la hora de la comida (microondas). Muchas de estas interferencias pueden evitarse sencillamente situando el punto de acceso en otro lugar, moviendo el terminal o instalando una antena externa.

CANAL	Frecuencia (MHz)	FCC (USA)	ETSI (Europa)	Japón
1	2412	X		X
2	2417	X		X
3	2422	X	X	X
4	2427	X	X	X
5	2332	X	X	X
6	2437	X	X	X
7	2442	X	X	X
8	2447	X	X	X
9	2452	X	X	X
10	2457	X	X	X
11	2462	X	X	X
12	2467		X	X
13	2472		X	X
14	2484			X

Tabla 3.2. Regulación de canales y frecuencias Wi-Fi (802.11b)

Pérdidas de propagación

Desde el momento que una señal de radio sale del equipo transmisor empieza a perder potencia por el simple hecho de propagarse. Conforme aumenta la distancia desde el emisor, las pérdidas de señal van en aumento. Esta pérdida de señal es mayor también cuanto mayor es la frecuencia radioeléctrica a la que se emite. Por tanto, a mayor frecuencia, menor es el alcance de la señal.

Por otro lado, generalmente no existe una línea de visión directa entre el transmisor y el receptor. Los obstáculos (como paredes, árboles, muebles o cristales) que impiden dicha visibilidad directa afectan grandemente a la pérdida de señal.

Otros de los factores que afectan negativamente a la propagación de la señal son los ecos producidos por el rebote de la señal en los obstáculos (paredes, muebles, etc.). El rebote produce que la señal pueda tomar distintos caminos para llegar hasta el receptor. Al final, lo que el receptor recibe no es una única señal, sino una señal principal y una combinación de señales iguales (ecos) que le llegan a distinto tiempo y con distinta potencia. A esto se le llama efecto eco. Este efecto puede producir graves interferencias que llegan a degradar fuertemente la recepción de la señal. El efecto eco es más perjudicial cuanto mayor es la potencia del eco y mayor su retardo con respecto a la señal principal.

Algunos equipos Wi-Fi disponen de sistemas como la diversidad de antenas (tienen dos antenas), el filtrado de la señal o *software* de filtrado que ayudan a resolver este problema.

CAPÍTULO
4

El equipamiento Wi-Fi

INTRODUCCIÓN

La mayoría de las redes inalámbricas que hay en el mercado (sean Wi-Fi o de otro tipo) funcionan de una manera similar: tienen unas estaciones base (puntos de acceso) que coordinan las comunicaciones y unas tarjetas de red (adaptadores de red) que se instalan en los ordenadores y que les permiten formar parte de la red.

Adicionalmente, existen antenas que permiten aumentar el alcance de los equipos Wi-Fi, así como *software* especializado que permite facilitar la labor de gestión y mantenimiento de la red inalámbrica.

Antes de describir cómo instalar una red, vamos a dedicar unas páginas a describir las características más importantes de los distintos componentes de una red inalámbrica. En este capítulo vamos a tratar fundamentalmente los adaptadores de red y los puntos de acceso; las antenas externas serán tratadas más adelante.

LOS PUNTOS DE ACCESO

El punto de acceso es el centro de las comunicaciones de la mayoría de las redes inalámbricas. El punto de acceso no sólo es el medio de intercomunicación de todos los terminales inalámbricos, sino que también es el puente de interconexión con la red fija e Internet.

Existen dos categorías de puntos de acceso:

- **Puntos de acceso profesionales**, diseñados para crear redes corporativas de tamaño medio o grande. Éstos suelen ser los más caros, pero incluyen mejores características (aunque sean particulares del fabricante), como son mejoras en la seguridad y una más perfecta integración con el resto de equipos. Los líderes de este tipo de equipamiento son Cisco, 3Com, Agere/Orinoco (antiguamente conocidos como Lucent) y Nokia.
- **Puntos de acceso económicos** dirigidos a cubrir las necesidades de los usuarios de pequeñas oficinas o del hogar. Estos puntos de acceso ofrecen exactamente los mismos servicios que los anteriores, con la misma cobertura y las mismas velocidades, pero ofrecen unas posibilidades de configuración y gestión más limitadas. Los que más puntos de acceso de tipo económico venden son Intel, 3Com, D-Link, Agere/Orinoco, NetGear Proxim y Linksys.

Aparte de lo anterior, cada equipo tiene sus propias características externas. Por ejemplo, algo que diferencia claramente a unos puntos de acceso de otros es el número y tipo de puertos exteriores que ofrece. Existen puntos de acceso que disponen hasta de un puerto de impresora (con su servidor de impresión), mientras que otros se limitan a ofrecer una conexión para red cableada o Internet.

Figura 4.1. Distintos modelos de puntos de acceso (no están a la misma escala)

Por otro lado, es habitual que los puntos de acceso se utilicen también como pasarela de conexión con otras redes (por ejemplo, con Internet). Desde este punto de vista, es importante que se tengan en cuenta los siguientes puntos:

- Comprobar las características del *router* del punto de acceso. DHCP, NAT o propiedades de *firewall* son facilidades que nos ayudarán en la configuración y manejo de las comunicaciones con Internet o con otras redes.
- En el entorno corporativo suelen coexistir una red inalámbrica, para darle movilidad a los usuarios que la necesitan, junto con una red cableada, para darle conectividad al resto de usuarios. Generalmente, las redes corporativas utilizan el protocolo TCP/IP; no obstante, hay que tener en cuenta que en el mercado existen otros protocolos como SPX/IPX, NetBIOS, LANtastic, etc. Por tanto, conviene comprobar que el punto de acceso que se va a comprar sea compatible con el protocolo de red cableada con el que se va a conectar.
- Los puntos de acceso Wi-Fi funcionan sin problema con los adaptadores de red (tarjetas de red) de cualquier fabricante. No obstante, existe cierta incompatibilidad cuando se desea crear una red con varios puntos de acceso de distintos fabricantes. La falta de entendimiento aparece a la hora de mantener en servicio una comunicación cuando un usuario pasa del área de cobertura de un

punto de acceso al de otro (a esto se le llama itinerancia o *roaming* en inglés). En este caso, si los puntos de acceso son de distinto fabricante, es muy posible que se corte la comunicación. La comunicación se podrá volver a establecer con el nuevo punto de acceso, pero no se habrá producido una transferencia sin interrupciones, que es de lo que se trata. Para evitar este problema, es recomendable que los puntos de acceso vecinos sean del mismo fabricante. Además, cuando todos los dispositivos son del mismo fabricante, es posible utilizar alguna característica adicional propietaria. Se puede valorar si esto merece la pena. En cualquier caso, el IEEE está trabajando para solucionar este problema (grupo de trabajo IEEE 802.11f). Por cierto, esto no tiene nada que ver con las tarjetas inalámbricas que se conectan a los ordenadores; estas últimas sí pueden proceder de fabricantes distintos sin problemas.

Características

Los puntos de acceso son realmente unas pequeñas cajas de las que sobresalen una o dos antenas. Algunos fabricantes se han preocupado incluso de darles una forma estilizada que se salga de la típica forma cuadrada. Aunque la estética exterior de la caja pueda parecer un hecho sin importancia, en las redes para el hogar puede ser un punto a valorar. Por otro lado, a veces la estética es algo más que las apariencias. Unos puntos de acceso incluyen útiles para poderlos soportar en la pared o en el techo, mientras que otros carecen de este tipo de accesorios.

En cualquier caso, en su interior podemos encontrar el mismo equipamiento:

- Un equipo de radio (de 2,4 GHz en el caso de 802.11b y 802.11g, o 5 GHz en el caso de 802.11a)
- Una o dos antenas (que pueden o no apreciarse exteriormente)
- Un *software* de gestión de las comunicaciones
- Puertos para conectar el punto de acceso a Internet o a la red cableada

La radio

El objetivo principal de los puntos de acceso es comunicarse con los terminales vía radio. Por tanto, éste es su equipamiento principal, el cual viene integrado en un conjunto de *chips* electrónicos conocidos como *chipsets*. Aunque en el mercado existen muchos fabricantes de puntos de acceso, son muchos menos los que fabrican *chipsets*. Entre los principales fabricantes de *chipsets* se encuentran: Intersil (Prism), Proxim (Hermes), Symbol, Texas Instrument, Intel, Atheros, Broadcom, Atmel, Cisco Aironet, Realtek, Orinoco y Agere.

Desde el punto de vista del usuario, el funcionamiento de los distintos *chipsets* es idéntico. Además, entre ellos deben ser compatibles. No obstante, la teoría de la compatibilidad trae sorpresas a veces, por lo que resulta recomendable comprar equipos (puntos de acceso y tarjetas inalámbricas) que utilicen *chipsets* del mismo fabricante. Claro que un mismo fabricante de equipos Wi-Fi suele utilizar distintos *chipset* en sus distintos modelos de equipos, por lo que comprar equipos de una misma marca no es garantía de utilizar un mismo *chipset*.

Si se tiene interés, en Internet se pueden encontrar distintos listados de los *chipsets* utilizados por cada fabricante.

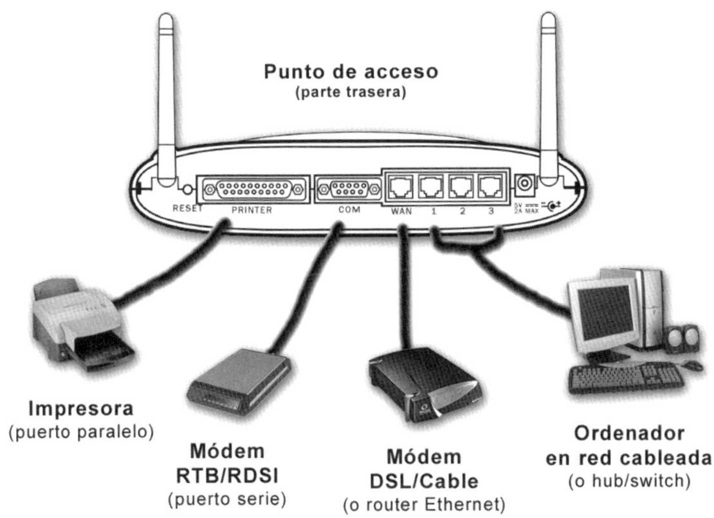

Figura 4.2. Ejemplo de puertos de un punto de acceso (modelo SpeedStream 2623)

Los puertos

Los puntos de acceso necesitan disponer de puertos para poderse conectar con una red local cableada y con Internet. Para conseguir esto, los puntos de acceso suelen traer uno o más puertos 10/100Base-T (RJ-45). No obstante, las posibilidades de conectividad de los puntos de acceso no acaban aquí; dependiendo del modelo, nos podemos encontrar con los siguientes puertos:

- Un puerto especial para conectarse a un *hub* o *switch* de red de área local Ethernet (*uplink port*).

- Disponer internamente de un *hub*, por lo que ofrecen de dos a cuatro puertos exteriores para conectarles los equipos de red Ethernet de que disponga el usuario. Esto es ideal para el hogar o la pequeña oficina ya que evita la necesidad de disponer de un *hub* o *switch* independiente. En cualquier caso, si se necesitase de más de cuatro puertos, siempre se puede comprar otro *hub* y conectarlo al punto de acceso para extender la red.
- Un puerto serie RS-232 para que se le pueda conectar un módem de red telefónica (RTB o RDSI). Esta conexión a Internet a 56 Kbps o 64 Kbps puede ser utilizada como acceso principal a Internet o como acceso de seguridad en el caso de que falle la conexión de banda ancha (ADSL o cable).
- Un puerto paralelo o USB para conectarle una impresora. Esto permite compartir una impresora sin la obligación de tener un ordenador encendido para poder mantenerla disponible. Además, la impresora no le ocuparía recursos a ningún ordenador.
- Puerto para conectarle una antena exterior que le provea de un mayor alcance. En el mercado existe una gran variedad de antenas externas que pueden dar respuesta a muchas necesidades distintas. Si se necesita que el punto de acceso ofrezca cobertura a una distancia superior a unos 100 metros, es importante contar con un punto de acceso que disponga de un conector de este tipo.

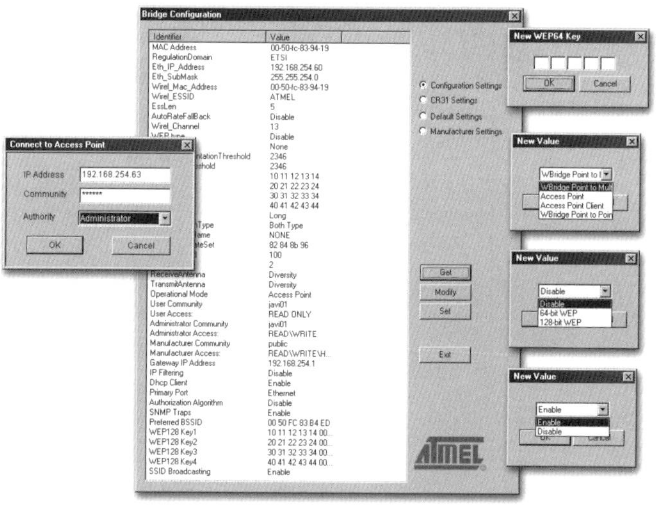

Figura 4.3. El punto de acceso Atmel dispone de un puerto USB y de una aplicación particular para su configuración

Gestión del punto de acceso

Los puntos de acceso ofrecen determinadas características que son configurables, como son las opciones de seguridad o de gestión de la red. La mayoría permiten llevar a cabo esta configuración a través de una interfaz basada en páginas Web. Para hacer uso de esto, sólo se necesita instalar el *software* que incluye el punto de acceso o introducir el número IP del punto de acceso en el navegador de Internet de cualquiera de sus terminales.

No obstante, es importante saber que algunos puntos de acceso no utilizan una interfaz Web, sino que requieren de la introducción directa de líneas comandos (lo que se conoce como CLI, *Command Line Interface*, 'Interfaz de línea de comandos') o, incluso, requieren de un sistema operativo particular. Por ejemplo, Airport Base Station de Apple requiere disponer de un ordenador con sistema operativo Mac. En cualquier caso, siempre es buena idea asegurarse de que el punto de acceso es compatible con nuestro sistema operativo.

ADAPTADORES INALÁMBRICOS DE RED

Los adaptadores de red son las tarjetas o dispositivos que se conectan a los ordenadores para que puedan funcionar dentro de una red inalámbrica. Estos equipos pueden recibir también el nombre de tarjetas de red o interfaces de red. De hecho, en inglés se conoce como NIC (*Network Interface Cards*, 'Tarjetas interfaces de red') a cualquier tarjeta instalable o conectable a un ordenador que sirve para integrarlo en una red, sea ésta cableada o inalámbrica.

Los adaptadores de red son fundamentalmente unas estaciones de radio que se encargan de comunicarse con otros adaptadores (modo *ad hoc*) o con un punto de acceso (modo infraestructura) para mantener al ordenador al que están conectados dentro de la red inalámbrica a la que se asocie.

Como todos los equipos de radio, los adaptadores de red necesitan una antena. Ésta puede apreciarse claramente en su exterior o venir integrada dentro del propio adaptador sin que externamente se note. Adicionalmente, algunos adaptadores incluyen un conector para poder disponer una antena externa.

Al igual que desde hace tiempo viene siendo normal encontrar ordenadores que incluyen de fábrica una puerto Ethernet RJ45, últimamente también suelen ser normal que integren un adaptador de red Wi-Fi. De hecho, Intel dispone de un modelo de microprocesador, conocido como Centrino, que incorpora un *chipset* Wi-Fi. Los ordenadores portátiles Wi-Fi no suelen tener ninguna antena exterior, aunque sí muestran una pegatina con el logo de Wi-Fi.

Actualmente, existen los siguientes tipos de adaptadores inalámbricos de red:

- **Tarjetas PCMCIA**. Éstas son tarjetas que tienen un tamaño similar al de una tarjeta de crédito (realmente como un 30% más larga) y que se insertan en los puertos PCMCIA (*PC card*) de tipo II que suelen incorporar la mayoría de los ordenadores portátiles.
- **Tarjetas PCI o ISA**. Los ordenadores de sobremesa no suelen disponer de ranuras PCMCIA. De lo que sí disponen son de ranuras PCI o ISA donde se pueden instalar todo tipo de tarjetas de periféricos, entre las que están las tarjetas Wi-Fi.
- **Unidades USB**. Se trata de unidades inalámbricas que se conectan al ordenador (portátil o sobremesa) mediante un puerto USB. Estas unidades son válidas para todo tipo de ordenadores. Si el ordenador ya tiene ocupados todos sus puertos USB (por ejemplo, porque se está utilizando para el teclado, la impresora, etc.), en el mercado existen multiplicadores de puertos USB que permiten sacar cuatro puertos de donde sólo había uno.

En el mercado se encuentran adaptadores de red de cualquiera de los tipos anteriores a partir de 20 euros (y el precio sigue bajando).

Figura 4.4. Distintos tipos de adaptadores de red PCMCIA

Tarjetas PCMCIA

Uno de los problemas que tenían antiguamente los ordenadores portátiles era que difícilmente podían ampliarse en sus prestaciones. Para instalarle una tarjeta de red o un módem a un ordenador de sobremesa, bastaba con añadir en su interior la tarjeta correspondiente (ISA, PCI, etc.). El interior de los portátiles, sin embargo, estuvo completamente cerrado hasta que aparecieron unos puertos especiales conocidos como PCMCIA (*Personal Computer Memory Card International Association*, 'Asociación internacional de tarjetas de memoria para ordenadores portátiles'). En inglés se les conoce más coloquialmente como *PC Card* (tarjeta de PC).

Los puertos PCMCIA son una especie de ranuras en las que se pueden insertar unas tarjetas del tamaño de una de crédito. Estas tarjetas quedan insertadas en el interior de la ranura, por lo que el ordenador portátil no pierde su integridad y fácil portabilidad. En el mercado existen muchos tipos de tarjetas PCMCIA: módem, tarjetas de red Ethernet, discos duros, etc.

Las tarjetas PCMCIA las crearon en 1989 una asociación de fabricantes de equipos con el propósito inicial de desarrollar una norma *hardware* y *software* para tarjetas de memoria intercambiables (de ahí su nombre). No obstante, la idea fue tan buena que se ha utilizado para todo tipo de periféricos.

Todas las tarjetas PCMCIA tienen un ancho de 54 milímetros, siendo su largo variable, pero con un mínimo de 85,6 milímetros. El hecho de ser variable se debe a que algunas tarjetas necesitan sobresalir hacia el exterior para mostrar algún tipo de conector, una antena o, simplemente, porque necesitan más espacio.

En cuanto al grosor de las tarjetas existen tres tipos: las tarjetas tipo I con un grosor de 3,3 milímetros (utilizadas, por ejemplo, para ampliaciones de memoria), las de tipo II con un grosor de 5 milímetros (son las habituales en los adaptadores de red inalámbricos) y las de tipo III con un grosor de 10,5 milímetros (utilizadas, por ejemplo, por los discos duros).

Por una razón exclusivamente de espacio, cada tarjeta requiere su propio tipo de ranura en el ordenador. Esto quiere decir que una ranura de tipo III admite cualquier tipo de tarjeta, mientras que una ranura de tipo I sólo admite tarjetas de este tipo. El tamaño más habitual de las tarjetas es el de tipo II.

Aparte del tamaño y del peso, otra de las características que aportan las tarjetas PCMCIA es su bajo consumo de energía y ser resistentes a los golpes típicos de los dispositivos móviles.

Por cierto, los adaptadores Wi-Fi PCMCIA suelen ser de tipo II (con *bus* de 32 bits tipo *CardBus*) y la mayoría de los ordenadores portátiles incluyen una o dos ranuras PCMCIA de este tipo. Si tiene un ordenador muy antiguo, será mejor que compruebe si admite este tipo de tarjetas antes de comprar el adaptador. En cualquier caso, la mayoría de los ordenadores portátiles modernos integran un adaptador Wi-Fi, por lo que no haría falta instalarles ninguna tarjeta adicional.

Adaptadores PCI e ISA

Los ordenadores de sobremesa suelen disponer de suficiente espacio interior como para admitir la instalación de nuevos periféricos a base de tarjetas tipo PCI (*Peripheral Components Interconnect*, 'Interconexión de componentes periféricos') o ISA (*Industry Standard Architecture*, 'Arquitectura normalizada de la industria'). Este tipo de tarjetas es más barata que las tarjetas PCMCIA, aunque también son mayores en tamaño y de instalación algo más compleja (entre otras cosas, hay que abrir el ordenador).

Figura 4.5. Adaptador de red PCI y conversor PCI a PCMCIA

El mayor inconveniente que presentan los dispositivos PCI e ISA es que requieren ser instalados en el interior del ordenador. Adicionalmente, incluso los que anuncian ser *Plug&Play* (tipo conectar y funcionar) finalmente requieren que se les instale el *software* de los controladores (por eso algunos los llaman *Plug&Play*, conectar y rezar).

Por cierto, si se tiene un ordenador que dispone tanto de ranuras PCI como ISA, siempre es más aconsejable utilizar las de tipo PCI. Éstas suelen dar menos problemas de instalación y requieren menos recursos del sistema (una sola IRQ frente a las dos que requiere ISA). No hay más que pensar que ISA es un estándar de principios de los años 80, mientras que PCI es de principios de los años 90 (1993, exactamente). PCI fue desarrollado por Intel como competidor al que poco antes se había convertido en el primer estándar de *bus* local, el estándar VESA (*Video Electronics Standard Association*, 'Asociación para la normalización de la electrónica de vídeo'). La principal novedad que trajo PCI fue el ser el primer sistema que permitía lo que se vino a llamar *Plug&Play* (conectar y funcionar).

Por cierto, ISA, también conocido como *bus* AT, puede transmitir información a una velocidad máxima de 16 MBps, mientras que PCI puede llegar a 528 Mbps.

Adaptadores USB

USB (*Universal Serial Bus*, 'Bus serie universal') es un nuevo puerto de comunicaciones que se diseñó para poder mejorar la forma en cómo los periféricos se conectaban a los ordenadores. Hasta que apareció USB en 1996 (creado por IBM, Intel, Compaq, Microsoft, Digital, Northern Telecom y Nec), las únicas posibilidades de conectar un periférico a un ordenador eran mediante el puerto serie o el puerto paralelo (además del puerto del teclado/ratón y el puerto de juego). El inconveniente mayor con estos puertos es que sólo se podían conseguir velocidades de transmisión de 115 Kbps. Adicionalmente, los ordenadores sólo disponían de un puerto paralelo y dos series, con lo que el número de dispositivos a conectar se reducía a tres; además, son puertos que no le permiten al ordenador reconocer automáticamente el dispositivo que tienen conectado, ni alimentarlos a través del propio puerto.

Figura 4.6. Adaptadores de red USB

USB vino a traer las siguientes ventajas:

- No hace falta apagar el ordenador para conectar o desconectar un periférico USB.
- El ordenador reconoce automáticamente los periféricos que se conectan y, si es preciso, instalan automáticamente los controladores necesarios para hacerlo funcionar adecuadamente.
- Ofrecen una alta velocidad de transferencia de datos: hasta 12 Mbps con USB 1.1 y hasta 480 Mbps con USB 2.0.

- Permite conectar hasta 127 dispositivos USB. Incluso, aunque el ordenador disponga de un solo puerto, basta con instalar un multiplicador de puertos (un *hub*) para disponer de más puertos USB.
- Ofrece alimentación eléctrica a los periféricos a través del propio conector USB (hasta 500 mA).
- Los periféricos USB pueden apagarse automáticamente cuando detectan que no se están utilizando.
- Los periféricos USB se instalan automáticamente, sin necesidad de abrir el ordenador.

Todo lo anterior ha hecho que los periféricos USB hayan ido desplazando poco a poco al resto de periféricos del mercado, hasta el punto de que ya existen ordenadores que no disponen de puertos serie ni paralelo, sino sólo puertos USB. Hoy en día, prácticamente todos los tipos de periféricos ofrecen la posibilidad de ser conectados al ordenador a través de un puerto USB: impresoras, módem, escáneres, cámaras, discos duros, etc. El caso de los adaptadores de red inalámbricos no iba a ser menos.

Desde el punto de vista de los adaptadores de red inalámbrica, USB ofrece la ventaja de poder compartir el adaptador entre diferentes ordenadores según se necesite. Como instalar el adaptador es tan fácil como conectarlo al puerto USB, si un ordenador necesita conectarse a la red, se le enchufa el adaptador y listo. Cuando no lo necesite, con desenchufarlo del puerto USB se tiene bastante.

Algunos adaptadores inalámbricos USB se conectan al ordenador mediante un cable, lo que permite que se pueda jugar con su orientación hasta conseguir el mejor nivel de recepción.

El único inconveniente de los adaptadores USB es que son dispositivos externos al ordenador. No quedan integrados dentro de él como lo hacen los adaptadores PCMCIA, PCI o ISA.

Adaptadores para PDA

Una PDA es un pequeño ordenador que cabe en la palma de la mano; de hecho, en inglés se les conoce como *PalmPC*, literalmente, 'PC de la palma de la mano', aunque también reciben otros nombres como *PocketPC* (PC de bolsillo) o *HandHeld PC* (PC de mano).

Debido a su pequeño tamaño, las PDA pueden llevarse siempre encima, por lo que suelen incluir aplicaciones que, de alguna manera, son asistentes personales de su usuario: agenda de direcciones, agenda de actividades, lista de tareas, juegos, etc. No obstante, una PDA puede utilizarse también como herramienta de comunicación: permite acceder a Internet, ver páginas Web, gestionar correos electrónicos, telefonía IP, teléfono móvil, etc. De hecho, las nuevas PDA incluyen versiones reducidas de programas de gestión tan conocidos como Microsoft Word, Excel, etc. En definitiva, una PDA es un pequeño ordenador de gran utilidad debido precisamente a su pequeño tamaño.

Algunos tipos de PDA se conectan a Internet a través del ordenador con el que está sincronizado. En este caso, los correos se escriben en la PDA, pero no se transmiten (o reciben) hasta que no se conectan mediante un cable (o infrarrojos) al ordenador personal con el que se ha asociado previamente. También existen PDA que incluyen un teléfono móvil (GSM, GPRS o UMTS), o teléfonos móviles que incluyen PDA, que se conectan directamente a Internet.

Cualquiera de las soluciones anteriores tiene un inconveniente y es que no permite que la PDA esté conectada a Internet permanentemente, al menos, sin pagar unas altas tarifas por las llamadas telefónicas (del móvil o del fijo). Por otro lado, salvo en el caso de la PDA con móvil (con alto coste en llamadas), la PDA siempre estará conectada por cable para intercambiar sus datos con el ordenador asociada o conectarse a Internet. Pues bien, las redes inalámbricas le ofrecen a la PDA la posibilidad de liberarse de las ataduras del cable.

Figura 4.7. Adaptadores de red para PDA

En el mercado existen módulos adaptadores de red inalámbrica para los principales modelos de PDA: 3Com, Compaq, HP, Casio, etc. A la hora de comprar uno de estos dispositivos, es conveniente asegurarse de que es el adecuado para el modelo concreto de PDA de que se dispone. Estos módulos suelen ser tarjetas de tipo Compact Flash con una pequeña antena exterior. En cualquier caso, al igual que ocurre con los ordenadores portátiles, las PDA modernas incluyen en su interior un adaptador de red Wi-Fi.

Compatibilidad con los sistemas operativos

Los adaptadores de red, como el resto de periféricos, para su correcto funcionamiento necesitan instalar un pequeño *software* que se conoce como controlador de dispositivo (*driver* en inglés). Este *software* es específico de cada sistema operativo y se instala, de forma automática o manual, cuando se instala el adaptador o cuando se conecta al ordenador por primera vez.

Los sistemas operativos suelen disponer de los controladores de dispositivos de los periféricos más comunes del mercado. En muchos casos, es suficiente conectar el adaptador al ordenador y automáticamente se instala todo lo necesario. Sin embargo, en otros casos, el sistema operativo no dispone del controlador adecuado. Para estos casos, el fabricante suele incluir un CD con el adaptador que contiene los controladores para los principales sistemas operativos. Incluso puede incluir un programa instalador del controlador. Si no se dispusiese de este CD, también se puede acceder a la página Web del fabricante del equipo para conseguirlo.

El inconveniente es que no todos los adaptadores disponen del controlador necesario para todos los sistemas operativos. La mayoría incluyen el controlador para Windows, pero son muchos menos los que lo incluyen para Linux o Mac OS. Esto quiere decir que es importante asegurarse de que el controlador que se va a comprar es compatible con el sistema operativo del ordenador en el que se va a instalar. Esto es más importante aún si se dispone de Unix, Linux o Mac OS. Los que peor lo tienen son los usuarios de Mac. Estos últimos pueden buscar en las marcas Agere/Orinoco o Proxim.

INSTALACIÓN DE LOS ADAPTADORES DE RED

La instalación de la tarjeta Wi-Fi o adaptador de red depende del modelo de tarjeta de que se disponga: los modelos PCMCIA hay que insertarlos en su ranura, en los modelos USB hay que conectar el cable en el puerto USB del ordenador y en los modelos PCI o ISA hay que abrir el ordenador e insertar la tarjeta en una de las ranuras disponibles.

La mayoría de las tarjetas PCMCIA pueden conectarse en caliente. Esto quiere decir que pueden conectarse aún con el ordenador encendido. No obstante, si quiere estar completamente seguro de no dañar la tarjeta, lo recomendable es apagar primero el ordenador, conectar la tarjeta y volverlo a encender.

En el caso de los adaptadores USB no hay ningún problema para conectarlos en caliente, pero, antes de conectarlos, conviene asegurarse de que el otro extremo del cable USB está conectado al adaptador de red.

La instalación de las tarjetas PCI o ISA requiere que se apague el ordenador (incluso que se desenchufen los cables de la corriente eléctrica), se abra la caja, se busque una ranura PCI o ISA disponible, se enchufe la tarjeta (si es necesario, es posible que previamente haya que quitar una pequeña placa que le impide la salida al exterior) y se vuelva a cerrar la caja.

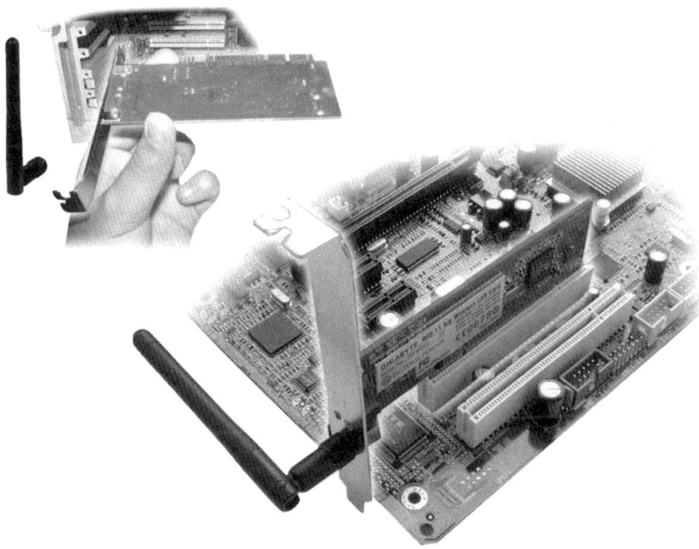

Figura 4.8. Instalación de una tarjeta PCI

Una vez instalada físicamente la tarjeta, hay que instalar el controlador de dispositivo (*driver*) correspondiente. Esta instalación se inicia de forma automática en los dispositivos del tipo *Plug&Play* (conectar y funcionar). Éste es el caso de las tarjetas PCMCIA, las unidades USB y las tarjetas PCI. En estos casos, el sistema operativo (especialmente Windows 98, 2000 o versiones posteriores) detecta automáticamente que existe un nuevo *hardware* e intenta instalarlo automáticamente. Si el sistema operativo no dispone de un controlador adecuado, le pedirá al usuario que inserte el CD del fabricante para buscarlo. El archivo que necesita Windows debe tener la extensión .INF (algunas veces .SYS).

Si el sistema operativo tiene alguna dificultad para instalar el adaptador Wi-Fi, el CD del fabricante suele incluir una utilidad de instalación. Esta utilidad se suele ejecutar automáticamente con tan sólo insertar el CD en el ordenador. Si no es así, busque una aplicación con el nombre instalar, *setup* o similar. En cualquier caso, recuerde que siempre se puede acceder a la Web del fabricante y bajarse la última versión del controlador.

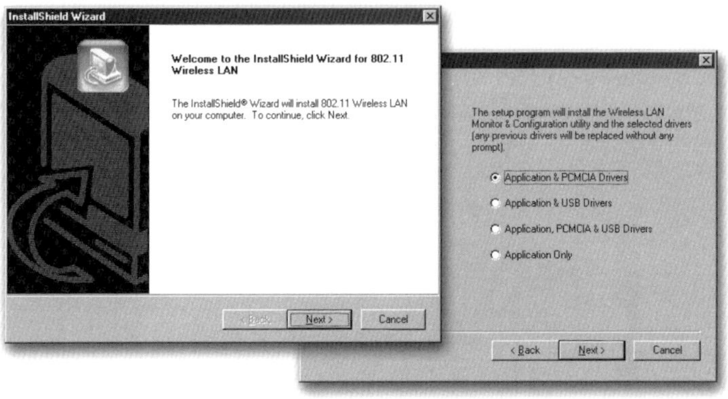

Figura 4.9. Ejemplo de instalación del software de un adaptador de red

Es importante tener presente que la tecnología Wi-Fi se está renovando continuamente. Esto quiere decir que los fabricantes están sacando continuamente nuevas versiones del *firmware* de sus equipos, de sus controladores y de sus aplicaciones de utilidad. Por ello, antes de empezar con la instalación, siempre es recomendable acceder a la Web del fabricante y comprobar si existe una versión posterior de estas aplicaciones que podamos instalar en lugar de las que vienen en el CD. En este caso, hay que asegurarse de que los archivos que nos bajamos son los correspondientes a nuestro modelo concreto de adaptador de red.

Hay que tener en cuenta que el *firmware* y el controlador deben trabajar juntos. Por ello, si se consigue una nueva versión de uno de ellos, posiblemente habrá que instalar una nueva versión del otro. De otra forma, es posible que no funcione bien el equipo.

Por cierto, el *firmware* es un código que se graba en las unidades de *hardware* de la tarjeta. A través del *firmware* los fabricantes consiguen actualizar las características del *hardware* sin cambiar un *chip*.

BRIDGES

Un *bridge* ('puente') es un dispositivo que interconecta dos redes. Una vez interconectadas, los equipos de una red pueden ver y comunicarse con los equipos de la otra como si todos formaran parte de la misma red. La mayoría de los puntos de acceso hacen las funciones de *bridges* al poder interconectar una red local cableada con la red inalámbrica. Esto hace posible que los ordenadores de la red inalámbrica puedan utilizar cualquier recurso de la red cableada.

Figura 4.10. Equipos Wi-Fi bridge (no están a la misma escala)

No obstante, existe un equipo conocido como *bridge* inalámbrico (*Wireless Bridge*) que es algo distinto a un punto de acceso. Un *bridge* inalámbrico interconecta dos redes remotas (cableadas o no) mediante una conexión inalámbrica punto a punto. Estas dos redes pueden ser interconectadas también mediante cable, pero los *bridges* inalámbricos evitan la necesidad de tener que instalar o alquilar el cable.

La solución inalámbrica requiere de dos equipos *bridges*, uno en cada extremo. En cualquier caso, estos equipos pueden ser utilizados para extender el área de cobertura de una red inalámbrica, sobre todo cuando se trata de interconectar zonas localizadas en edificios distintos o que no tienen una visibilidad directa para poder utilizar antenas externas direccionales.

EL *SOFTWARE*

Para instalar y hacer funcionar una red inalámbrica, no hace falta más que el *software* que viene incluido con el propio equipamiento. Como mucho, es posible que haga falta acceder a la Web del fabricante de algún adaptador de terminal para bajarse el controlador de dispositivo necesario para nuestro sistema operativo. Por tanto, la necesidad del *software* no viene por hacer funcionar la red, sino por conseguir unas características de gestión más adecuada a nuestras necesidades.

En el mercado existe una variedad de *software* muy útil para analizar y gestionar la red inalámbrica. Entre otras cosas, este *software* sirve para identificar posibles huecos en la seguridad de la red o para identificar redes activas en el entorno. Esto quiere decir que el *software* sirve tanto para piratear las redes de otros como para asegurar la nuestra.

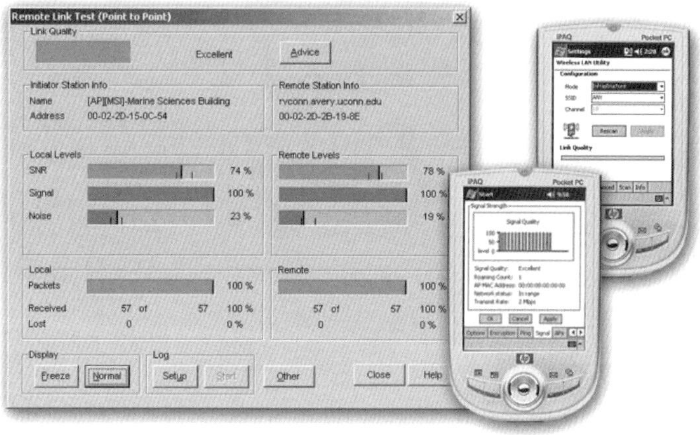

Figura 4.11. Distintos software de red inalámbrica para PC y PDA

Lo cierto es que todavía queda mucho por hacer en cuanto a *software* de análisis y gestión de redes inalámbricas; no obstante, actualmente ya se puede encontrar alguna buena herramienta, incluso de tipo *freeware* (gratuita) o *shareware* (probar antes de comprar).

Puede encontrar más información a través de cualquier buscador de Internet o en las siguientes direcciones:

www.ethereal.com
freebase.sourceforge.net
www.ecommwireless.com
www.kismetwireless.net
www.netstumbler.com
www.sniffer.com
www.wildpackets.com

CAPÍTULO 5

Redes IP de área local

INTRODUCCIÓN

Una red informática es un conjunto de equipos interconectados. Cuando estos equipos están próximos, en el entorno de un edificio o de un conjunto de edificios, de forma que permiten establecer dicha interconexión mediante el uso de una infraestructura privada, se habla de red de área local. La infraestructura de interconexión pueden ser cables (red de área local cableada) o vía radio (red inalámbrica de área local).

Independientemente del medio físico de interconexión (capas física y enlace del modelo OSI), todas las redes necesitan hacer uso de un conjunto de protocolos que les permita poder identificar a cada equipo que forma la red, establecer una conexión entre el remitente y destinatarios, trasportar la información entre ellos, y dar por terminada la comunicación liberando los recursos utilizados. De todo esto se encarga el conjunto de protocolos conocido como TCP/IP. Estos protocolos son los utilizados por Internet, por las redes de área local cableada de tipo Ethernet y por las redes inalámbricas Wi-Fi.

Realmente, para utilizar o administrar una red local no hace falta conocer en profundidad todo este conjunto de protocolos. Sin embargo, hay conceptos que sí son necesarios comprender para poder realizar una configuración y gestión eficaz de este tipo de redes. Nos referimos, fundamentalmente, a lo relacionado con la identificación de equipos y la interconexión de redes. De eso es de lo que vamos a tratar en este capítulo.

COMPONENTES DE UNA RED LOCAL

Una red de área local está formada por equipos de usuario, conocidos por el nombre genérico de nodo, un medio de interconexión (cable o radio) y equipos de red. Todos los equipos de usuario, o nodos, disponen de un dispositivo que les permite transmitir y recibir información a través del medio de interconexión. Este dispositivo será una tarjeta de red Ethernet en el caso de una red cableada o una tarjeta Wi-Fi en el caso de una red inalámbrica.

Los equipos de red se encargan de realizar las labores de interconexión y gestión de las comunicaciones. Existen los siguientes tipos de equipos de red:

- ***Switch*** (conmutador). Todos los nodos que forman la red se conectan al *switch*. Este dispositivo es el responsable de analizar la información que recibe de cada uno de ellos y encaminarla a su destinatario correspondiente. Digamos que es como una central de comunicación de datos.

- o ***Hub*** (concentrador). En el caso de disponer de una red con muy pocos nodos, el *switch* puede sustituirse por un equipo más simple conocido como *hub*. Al igual que con el *switch*, todos los nodos se conectan al *hub*. La diferencia es que el *hub* se limita a retransmitir toda la información que recibe a todos los equipos de la red para que cada uno se haga cargo de la información que le corresponde. Las redes que utilizan *hub* están más sobrecargadas que las que utilizan *switch*, razón por la que sólo se utiliza cuando hay pocos usuarios.
- o ***Router*** (enrutador). Cuando una red local se interconecta con otra red (por ejemplo, una red local con Internet o una red local inalámbrica con una cableada) hace falta contar con un equipo que haga de intermediario entre ambas. Esta es la labor del *router*. Este equipo se configura como participante de cada una de las redes y se encarga de concentrar todo el intercambio de información entre los usuarios de cada una de ellas.

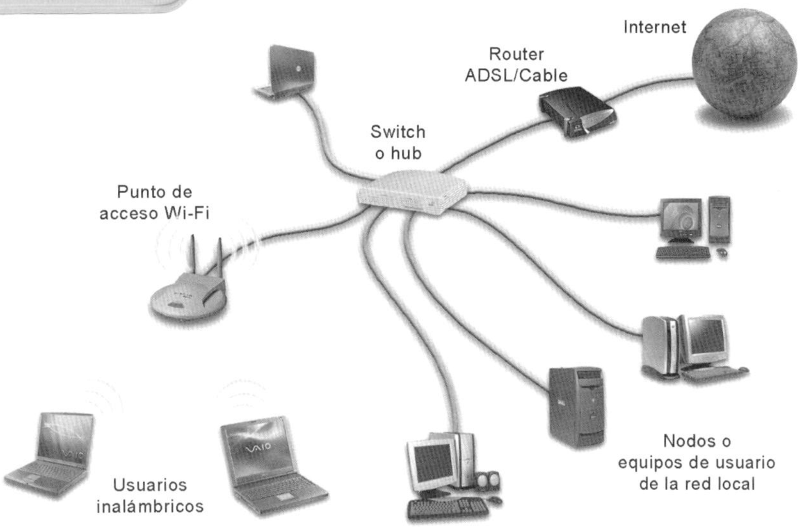

Figura 5.1. Componentes de una red local

Las necesidades de equipamiento de una red local dependen del tamaño y disposición de la misma. En redes grandes hará falta contar con varios de los equipos anteriores, mientras que en las redes pequeñas se utiliza un solo equipo que integra todas las funciones. Por ejemplo, el equipo módem ADSL/cable que facilitan los proveedores de acceso a Internet (también conocidos como *router* ADSL/cable) o los puntos de acceso Wi-Fi suelen integrar todas estas funciones.

Por tanto, entre las tareas que realiza un *router* ADSL/cable o un punto de acceso Wi-Fi se encuentran las siguientes:

- o Controlar el acceso de sus usuarios
- o Gestionar las numeraciones IP de sus usuarios
- o Gestionar el intercambio de información entre sus usuarios
- o Mantener la conexión con la red externa
- o Gestionar el intercambio de información entre los usuarios de ambas redes

Para entender estas labores y poder configurarlas y mantenerlas es importante comprender conceptos como: direccionamiento IP, asignación de direcciones, puerta de enlace, máscara de red, etc.

LAS DISTINTAS DIRECCIONES IP

Todos los nodos o equipos que forman parte de Internet disponen de una dirección que se utiliza para identificarlo cuando transmite o recibe información. Estas direcciones se conocen como direcciones IP. Los nodos que forman parte de una red de área local también disponen de su correspondiente dirección IP, pero mientras que Internet tiene un organismo internacional que regula la asignación de sus direcciones (IANA, *Internet Assigned Numbers Authority*, 'Autoridad de números asignados de Internet'), las direcciones de cada red local las asigna arbitrariamente su administrador o usuarios (aunque cumpliendo ciertas reglas).

Pues bien, a las direcciones IP de los equipos de una red local se las conoce como **direcciones IP privadas**, mientras que a las direcciones IP de Internet se las conoce como **direcciones IP públicas**. Ambos tipos de direcciones están formadas por una cadena de cuatro cifras separadas por un punto. Cada una de esas cifras puede tomar un valor entre 0 y 255 (por ejemplo, 10.13.163.1).

Las direcciones IP privadas están reguladas por el documento RFC 1918 (*ftp://ftp.ufl.edu/net/rfcs*). En este documento se define que, para que una dirección IP privada sea compatible con Internet, debe estar dentro de los siguientes rangos:

- o 192.168.0.0 a 192.168.255.255 (clase C), para redes de menos de 65.536 equipos.
- o 172.16.0.0 a 172.31.255.255 (clase B), para redes de menos de 1.048.576 equipos..
- o 10.0.0.0 a 10.255.255.255 (clase A), para las redes mayores.

Las direcciones IP privadas no son reconocidas por Internet. Esto quiere decir que ningún paquete de datos que tenga una de estas direcciones como identificación origen o destino puede progresar por Internet. Esta particularidad impide que las direcciones IP privadas sean visibles directamente desde Internet. Por tanto, el administrador de una red de área local es libre de utilizar cualquiera de estas direcciones dentro de su red.

Todos los equipos que forman parte de una red local disponen de su correspondiente dirección IP (privada), incluido el *router*, quien dispondrá de dos direcciones IP, una por cada red con la que está conectado. Esta segunda dirección será privada si se trata de otra red local o pública si se trata de Internet.

Las direcciones IP que utiliza cada equipo se configuran dentro de las propiedades TCP/IP de su tarjeta de comunicación: tarjeta Ethernet en el caso de redes cableadas y tarjeta inalámbrica o adaptador de red en el caso de redes Wi-Fi.

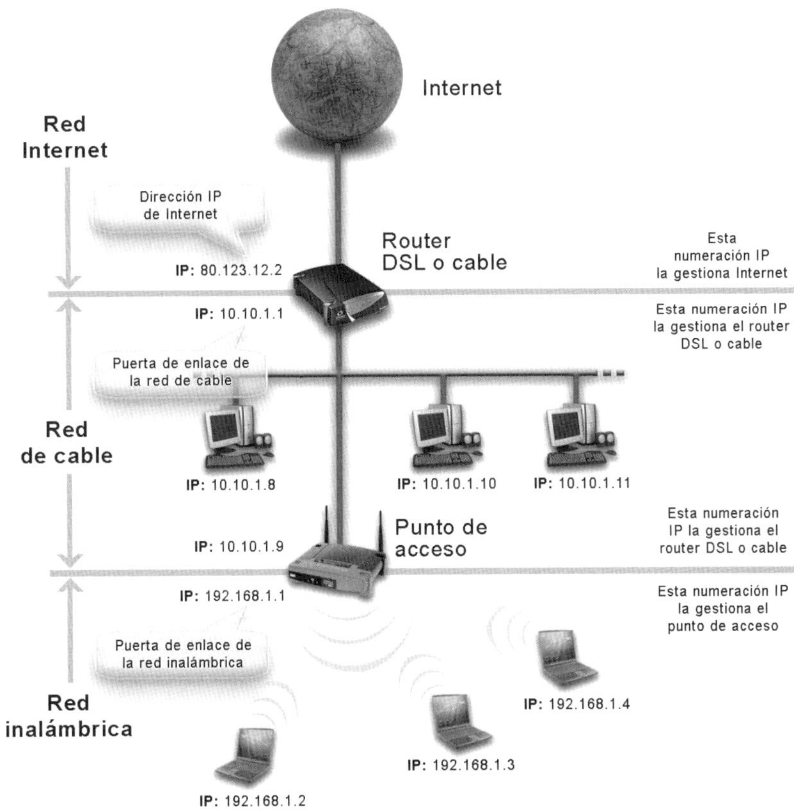

Figura 5.2. Interconexión de las distintas redes

DHCP

El trabajo de configurar cada equipo con su correspondiente dirección IP puede llegar a ser tedioso, sobre todo en redes grandes. Para hacer este trabajo más cómodo y eficaz se desarrolló un sistema, conocido como DHCP (*Dynamic Host Configuration Protocol* o 'Protocolo de configuración dinámica del *host*'), que permite asignar automáticamente estas direcciones.

El sistema se basa en disponer de un servidor DHCP que detecta cuándo un nodo se conecta a la red (cuándo se enciende el ordenador) y le asigna una dirección IP privada. Los puntos de acceso Wi-Fi y los *routers* ADSL/cable suelen disponer de un servidor DHCP.

Desde el punto de vista del administrador de la red, en vez de tener que ir ordenador por ordenador configurando una dirección distinta en cada uno de ellos, simplemente se habilita la opción de obtener esta dirección automáticamente.

Los servidores DHCP admiten dos tipos de asignación de direcciones:

- **Direccionamiento dinámico**. En este caso, cada vez que se conecta un nodo a la red se le asigna la primera dirección disponible. Esta dirección puede ser distinta en cada ocasión.
- **Direccionamiento estático**. En este caso, el nodo recibe siempre la misma dirección IP.

Por cierto, otra forma de hacer que un nodo disponga siempre de la misma dirección IP es no habilitándole la opción de obtener la dirección automáticamente y configurándole esta dirección IP. En este caso hay que tener la precaución de eliminar esta dirección del rango de direcciones que puede asignar el servidor DHCP.

Los servidores DHCP se utilizan también para asignar otras dos direcciones que veremos más adelante: las de la puerta de enlace o *gateway* y las de los servidores DNS.

Puerta de enlace

Cuando se interconectan dos redes, los nodos de cada una de ellas necesitan conocer la dirección IP del *router* por el que enviar los datos dirigidos a los nodos de la otra red. Esta dirección IP se conoce con el nombre de puerta de enlace o *gateway*. Por tanto, la puerta de enlace es el número IP del *router* que interconecta ambas redes.

Si se tuviera una red Wi-Fi conectada a una red Ethernet, que a su vez está conectada a Internet mediante ADSL, la puerta de enlace de los nodos de la red inalámbrica sería la dirección IP del punto de acceso, mientras que para el punto de acceso y el resto de nodos de la red Ethernet sería la del *router* ADLS. Por último, para este *router* ADSL la puerta de enlace es la dirección IP del *router* del proveedor de acceso.

Desde el punto de vista de los nodos, la dirección de la puerta de enlace se puede configurar manualmente o dejar que el servidor DHCP se encargue de esta tarea.

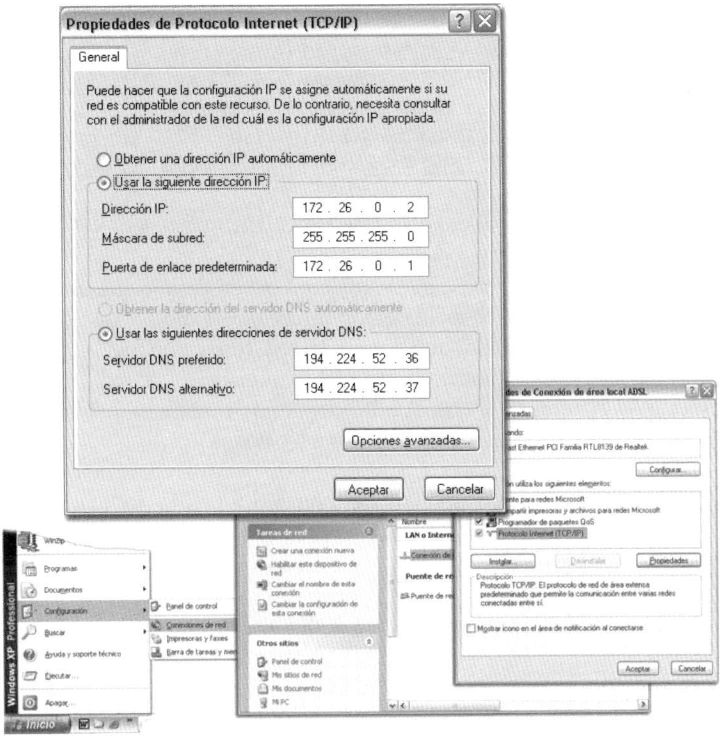

Figura 5.3. Configuración de las direcciones IP (Windows XP)

Máscara de red

La máscara de red o máscara de subred es una forma de simplificar el trabajo de los equipos de red. Como se ha visto anteriormente, todos los equipos que forman una red local disponen de una dirección IP formada por 32 bits (cuatro grupos de 8 bits). Cada paquete de información intercambiado dentro de la red obliga a los equipos de red (*switches*, *routers*, etc.) a analizar la dirección completa del destinatario, cuando, en realidad, la mayoría de los bits de las direcciones IP privadas son siempre los mismos. Por ejemplo, si las direcciones privadas de la red local son del tipo 192.168.0.1, 192.168.0.2, 192.168.0.3, etc., bastaría con analizar la última cifra (8 bits) para identificar el destinatario (los otros 24 bits son idénticos). Al reducir la información a analizar se reduce el tiempo de análisis y se aumenta la eficiencia del equipo.

Número de usuarios	Máscara en decimal	Máscara en hexadecimal	Ejemplo de rango direcciones válidas
1 + el *router*	255.255.255.252	FFFFFFFC	x.x.x.1 / x.x.x.2
5 + el *router*	255.255.255.248	FFFFFFF8	x.x.x.1 / x.x.x.6
13 + el *router*	255.255.255.240	FFFFFFF0	x.x.x.1 / x.x.x.14
29 + el *router*	255.255.255.224	FFFFFFE0	x.x.x.1 / x.x.x.30
61 + el *router*	255.255.255.192	FFFFFFC0	x.x.x.1 / x.x.x.62
125 + el *router*	255.255.255.128	FFFFFF80	x.x.x.1 / x.x.x.126
253 + el *router*	255.255.255.000	FFFFFF00	x.x.x.1 / x.x.x.254

Tabla 5.1. Máscaras típicas de redes locales

La técnica de la máscara de red consiste en definir qué parte de la dirección IP es común a toda la red (conocida como dirección de red), y qué otra es la que realmente identifica a cada equipo que forma la red (dirección del nodo). Esta definición se consigue mediante un número conocido como máscara de red. La máscara de red tiene el aspecto de un número IP, pero realmente define el número de bits que son comunes en la red y los que se utilizan para identificar a los nodos.

La máscara de red es un número binario formado por tantos unos como bits tenga la dirección de red y tantos ceros como bits tenga la identificación del nodo. En el ejemplo, la máscara de red sería:

11111111.11111111.11111111.00000000 o lo que es lo mismo 255.255.255.0

Esta forma de representar la máscara permite averiguar la dirección de la red y del nodo simplemente haciendo una operación Y lógica (*and*) con el número de la máscara y la dirección IP. Este tipo de operaciones son extremadamente sencillas de realizar para cualquier equipo electrónico.

El número de la máscara de red lo decide el administrador de la red en función del número de usuarios de la misma. En redes pequeñas suele ser habitual utilizar la máscara 255.255.255.0.

LOS NÚMEROS DE PUERTO

Las direcciones IP posibilitan que los paquetes de datos puedan viajar de un equipo a otro. Si un equipo tuviese una sola comunicación simultánea, el problema estaría resuelto. Pero, como sabemos, un mismo ordenador puede establecer varias comunicaciones al mismo tiempo. Por ejemplo, puede tener abiertas varias páginas Web, la mensajería instantánea y el correo electrónico. Para resolver este problema se utiliza un número de identificación de la comunicación conocido como **puerto**.

Para el número de puerto se utilizan 16 bits, lo que quiere decir que existen 65.536 (2^{16}) combinaciones que se corresponden con los números decimales del 0 al 65.535. Los números de puertos son gestionados desde 1998 por la ICANN (*Internet Corporation for Assigned Names and Numbers*, 'Corporación de Internet para la asignación de nombres y números'), antiguamente fueron gestionados por la IANA (*Internet Assigned Numbers Authority*, 'Agencia de asignación de números de Internet').

En las redes IP las comunicaciones las inicia siempre un usuario (cliente) para conectarse con un servicio (servidor). A continuación, el servidor le envía la respuesta al usuario. Cada tipo de servidor tiene definido el número de puerto que tiene que utilizar (números entre 0 y 1023). Por ejemplo, los servidores Web utilizan el puerto 80, los servidores de correo electrónico saliente el puerto 25, etc. Por su parte, las aplicaciones clientes (navegador Web, correo electrónico, etc.) utilizan cualquier número de puerto superior a 1023. El número concreto a utilizar lo asigna el programa de comunicaciones del usuario al iniciar la comunicación.

Los números de puerto se incluyen en la cabecera de los paquetes, junto con las direcciones de origen y destino, para poder identificar las aplicaciones concretas que son origen y destino de la comunicación.

PUERTO	DESCRIPCIÓN
20	FTP. Datos
21	FTP. Control
25	SMTP. Servidor de correo saliente
53	DNS
67	DHCP. Servidor
68	DHCP. Cliente
80	HTTP. Servidor Web
110	POP3. Servidor de correo entrante.
443	HTTPS. Servidor Web seguro
554	RTSP. Emisión en tiempo real

Tabla 5.2. Ejemplo de números de puerto registrados por la ICANN

La mayoría de las aplicaciones de servidor tienen asignado su número de puerto; no obstante, el administrador puede configurar su servidor con un número de puerto distinto. En este caso, los usuarios tendrían que especificar el nuevo número utilizado para poder establecer la comunicación. En el caso del servicio Web, este número se indica a continuación del nombre de dominio o número IP separado por dos puntos (por ejemplo, *www.empresa.com:88*).

COMPARTIR UNA DIRECCIÓN IP. NAT

Tradicionalmente, todo equipo conectado a Internet necesita disponer de una dirección IP en exclusiva. Esta dirección IP es la que identifica a ese equipo en sus comunicaciones con el resto de la red. En el sistema de numeración IP actual (IPv4) sólo existen unos 4.300 millones de números IP posibles. Esta escasez de números IP ha llevado a buscar un método que permita ahorrar números IP hasta que se implante la nueva versión del protocolo IP conocida como IPv6. Esta nueva versión aportará, entre otras cosas, una cantidad de números IP exageradamente superior a la actual.

La única forma de ahorrar números IP es haciendo que varios equipos utilicen la misma dirección IP pública en sus conexiones con Internet. La tecnología que permite hacer esto se conoce con el nombre de NAT (*Network Ardes Translation* o 'Traducción de direcciones de red').

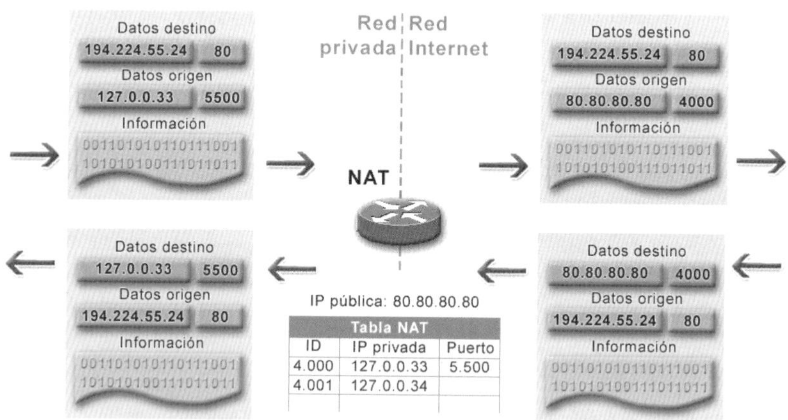

Figura 5.4. Proceso de traducción de NAT

La funcionalidad NAT suele estar incluida dentro del *router* que interconecta la red local con Internet. El *router* se conecta a Internet utilizando una única dirección IP (IP pública) y permite, mediante NAT, que todos los equipos de la red local puedan hacer un uso simultáneo de dicha conexión.

NAT se aprovecha de que en las cabeceras de los paquetes IP va siempre la identificación de la dirección IP de origen, número de puerto de origen, dirección IP de destino y número de puerto de destino. El proceso que realiza NAT es el siguiente: en las comunicaciones salientes, guarda en un registro interno el número IP privado de origen junto con el número de puerto origen, sustituyendo estos números por su dirección IP pública y por un número de puerto que identifica al equipo interno. Cuando llega la respuesta a ese paquete saliente, consulta el número de puerto para identificar al destinatario y sustituye el número IP y número de puerto por los que guarda en su registro interno. Este sistema se conoce como NAPT (*Network Address Port Translation* o 'Traducción del puerto de dirección de red').

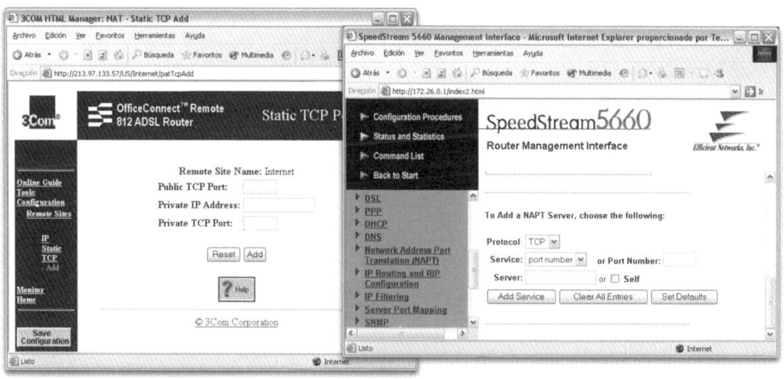

Figura 4.5. Ejemplo de configuración de NAT en dos routers ADSL

LOS NOMBRES DE DOMINIO

Un nombre de dominio, o simplemente, un dominio, es una forma particular de identificar los números IP. La particularidad de los dominios es que están formados por caracteres alfanuméricos, lo que permite que las personas podamos utilizarlos con más comodidad que con los números IP.

Los dominios también están formados por varias partes separadas por un punto. Por ejemplo, *www.telefonica.es* es un nombre de dominio. Cada una de las partes que forman un dominio recibe el nombre de **subdominio**. El subdominio situado más a la derecha es el de carácter más general, y se conoce como **dominio de nivel alto** o TLD (*top-level* *domain*). Salvo el dominio de nivel alto, el resto de los subdominios pueden ser elegidos libremente (bajo ciertas reglas) por los propios administradores del servicio para el que se va a utilizar.

El sistema de nombres de dominio fue creado por Paul Mockapetric en colaboración con Jon Postel de la Universidad del Sur de California en 1984 (RFC 921). A éstos se les unió posteriormente Paul Vixie. El primer dominio registrado *.com* fue *symbolics.com*, creado el 15 de marzo de 1985. Los dos siguientes fueron *bbn.com* (24 de abril de 1985) y *think.com* (24 de mayo de 1985). En 2004 se superaron los 60 millones de dominios registrados, y la cifra crece al ritmo de 20.000 nuevos nombres de dominio diarios.

DNS

Como se acaba de ver, en Internet se utilizan dos sistemas de identificación: los números IP, utilizado internamente por los equipos de enrutamiento y gestión de la red, y los nombres de dominio, utilizado por los usuarios. Pues bien, como los equipos de Internet internamente sólo utilizan los números IP, es necesario un sistema que realice la traducción de los nombres de dominios a los números IP.

Todos los nombres de dominio cuentan con su número IP correspondiente. De hecho, un usuario puede utilizar indistintamente un nombre de dominio o su número IP. Por ejemplo, al nombre de dominio *www.telefonica.es* le corresponde el número IP 194.224.55.24. Por tanto, se obtiene el mismo resultado introduciendo en el navegador de Internet el dominio *http://www.telefonica.es* que el número IP *http://194.224.55.24*. Si se tiene curiosidad, la siguiente página Web *www.hcidata.com/host2ip.htm* permitirá conocer los números IP que le corresponden a cada dominio y viceversa.

Para poder resolver el número que le corresponde a cada dominio existe un sistema de bases de datos conocido como DNS (*Domain Name System*, 'Sistema de nombres de dominio'). Este sistema se basa en la existencia de servidores DNS que contienen las bases de datos de los nombre y números IP correspondientes. Los equipos de usuario necesitan tener registrada la dirección IP del servidor DNS donde tienen que consultar el número IP que le corresponde al dominio al que desea acceder.

Al configurar el DNS, siempre se introducen dos DNS (primario y secundario). En realidad, con un solo DNS sería suficiente. No obstante, se introducen dos para mantener el servicio aunque falle uno de ellos.

En principio, cada usuario debe configurar las direcciones IP de los DNS que le facilita su proveedor de servicio. Haciéndolo de esta manera, conseguirá la mayor velocidad de resolución de las direcciones IP. No obstante, es cierto que sería igualmente válido configurar cualquier otro DNS de otro proveedor siempre que no tenga limitaciones de acceso.

La utilización de los nombres de dominio es propia de los servicios de Internet, por lo que los servidores DNS suelen ser servicios externos a la red local. No obstante, una red local puede utilizar también nombres de dominio para hacer referencia a sus servicios internos. De hecho, esto es lo normal en las redes locales corporativas. En este caso, la red local debe contar con sus propios servidores DNS.

Por último, los DNS pueden configurarse en cada equipo de usuario individualmente, o configurarlo en el servidor DHCP y dejar que éste se lo facilite a cada equipo automáticamente.

CAPÍTULO

6

Instalar una red Wi-Fi

INTRODUCCIÓN

La instalación de una red inalámbrica es algo relativamente simple. La existencia de los certificados Wi-Fi garantizan la compatibilidad de equipos y hoy en día se comercializan muchos productos que incorporan la tecnología Wi-Fi, por lo que interconectarlos a todos suele ser cuestión, en el peor de los casos, de configurar algunos parámetros.

Como se ha visto anteriormente, Wi-Fi permite establecer dos tipos de redes: interconexión directa entre todos los equipos, conocida como *ad hoc*, o interconexión a través de una estación base central conocida como punto de acceso. El primer caso suele utilizarse para interconectar esporádicamente dos o tres equipos y compartir algún tipo de recurso (archivos, impresora, etc.). Este tipo de conexión viene a sustituir a las antiguas conexiones directas con cable, tipo PC-PC, que se hacían hace unos años a través del puerto serie. Es un buen sistema para transferir archivos entre dos o más ordenadores, divertirse con juegos multiusuarios, utilizar puntualmente una impresora o hacer uso del acceso a Internet de otro ordenador. Al tipo *ad hoc* también se le conoce como *peer-to-peer* ('igual a igual'), modo IBSS, modo independiente (*Independent Mode*) o modo equipo a equipo (*Computer-to-Computer*).

Las redes inalámbricas con punto de acceso son más convenientes cuando se pretende crear una red permanente, aunque sea con pocos terminales, cuando se desea disponer de un área de cobertura más amplia o crear una red inalámbrica con muchos usuarios. Dicho de otra forma, salvo que se vaya a realizar una comunicación esporádica entre dos ordenadores o se disponga de muy poco presupuesto, el modo normal de configuración de las redes inalámbricas Wi-Fi es con puntos de acceso.

Una ventaja adicional de las redes con puntos de acceso es que se disfruta de ciertas características de gestión de red de las que carece completamente el modo *ad hoc*.

A las redes inalámbricas Wi-Fi con puntos de acceso se les conoce también con el nombre de modo infraestructura o modo BSS.

Se ha de señalar un último apunte: desgraciadamente, la terminología utilizada por los fabricantes de equipos para hacer referencia a los distintos conceptos relacionados con Wi-Fi no es exactamente la misma. Quiere esto decir que se pueden encontrar distintos nombres para hacer referencia a un mismo concepto. Este inconveniente lleva al usuario a cierta confusión, pero, si se tienen claro los conceptos, el problema será mínimo.

INSTALAR UNA RED AD HOC

Como las redes ad hoc no disponen de puntos de acceso, la red estará formada por aquellos equipos que se pretenden interconectar. Estos equipos deben situarse a poca distancia unos de otros para no tener problemas con la calidad de la señal. En cualquier caso, esta distancia dependerá del tipo de adaptador de red que tengan los diferentes equipos.

El procedimiento de configuración consiste en elegir uno de los equipos y configurarle manualmente los parámetros Wi-Fi. A continuación se abre la aplicación Wi-Fi en cada uno de los restantes equipos, se le indica que explore las redes existentes, se selecciona la red ad hoc configurada en el primer equipo y se hace clic sobre el botón *Conectar*. Aunque éste es el procedimiento más sencillo, si se desea, también se puede repetir en cada equipo la configuración realizada en el primero. El resultado debe ser el mismo.

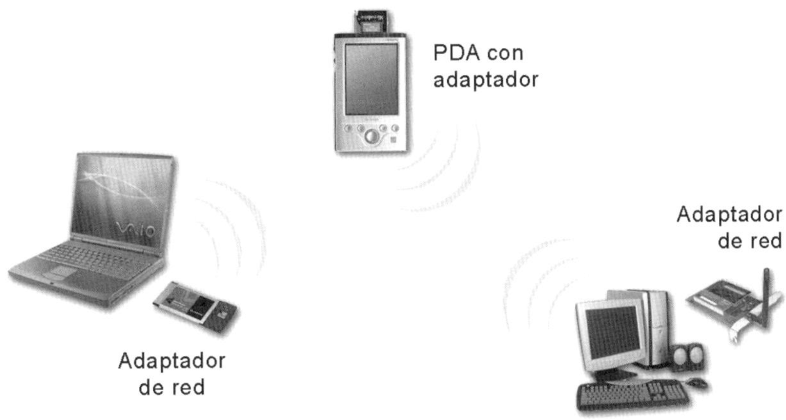

Figura 6.1. Red ad hoc *sin puntos de acceso*

Para configurar los parámetros Wi-Fi de la tarjeta de red es necesario ejecutar el programa de utilidades Wi-Fi que viene incluido en el CD del fabricante o utilizar la herramienta Wi-Fi que incluye el sistema operativo. Cada uno de estos programas tiene su propia estética y su manejo puede variar. Estas diferencias también afectan a la terminología empleada, pero, en caso de duda, siempre se pueden consultar las ayudas.

Para acceder a la aplicación Wi-Fi con Windows XP se debe hacer clic en *Inicio*, *Configuración*, *Panel de control*. A continuación, se hace clic sobre *Conexiones de red* y, con el botón derecho del ratón, se hace clic sobre *Conexión de red inalámbrica*. Se elige la opción *Propiedades* y se selecciona la ficha *Redes inalámbricas*. Aquí Windows mostrará una lista de todas las redes inalámbricas del entorno que ha podido detectar de forma automática. Si no se encuentra la red buscada se puede hacer clic en el botón *Actualizar*. Si se trata de una red nueva que todavía no está en funcionamiento, deberemos hacer clic en el botón *Agregar*. Antes hay que asegurarse de que está señalada la opción *Usar Windows para establecer mi configuración de red inalámbrica*. En la nueva pantalla se deben introducir los parámetros Wi-Fi y asegurarse de marcar la opción *Ésta es una red de equipo a equipo*.

Los parámetros Wi-Fi a configurar son los siguientes:

- **Tipo de red**. Se refiere a si la red va a ser de tipo *ad hoc* o con punto de acceso. En este caso se elige la primera opción. Esta opción puede estar indicada con cualquiera de los siguientes nombres: *ad hoc*, *peer-to-peer*, IBSS, igual a igual, independiente, equipo a equipo o término similar.
- **Nombre de red**. La red debe tener un nombre. Se puede elegir cualquier nombre, siempre que no esté siendo utilizado por otra red del entorno. Al parámetro nombre de red también se le conoce como *Network Name* ('Nombre de red' en inglés) o *SSID* (*Service Set Identifier*, 'Identificador del conjunto de servicios').
- **Canal**. Los equipos Wi-Fi disponen de distintos canales de radio por los que comunicarse. Estos canales están identificados por un número. Se puede elegir cualquiera de ellos.
- **Seguridad**. Con las redes Wi-Fi se pueden configurar ciertas características de seguridad. Lo cierto es que no hay mucho dónde elegir, pero es importante habilitar el cifrado de paquetes WEP o WPA y elegir una clave que no resulte demasiado evidente.

El resultado es que cualquier ordenador con un adaptador Wi-Fi que tenga configurados los mismos parámetros anteriores y que esté dentro del área de cobertura radioeléctrica formará parte de la red y, por tanto, podrá compartir sus recursos y tener acceso a los recursos del resto de ordenadores.

En las redes Wi-Fi *ad hoc* todos los ordenadores son iguales (de ahí su otro nombre *peer-to-peer*). No hay ordenador principal ni secundario, cualquier ordenador puede apagarse o desconectarse que, mientras haya dos ordenadores conectados, seguirá existiendo la red.

El parámetro que identifica a la red es el nombre de red o SSID, mientras que el que identifica a cada ordenador que forma parte de la red se conoce como BSSID (*Basic Service Set Identifier*, 'Identificador básico del conjunto de servicios'). Este identificador se genera de forma automática y aleatoria.

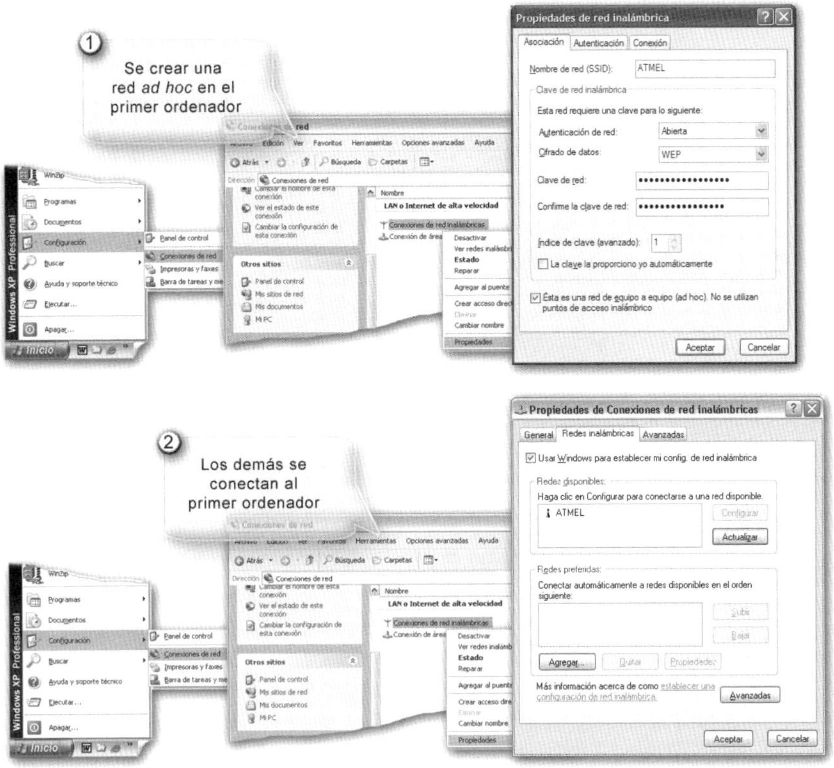

Figura 6.2. Crear una red ad hoc (Windows XP)

Compartir recursos

Si se establece una conexión entre varios ordenadores, es porque se tiene la intención de compartir recursos: carpetas, impresoras, unidades de disco, etc. Por defecto, ninguno de estos recursos está compartido, por lo que explícitamente se debe indicar lo que se desea compartir y cómo se desea compartir.

Para compartir un recurso, simplemente se debe abrir el *Explorador de Windows*, buscar el recurso a compartir (el archivo, la carpeta, etc.) y hacer clic sobre él con el botón derecho del ratón (bueno, con el botón secundario). Aparecerá una lista de opciones donde podremos ver una con el nombre *Compartir*. Haciendo clic sobre esta opción, veremos una ventana con todas las opciones de compartición. Como se verá, se puede compartir en modo sólo lectura, lectura y escritura, con clave, sin clave, etc.

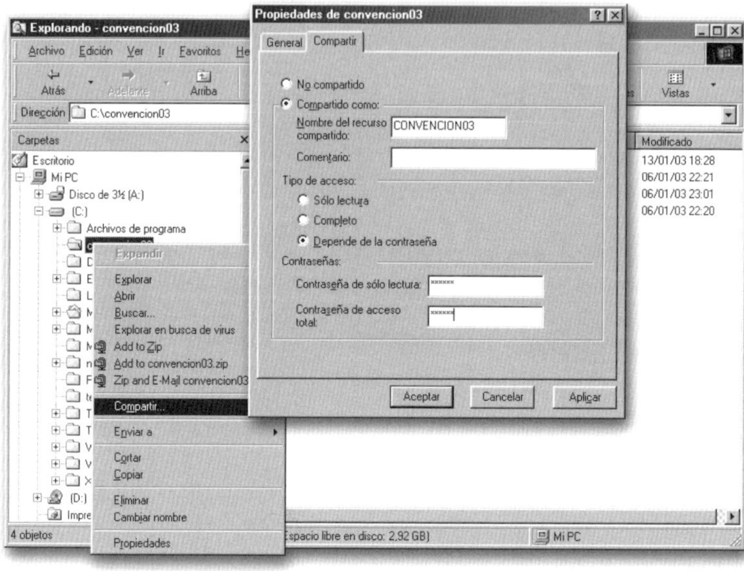

Figura 6.3. Compartir una carpeta (Windows 98)

Si no le apareciese la opción *Compartir*, sepa que es configurable el poder o no compartir recursos. Si se accede al *Panel de control*, *Red*, se hace clic sobre la pestaña *Configuración* y, luego, sobre el botón *Compartir archivos e impresoras*, se podrá definir si se desea tener la posibilidad de compartir archivos e impresoras. Si se tiene esta posibilidad deshabilitada, no aparecerá la opción *Compartir* en el *Explorador de Windows*. Por otro lado, si se accede a *Panel de control*, *Red* y se hace clic sobre la pestaña *Control de acceso*, se podrá definir si se desea controlar el acceso mediante nombre de usuario y clave o definir concretamente qué ordenador o grupo de trabajo puede acceder a los recursos que se definan como compartidos.

Windows XP dispone de un *Asistente para configuración de red* que ayuda a configurar las opciones de compartición de archivos.

Probar la conexión

Para saber si una conexión Wi-Fi está funcionando adecuadamente después de haberla configurado, simplemente hay que ir a uno de los ordenadores, abrir el *Explorador de Windows* y comprobar si se pueden ver los recursos que se han compartido en otros ordenadores.

Es posible que para hacer esto tenga que hacer clic sobre la opción *Entorno de red*, *Toda la red* y sobre el grupo de trabajo que haya definido. Si el ordenador remoto tiene definido un nombre de usuario y clave de acceso para acceder a sus recursos, tendrá que introducirlos.

Qué hacer en caso de problemas

Si después de hacer todo el trabajo de instalación y configuración en uno de los ordenadores no es posible ver los recursos compartidos por el resto de ordenadores, no se desespere, a veces las instalaciones requieren una segunda pasada.

Lo primero es comprobar lo evidente:

- Ver si el ordenador remoto está encendido.
- Ver si alguno de los ordenadores no tiene conectada la tarjeta o dispositivo Wi-Fi.
- Asegurarse de que el ordenador al que se pretende acceder está configurado correctamente.

Si el fallo no es tan evidente, podemos probar otras causas:

- Sitúe los ordenadores más cerca uno de otro evitando que haya obstáculos entre ellos. Una vez establecida la conexión en estas condiciones, se podrán ir separando los ordenadores hasta situarlos en la localización deseada.
- Comprobar las luces de la unidad Wi-Fi para comprobar si se están portando como indican las instrucciones. Quizás esto nos dé una pista sobre lo que está funcionando mal.
- Apague y encienda ambos ordenadores. Algunas veces los propios registros de Windows o de los controladores no funcionan adecuadamente inmediatamente después de ser instalados y necesitan que se rearranque el ordenador.
- Comprobar que el *software* de utilidad que venía con la unidad Wi-Fi está instalado y funcionando correctamente.
- Desconecte y vuelva a conectar su unidad Wi-Fi. Esto hará que se reinicie esta unidad. A veces es necesario este tipo de reinicio aunque la unidad haya estado funcionando bien durante mucho tiempo.
- Compruebe que los siguientes datos son los mismos en ambos ordenadores: el tipo de red debe estar fijado a *ad hoc* (o a cualquiera de los otros nombres de esta modalidad), se tiene el mismo nombre de grupo de trabajo (deben coincidir incluso mayúsculas y minúsculas), se tiene el mismo número de canal y se tienen fijados los mismos parámetros de seguridad.

- Comprobar que el nombre de cada ordenador es distinto y que no coincide con el del grupo de trabajo.
- Comprobar que las direcciones TCP/IP son distintas en ambos ordenadores
- Comprobar que las unidades Wi-Fi están instaladas correctamente en el ordenador. Puede comprobar esto haciendo clic con el botón derecho del ratón sobre *Mi PC*, luego sobre *Propiedades*, hacer clic sobre *Gestor de dispositivos* y comprobar que la unidad Wi-Fi se encuentra en la lista de *hardware* conectado al ordenador y que no tiene ningún signo de exclamación sobre él. Esto indicaría que existe algún conflicto con este *hardware*. Si fuese éste el caso, desinstale la unidad (a través de *Añadir/Quitar hardware* del *Panel de Control*) e instálelo de nuevo.
- Si ha llegado hasta aquí sin resolver el problema, le quedan todavía las siguientes opciones: lea la sección *Problemas* o la sección *Preguntas frecuentes* del manual del usuario de la unidad Wi-Fi. También puede acceder a la Web del fabricante y leer estas mismas secciones por si hubiese algo nuevo no incluido en el manual.
- La última esperanza, llame al servicio técnico.

RED CON PUNTO DE ACCESO

Como se visto anteriormente, un punto de acceso es un equipo que funciona en las redes inalámbricas Wi-Fi como si fuera una estación base central que sirve de intermediario de todas las comunicaciones entre los ordenadores de la red. Otras de las ventajas de los puntos de acceso es que permite interconectar la red inalámbrica con una red local cableada e Internet. Para ello, los puntos de acceso disponen de equipos de radio y antena para comunicarse con sus ordenadores inalámbricos y de puertos Ethernet (10/100 BaseT, RJ45) para comunicarse con la red cableada.

En las redes con puntos de acceso no se producen comunicaciones directas entre ordenadores (aunque esté uno junto al otro), sino que todas ellas pasan por el punto de acceso. Por tanto, el punto de acceso es el equipo del que dependen todas las comunicaciones y desde el que se puede gestionar toda la red.

Cada punto de acceso dispone de un área de cobertura. Un área de cobertura es la zona dentro de la cual un ordenador puede comunicarse con el punto de acceso de forma inalámbrica. El mayor o menor tamaño del área de cobertura depende de distintos factores, como son:

- Localización del punto de acceso
- Obstáculos entre el punto de acceso y el ordenador

- o Interferencias radioeléctricas
- o Tipos de antenas utilizadas

Si se sitúan distintos puntos de acceso complementando sus coberturas, se puede llegar a crear una red local inalámbrica con un área de servicio tan extensa como se desee.

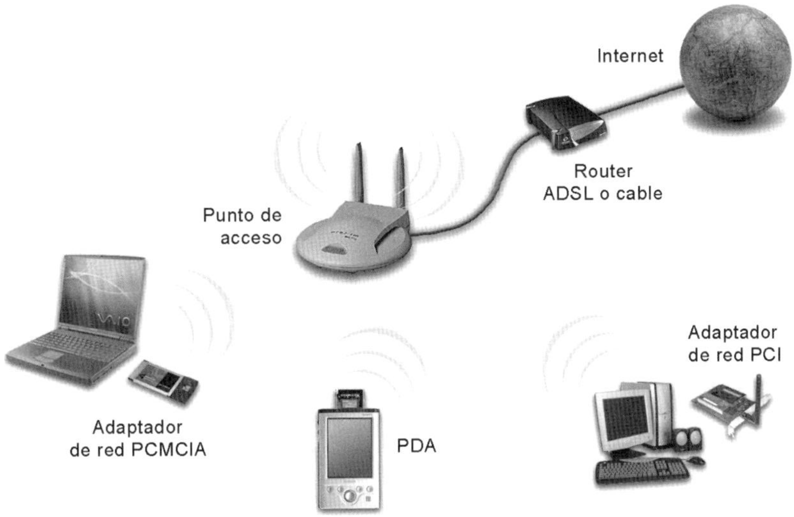

Figura 6.4. Red Wi-Fi con punto de acceso

La configuración del punto de acceso

Una vez que se dispone del punto de acceso, antes de colocarlo en su lugar definitivo, es conveniente proceder a su configuración. La mayoría de los fabricantes ya facilitan el punto de acceso con una configuración por defecto, por lo que su puesta en funcionamiento suele ser cosa de enchufarlo y listo. Posteriormente sólo habrá que configurar los ordenadores con los parámetros por defectos indicados en el manual de usuario.

No obstante, aunque esto es una opción interesante para comprobar que todo funciona, desde el punto de vista de la seguridad es muy importante configurar valores propios, sobre todo, en los parámetros de seguridad (claves WEP/WPA y nombre de usuario y claves para acceder a las opciones de configuración). Hay que tener en cuenta que los valores configurados por defecto pueden obtenerse fácilmente en Internet para todos los modelos de punto de acceso.

En los puntos de acceso hay que configurar dos conjuntos de parámetros: aquellos que gestionan la red inalámbrica (*Wireless setting*, *AP setting* o similar) y aquellos otros que permiten establecer la conexión con la red cableada o Internet (*Internet setting*, *IP setting*, *network setting* o similar).

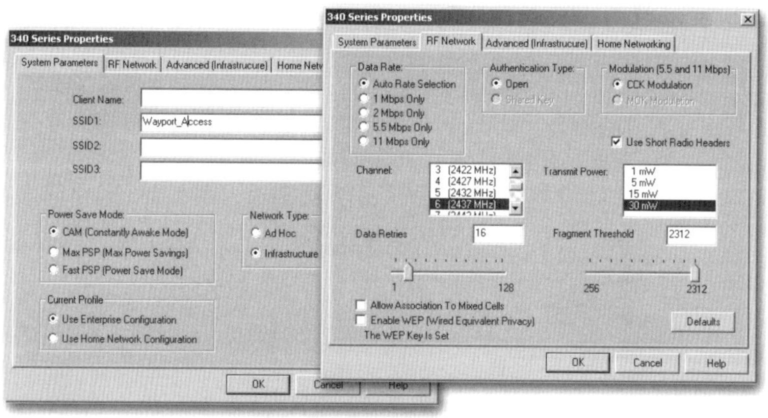

Figura 6.5. Configuración de un punto de acceso con una aplicación particular (Cisco)

La forma de configurar las propiedades propias del punto de acceso depende de cada fabricante o, incluso, del modelo del equipo. Por ello, siempre es recomendable atender a las instrucciones del manual de usuario del equipo.

La configuración de un punto de acceso consta de dos pasos:

1. **Conectar un ordenador con el punto de acceso**. Al configurar una impresora, un monitor o cualquier otro equipo conectado al ordenador se tiene la ventaja de que el equipo está conectado físicamente. Basta con insertar el CD del fabricante o ejecutar la aplicación correspondiente del sistema operativo. Sin embargo, en el caso de los puntos de acceso el medio de conexión es precisamente el que se pretende configurar. Esto hace que para acceder al menú de configuración haya que realizar algunas configuraciones previas en el ordenador.

2. **Configurar los distintos parámetros**. Una vez conectados con el punto de acceso bastará moverse por los distintos menús y opciones para dar con los parámetros a configurar.

Acceder a la configuración

Lo primero que hay que hace para configurar un punto de acceso es acceder a sus opciones de configuración. Para hacer esto hay que establecer una comunicación entre un ordenador y el punto de acceso. Esto puede llevarse a cabo de las siguientes formas:

- Utilizar un **cable USB** o cable específico. Los puntos de acceso que ofrecen esta posibilidad suelen incluir un CD con un software de configuración. Este software presenta las distintas opciones de configuración. Éste es quizás el sistema más simple para el usuario no iniciado. No obstante, cuando posteriormente se requiere hacer algún cambio de configuración hay que volver a localizar el cable y el software, lo que resulta incómodo (y algunas veces imposible).
- Utilizar un **cable de red Ethernet** (10/100 BaseT). Los puntos de acceso suelen incluir uno o más puertos RJ45 para conectar ordenadores de forma cableada. Este ordenador forma parte de la red de la misma forma que aquellos otros que se conectan de forma inalámbrica. El ordenador, evidentemente, debe contar también con un puerto RJ45 (Ethernet). Lo importante en este caso es configurar el ordenador para que obtenga las direcciones IP de forma automática (ver cómo configurar el protocolo TCP/IP en el ordenador). A continuación, sólo hay que abrir el explorador de Internet (Internet Explorer, Netscape o Firefox, por ejemplo) e introducir el número IP del punto de acceso en la barra de direcciones. Este número vendrá indicado en el manual de usuario y suele ser de la forma 192.168.1.1.
- Utilizar un **acceso inalámbrico**. En este caso, una vez encendido el punto de acceso, se exploran desde el ordenador las redes Wi-Fi disponibles y se selecciona la del punto de acceso a configurar. El nombre de la red del punto de acceso (SSID), así como los parámetros de acceso (código WEP/WPA) vendrán indicados en el manual de usuario. No obstante, el nombre SSID estará relacionado con el fabricante, marca o modelo del punto de acceso. La clave WEP/WPA puede venir en una pegatina en el equipo o en el manual de usuario. Una vez conectados, al igual que con la conexión por cable Ethernet, habrá que abrir el navegador de Internet e introducir el número IP del punto de acceso. Este número vendrá indicado en el manual.
- Utilizar un **acceso remoto**. Si el punto de acceso está activo y conectado a Internet, existe la posibilidad de acceder a él desde cualquier ordenador conectado Internet. Para ello será necesario que se pueda acceder a él desde el exterior sin que un *firewall* o *router* intermedio bloquee las comunicaciones entrantes. Por otro lado, este tipo de acceso remoto debe estar específicamente permitido en el punto de acceso, de lo contrario, sólo admitirá los accesos locales.

MODELO	URL	USUARIO	CLAVE
Linksys AP router/switch	*http://192.168.1.1*		*admin*
SpeedStream 2623	*http://192.168.254.254*		*admin*
3Com Homeconnect	*http://192.168.2.1*		*admin*
3Com Officeconnect	*http://192.168.1.1*		*admin*
Adaptec Ultra Wireless	*http://192.168.8.1*	*admin*	
Otros	*http://192.168.1.250*		*public*

Tabla 6.1. Ejemplos de URL, usuario y clave para acceder a distintos puntos de acceso

En los dos últimos puntos anteriores lo que realmente se está haciendo es acceder al servidor Web de configuración que incorpora el punto de acceso. Este servidor viene protegido con una clave o con un nombre de usuario y clave. Las claves configuradas por defecto vienen en el manual de usuario del equipo. A partir de aquí sólo habrá que moverse por las distintas opciones de configuración para realizar las modificaciones que se deseen. Esta tarea suele ser sencilla en los puntos de acceso más económicos, ya que suelen incluir pocas opciones de configuración. Por el contrario, los puntos de acceso profesionales suelen disponer de más posibilidades de configuración, lo que supone aumentar su complejidad.

Hay que tener en cuenta que si el punto de acceso ha sido configurado anteriormente, lo más probable es que no conserve los valores por defecto. En este caso tenemos dos opciones: o hablamos con la persona que realizó la configuración anteriormente o reseteamos el equipo. Estos equipos suelen incluir un botón que hace que se restablezcan los valores de configuración de fábrica.

Propiedades Wi-Fi configurables

Generalmente, los puntos de acceso no sólo disponen de la funcionalidad de interconectar los equipos inalámbricos de los usuarios, sino que también incluyen otras funciones como las de *router*, *switch* o módem. Esto quiere decir que son muchas las propiedades configurables en un punto de acceso. No obstante, las propiedades principales propias de la función de punto de acceso son las siguientes:

- **Nombre de red** (*Network name*). Al nombre de red se le conoce también como *SSID* (*Service Set Identifier*, 'Identificador del conjunto de servicios'). Los puntos de acceso suelen incluir un nombre de red por defecto. No obstante, es recomendable sustituir este nombre por cualquier otro que se considere adecuado. Por cierto, este nombre de red debe ser el que se configure en cada ordenador. Es importante recordar que en los nombres de red se diferencian las letras mayúsculas de las minúsculas.

- o **Canal** (*Channel*). Aquí se deberá introducir el número de canal que se considere apropiado. El sistema permite elegir cualquier canal, o bien que esta asignación se haga de forma automática o dinámica. Una opción antes de decidirse por un número concreto de canal es explorar las redes de la zona y elegir un número de canal que no esté siendo utilizado.

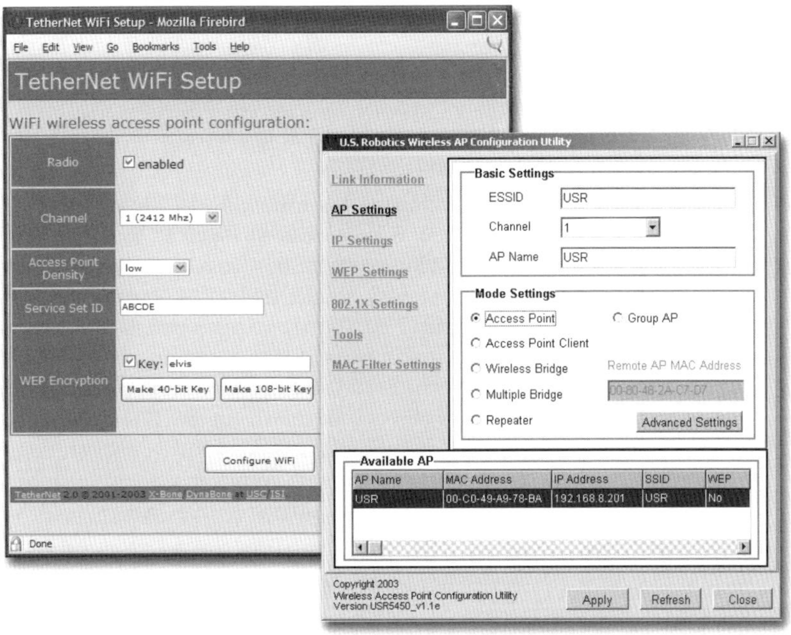

Figura 6.6. Ejemplos de configuración de puntos de acceso básicos

- o **Seguridad** (*Security*). Los equipos Wi-Fi disponen de determinadas características de seguridad para cifrar el intercambio de información con los equipos de los usuarios. Los parámetros de seguridad que se establezcan aquí deben ser configurados posteriormente en cada equipo de usuario. La primera vez que se configura el punto de acceso pueden dejarse deshabilitados los parámetros WEP/WPA de seguridad. Una vez comprobado que la red funciona adecuadamente, se puede proceder a configurar las características de seguridad. Establecer los parámetros de seguridad consiste en elegir el tipo de cifrado deseado: WEP 64, WEP 128 o WPA e introducir la clave de cifrado. A los tipos de cifrado WEP 64 y 128 también se les conoce como WEP 40 y 104 bits. Esto es así porque, aunque la clave de cifrado es de 40 ó 104 bits, en ambos casos hay que añadirle 24 bits del vector de inicialización (IV). Algunos puntos de acceso presentan la opción (no estándar) de utilizar claves de 152 bits (128+24 bits). En cuanto a la clave de cifrado, existen distintos procedimientos para introducirla:

desde introducir una clave hexadecimal hasta introducir una frase (*passphrase*), que el sistema convierte automáticamente en código hexadecimal. Incluso algunos puntos de acceso presentan la opción de elegir ellos una clave aleatoria. En cualquier caso, conviene anotar esta clave para poderla configurar posteriormente en los ordenadores de la red.

Adicionalmente, los puntos de acceso ofrecen distintas características que ayudan a gestionar la red. Algunas de estas características son las siguientes:

- **Bajada automática de velocidad** (*Auto rate fall back*). Esta característica permite que, cuando empeoren las condiciones de difusión de la señal radioeléctrica, el sistema pueda bajar la velocidad de transmisión para mantener la comunicación abierta.
- **Filtro MAC** o **selección de los ordenadores autorizados** (*Authorised MAC address*). Algunos puntos de acceso incluyen la facilidad adicional de incluir una lista de los ordenadores autorizados (lista de direcciones MAC) a conectarse al punto de acceso. Esta característica es interesante cuando se desea incrementar la seguridad de la red, pero no resulta práctica cuando se desea disponer de una red inalámbrica abierta a nuevos usuarios. En este caso, tener seleccionada esta opción forzaría a cambiar la configuración del punto de acceso cada vez que se desea conectar un nuevo equipo. Las direcciones MAC son unos números únicos que los fabricantes asignan a cada dispositivo inalámbrico. Este número identifica al dispositivo de forma inequívoca. Las direcciones MAC están formadas por 12 caracteres alfanuméricos (por ejemplo, 12-AB-56-78-90-FE).

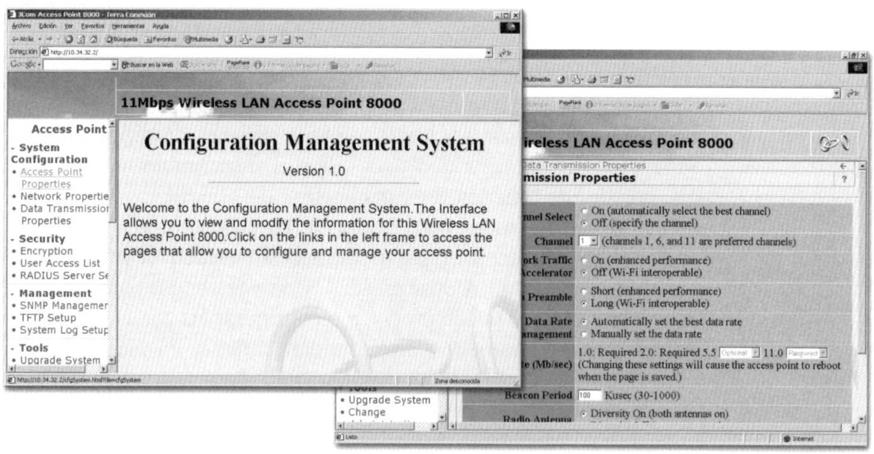

Figura 6.7. Ejemplos de configuración de puntos de acceso profesionales

- **Emitir el nombre de red** (*Broadcast SSID to associate*). Los puntos de acceso emiten generalmente su nombre de red (SSID) para permitirle a los posibles usuarios que puedan asociarse a la red con facilidad. No obstante, si se desea aumentar la seguridad de la red, puede deshabilitarse esta opción. Esto hará que sólo puedan conectarse a la red aquellos usuarios que conozcan su nombre.
- **Clave de acceso** (*Password*). El punto de acceso dispone de una clave para impedir el acceso a sus funciones de configuración. El fabricante configura a todos sus equipos con una misma clave de acceso por defecto (por ejemplo *admin*). Es importante que se cambie esta clave para impedir que usuarios ajenos puedan utilizar las claves por defecto para acceder a las características de configuración.
- **Habilitar la red inalámbrica** (*Enable Wireless Networking*). Algunos equipos permiten que su función de punto de acceso pueda ser habilitada o deshabilitada. Esto es útil, fundamentalmente, cuando el punto de acceso dispone también de las funciones de *router* o *switch*. En algún caso podría ser interesante mantener sus funciones de *router* y deshabilitar sus funciones de punto de acceso.
- **Servidor DHCP**. Los puntos de acceso suelen tener habilitado el servidor DHCP para asignar automáticamente las direcciones IP a los equipos que se conectan. No obstante, este servicio puede deshabilitarse si se cree conveniente.

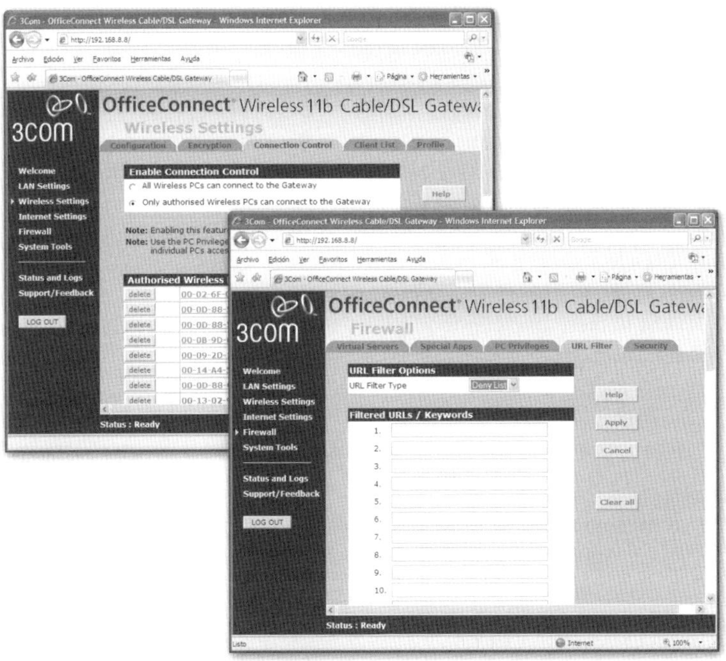

Figura 6.8. Ejemplo de características especiales de un punto de acceso

- **Potencia de transmisión** (*Transmit power*). Algunos puntos de acceso permiten que se les configure la potencia de transmisión. Esto tiene la ventaja de que si con poca potencia cubrimos el área deseada, para qué extender el área de cobertura emitiendo con más potencia. Esto sólo aumenta el riesgo de intrusión y el consumo de electricidad. Hay que tener en cuenta que la potencia máxima de emisión está regulada para este tipo de equipos. En Estados Unidos es de 1 W, mientras que en Europa es de 100 mW.
- **Registro de actividad** (*Log file*). Algunos puntos de acceso ofrecen la posibilidad de guardar un registro de actividad. En este registro se guarda, fundamentalmente, los accesos de los distintos usuarios, lo que es de utilidad para comprobar la actividad de la red y detectar posibles intrusos.

CONEXIÓN CON LA RED LOCAL CABLEADA

Cuando se desea conectar un punto de acceso a una red local cableada (o a Internet), los parámetros que hay que configurarle son los mismos que los que se le configuran a cualquier otro ordenador de la red cableada. Quiere esto decir que el punto de acceso será un equipo más de la red cableada. Por tanto, el punto de acceso tendrá dos números IP (y máscaras de subred), uno que lo identifica dentro de la red inalámbrica y otro que lo identifica dentro de la red cableada.

Los puntos de acceso incluyen entre sus opciones de configuración todos los parámetros necesarios que le permiten conectarse a una red cableada (o Internet). Existen dos posibilidades: que estos parámetros se obtengan automáticamente del *switch* (*router*) de la red o introducir estos valores manualmente. En el primer caso bastará con seleccionar la opción *Obtener una dirección IP automáticamente* o similar. Si las opciones le aparecen en inglés, el equivalente sería *Obtain an IP automatically* o similar.

Si hubiese que configurar los datos manualmente, los parámetros a configurar son los siguientes:

Dirección IP (*IP Address*). Es la dirección IP del punto de acceso como componente de la red local cableada o la que el proveedor de acceso a Internet ha facilitado.

Máscara de subred (*Subnet Mask*). Es la máscara de la red local cableada o la que facilite el proveedor de acceso a Internet. Un número de máscara muy común es el 255.255.255.0.

Puerta de enlace (*Gateway*). Es el número IP del equipo al que el punto de acceso tiene que enviarle los datos con destino a Internet o red local cableada.

Servidor DNS (*DNS Server*). Son las direcciones IP de los DNS (servidor de nombres de dominio). Este dato lo facilita el proveedor de acceso a Internet. Las direcciones IP de los dos servidores DNS (principal y secundario) pueden configurarse en cada ordenador de la red inalámbrica, en el *router* inalámbrico (punto de acceso) o en el *router* de acceso a Internet (módem *router* ADSL o cable). En el caso de estar configurado en el punto de acceso se puede configurar cada ordenador para que tome esta información automáticamente del punto de acceso. El punto de acceso también podría hacer lo propio con el *router* de Internet.

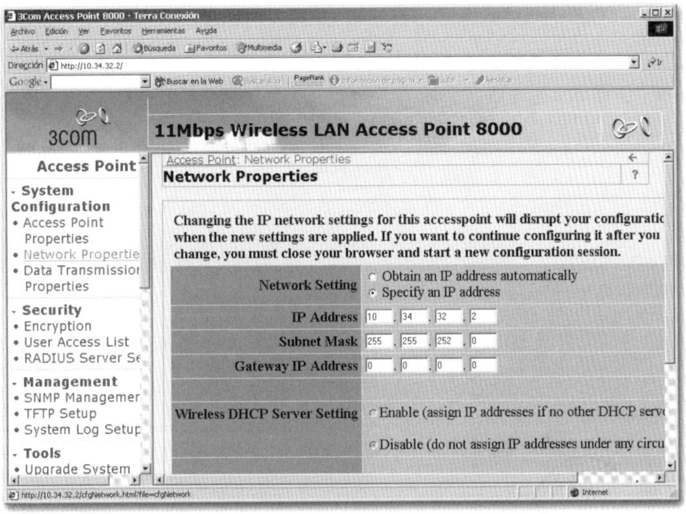

Figura 6.9. Configuración del acceso a la red de cable (3com)

CONFIGURAR LOS ORDENADORES

Cualquier ordenador que se desee conectar de forma inalámbrica a una red con puntos de acceso necesita disponer de un adaptador de red (tarjeta Wi-Fi) y configurarse adecuadamente para que el adaptador se entienda con el punto de acceso de la red deseada.

Si el punto de acceso ya está instalado y funcionando, la forma más simple de configurar el ordenador del usuario es buscar la opción de exploración de redes existentes, localizar el nombre del punto de acceso en cuestión, seleccionarlo y hacer clic sobre el botón *Conectar*. Eso es todo. El ordenador adaptará automáticamente su configuración a la del punto de acceso. En todo caso, si la red utiliza una clave WEP/WPA, la solicitará antes de terminar de establecer la conexión.

A veces ocurre que el punto de acceso dispone de una configuración particular que no admite este tipo de conexión automática. En estos casos hay que realizar una configuración manual del adaptador de red. La configuración manual supone dos tipos de configuraciones que afectan al adaptador de red:

- Configurar los parámetros Wi-Fi. Esta configuración hace posible que se pueda establecer una conexión entre el ordenador del usuario y el punto de acceso.
- Configurar el protocolo TCP/IP. Esta configuración hace posible que el ordenador se pueda comunicar con el resto de ordenadores de la red inalámbrica e Internet.

La operación de configurar el protocolo TCP/IP y el adaptador de red hay que repetirla con cada ordenador que se desee conectar al punto de acceso.

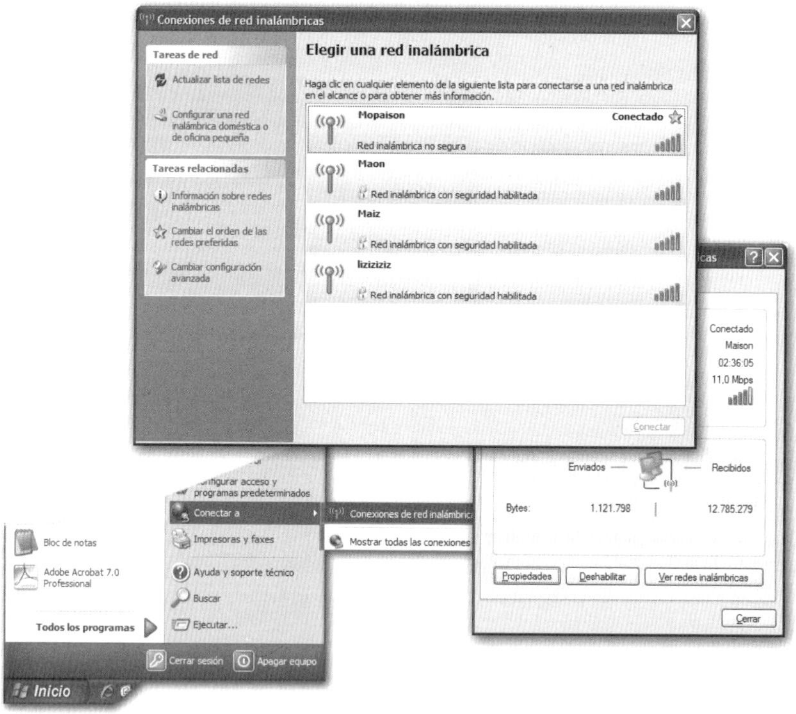

Figura 6.10. Buscar el punto de acceso en las redes existentes (Windows XP)

Cualquier ordenador con un adaptador Wi-Fi que tenga configurados correctamente los parámetros anteriores y que esté dentro del área de cobertura radioeléctrica de cualquier punto de acceso de la red formará parte de ella y, por tanto, podrá compartir sus recursos y tener acceso a los recursos (configurados como compartidos) del resto de ordenadores. Esto quiere decir que, para añadir nuevos ordenadores a la red, simplemente hay que copiar los parámetros de cualquiera de los ordenadores ya conectados y configurárselos al nuevo ordenador.

Configurar los parámetros Wi-Fi

En caso de ser necesario configurar los parámetros Wi-Fi de forma manual, éstos se configuran con la aplicación que viene en el CD incluido con el equipo adaptador de red o con la herramienta Wi-Fi del propio sistema operativo. Uno de los casos en los que es necesario hacer esto es cuando el punto de acceso no emite su nombre de red (SSID). Una de las medidas de seguridad que se puede activar en un punto de acceso es que no emita su SSID. En este caso, cuando los usuarios exploran la red no encontrarán dicho punto de acceso, por lo que la única manera de establecer la conexión es introduciendo los parámetros a mano. Para ello, se abre la aplicación Wi-Fi y se elige agregar o crear una nueva red o conexión a la lista.

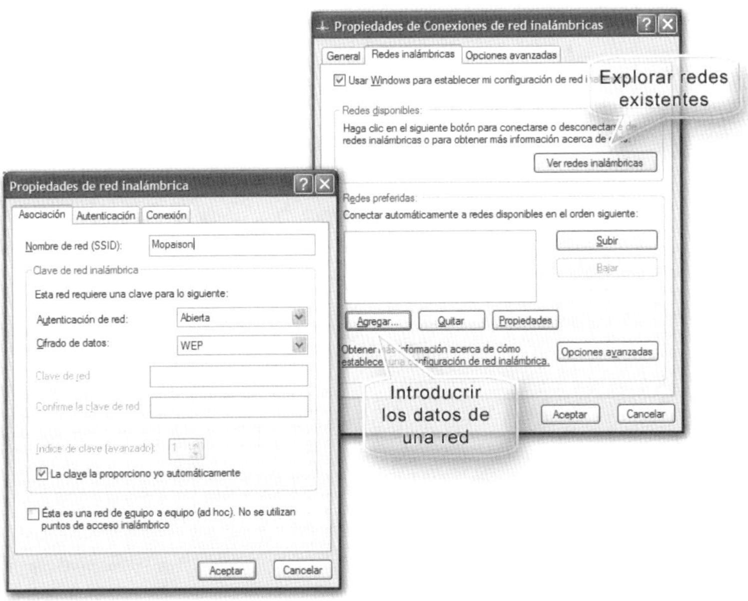

Figura 6.11. Introducir los parámetros Wi-Fi de forma manual (Windows XP)

Los parámetros a configurar son los siguientes:

- **Tipo de red**. En este caso, el tipo de red que hay que configurar es el modo infraestructura, BSS o con puntos de acceso.
- **Nombre de red**. El nombre de red debe ser el mismo que el configurado en el punto de acceso, incluidos los caracteres en mayúscula y minúscula. Al parámetro nombre de red también se le conoce como *Network Name* ('Nombre de red' en inglés) o *SSID* (*Service Set Identifier*, 'Identificador del conjunto de servicios'). Muchas aplicaciones de configuración de adaptadores de red ofrecen la posibilidad de realizar una búsqueda automática de todas las redes del entorno que son recibidas por el adaptador en ese momento. En este caso, sólo habría que escoger un nombre de red de la lista.
- **Canal**. En este caso no es necesario configurar el canal porque el adaptador lo tomará automáticamente del punto de acceso.
- **Seguridad**. Es importante que los parámetros de seguridad que aquí se configuren sean los mismos que los configurados en el punto de acceso. Si se tienen dudas, simplemente se dejan deshabilitados los parámetros de seguridad.

Hay que tener en cuenta que un ordenador puede tener guardadas distintas configuraciones de red, distintos perfiles (*profile* en inglés). Esto es especialmente útil cuando un mismo ordenador se conecta a distintas redes. En estos casos no es necesario introducir todos los parámetros cada vez que se cambia de red, sino, simplemente, elegir el perfil correspondiente.

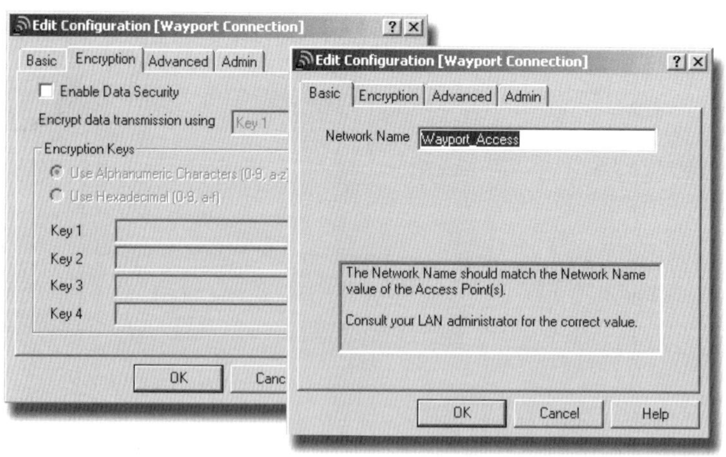

Figura 6.12. Configuración de un adaptador de red (marca Orinoco)

Configurar el protocolo TCP/IP

Estos datos le permiten al ordenador formar parte de la red IP de Wi-Fi. Aunque esta configuración puede hacerse de forma manual, suele ser más habitual que estos valores los tome automáticamente del punto de acceso. Para ello, el punto de acceso debe estar configurado para ofrecer automáticamente esta información (DHCP habilitado). En el lado del ordenador sólo hay que indicar que obtenga las direcciones IP de forma automática.

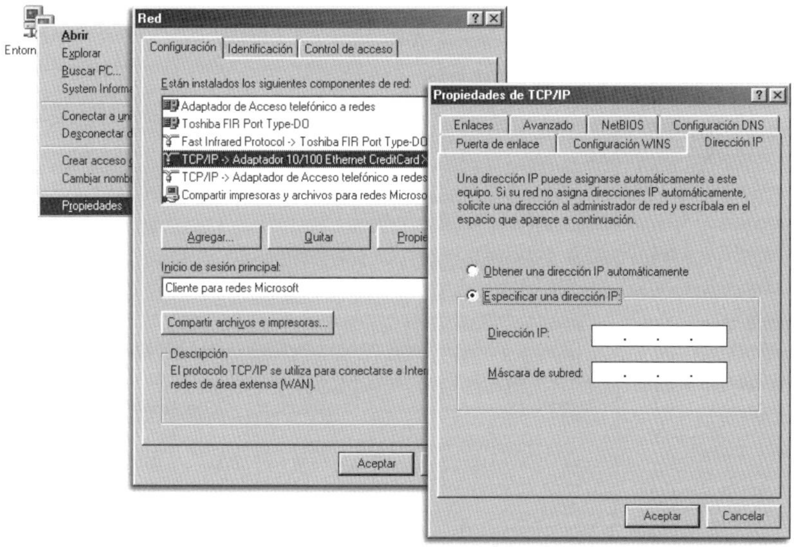

Figura 6.13. Configuración de las direcciones IP con Windows 95/98

La forma de configurar el ordenador para obtener las direcciones IP de forma automática depende del sistema operativo de que se dispone. En el caso de Windows, los pasos a dar para cada versión son los siguientes:

- Con **Windows 95/98** haremos clic con el botón derecho sobre el icono *Entorno de red*. Posteriormente, seleccionamos la opción *Propiedades*. La ventana que nos aparece nos indica los componentes de red que están instalados. Hacemos doble clic sobre el componente *TCP/IP* (o bien, lo marcamos y hacemos clic sobre el botón *Propiedades*). A continuación, en la ficha *Dirección IP*, seleccionamos *Obtener una dirección automáticamente*. En la ficha *Configuración Wins* señalamos la opción *Usar DHCP para resolución WINS*. En la ficha *Puerta de enlace* no debe haber ninguna puerta de enlace configurada. Por último, cerramos todas las ventanas pulsando los botones *Aceptar*. Al finalizar, habrá que apagar y encender el ordenador.

- Con **Windows 2000/Me** haremos clic con el botón derecho sobre el icono *Mis sitios de red*. A continuación, seleccionamos la opción *Propiedades*. En la ventana que nos aparece presionamos el botón *Propiedades*. En la lista de componentes marcamos el componente *Protocolo Internet (TCP/IP)* y presionamos el botón *Propiedades*. Una vez que hemos llegado a la ventana de *Propiedades de protocolo Internet*, marcamos la opción *Obtener la dirección IP automáticamente*. Hay que verificar también que está marcada la opción *Obtener la dirección del servidor DNS automáticamente*. Para terminar, simplemente se cierran todas las ventanas pulsando *Aceptar*.

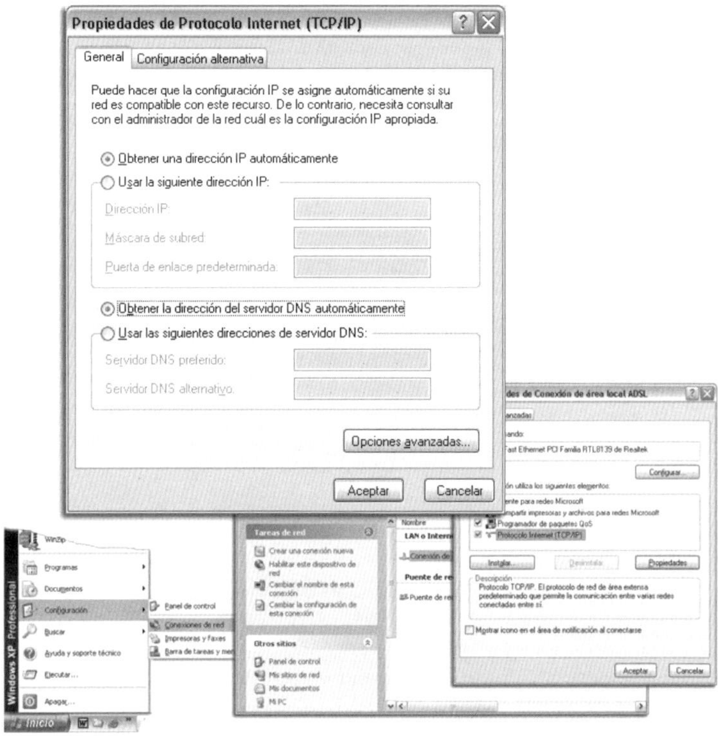

Figura 6.14. Configuración de la tarjeta Ethernet en Windows XP

- Con **Windows NT** pulsamos *Inicio;* a continuación, elegimos *Configuración* y elegimos la opción *Panel de control*. Aquí debemos localizar el icono *Red* y hacer doble clic sobre él. Nos aparecerá una ventana titulada *Red*. Seleccionamos la ficha *Protocolos*. En la lista de protocolos de red debe aparecer *Protocolo TCP/IP*. Lo seleccionamos y pulsamos el botón *Propiedades*. Nos aparecerá una nueva ventana donde seleccionamos la ficha

Dirección IP. Marcamos la opción *Obtener la dirección IP de un servidor DHCP*. Para terminar, cierre todas las ventanas pulsando *Aceptar*.

- Con **Windows XP** hay que hacer clic en *Inicio*, *Configuración*, *Conexiones de red*. A continuación se hace clic con el botón derecho sobre *Conexión de área local* y se elige *Propiedades*. También se puede llegar aquí eligiendo *Cambiar la configuración de esta conexión* en la ficha *Tareas de red*. Se continúa haciendo clic sobre *Protocolo Internet (TCP/IP)* y, luego, sobre el botón *Propiedades*. Se marca la opción *Obtener una dirección IP automáticamente*. Hay que verificar también que está marcada la opción *Obtener la dirección del servidor DNS automáticamente*. Para terminar, cierre todas las ventanas pulsando *Aceptar*.

Si el punto de acceso no está configurado para ofrecer los datos de configuración de forma automática, no habrá más remedio que configurar estos datos en el ordenador de forma manual. Los datos a configurar son los siguientes:

- **Número IP del ordenador**. Cualquier número, siempre que esté dentro del rango de numeración de la red local inalámbrica. Eso sí, cada ordenador debe disponer de un número IP distinto. Por ejemplo, si el número IP del punto de acceso es el 192.168.1.1, a los ordenadores se les podría asignar los números 192.168.1.x, donde x es cualquier número entre 2 y 255.
- **Máscara de subred**. Generalmente, se suele utilizar como máscara de subred el número 255.255.255.0. Este número es válido para redes que dispongan de menos de 255 terminales.
- **Puerta de enlace**. Aquí habría que indicar el número IP del punto de acceso. En el ejemplo puesto anteriormente, este número sería el 192.168.1.1.
- **DNS**. En este caso tenemos dos opciones: o se configura para que los tome automáticamente del punto de acceso o se introducen los números IP de los DNS primario y secundario. Aunque el punto de acceso pueda asignar estos números, el usuario podría preferir introducir sus propios DNS.

Estas propiedades se configuran en las propiedades de la tarjeta de red. Por ejemplo, con Windows XP habría que hacer clic en *Inicio*, *Configuración*, *Conexiones de red*, botón derecho sobre *Conexión de área local* y elegir *Propiedades*. Clic sobre *Protocolo Internet (TCP/IP)* y *Propiedades*.

COMPROBAR EL FUNCIONAMIENTO DE LA RED

Bueno, una vez instalado todo lo instalable, sólo queda comprobar si funciona. Esta comprobación se puede realizar de dos formas: si el punto de acceso está conectado a Internet se puede comprobar si se puede acceder a cualquier página Web; si no se tiene conexión a Internet se puede comprobar si se tiene conexión con otros ordenadores de la red.

Por otro lado, la mayoría de los adaptadores de red incluyen un *software* de utilidades que permite comprobar si el adaptador está recibiendo o no señales de otros equipos Wi-Fi (punto de acceso o adaptador), así como la calidad de dichas señales. Si no fuese así, los sistemas operativos, como Windows XP, Vista, Mac OS o Linux, también incluyen aplicaciones propias de este tipo.

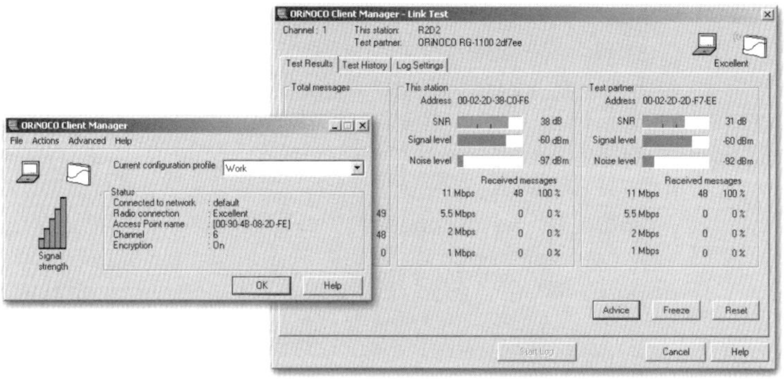

Figura 6.15. Utilidades de gestión de los adaptadores de red (Orinoco)

Antes de comprobar el acceso a Internet hay que asegurarse de haber configurado el protocolo TCP/IP en el ordenador.

En cuanto a comprobar la conexión con otros ordenadores de la red, con Windows se lleva a cabo abriendo *Explorador de Windows* desde uno de los ordenadores y buscando los recursos compartidos de otros ordenadores. Es posible que para hacer esto se tenga que hacer clic sobre la opción *Entorno de red*, *Toda la red* y sobre el grupo de trabajo que haya definido. Si el ordenador remoto tiene definido un nombre de usuario y clave de acceso para acceder a sus recursos, se tendrá que introducir.

Recuerde que, para compartir recursos en un ordenador, se debe abrir el *Explorador de Windows*, buscar el recurso a compartir (el archivo, la carpeta, etc.) y hacer clic sobre él con el botón derecho del ratón (el botón secundario). Aparecerá una lista de opciones donde podremos ver una con el nombre *Compartir*. Haciendo clic sobre esta opción, veremos una ventana con todas las opciones de compartición.

Si se conoce el número IP del punto de acceso, se puede comprobar que un ordenador está en comunicación con el punto de acceso abriendo un navegador de Internet (Internet Explorer, por ejemplo) e introduciendo este número como dirección. Si se obtiene cualquier respuesta distinta de *página no encontrada*, es que funciona la conexión. Incluso, todavía sería más fiable la utilización del comando *ping* o *tracert*.

Abra una ventana del DOS desde Windows y teclee *ping* seguido del número IP del punto de acceso (por ejemplo, *ping 192.168.1.1*); si aparece una línea que empieza por *reply from*, es que la conexión funciona. Si la línea empieza por *Request timed out*, es que no funciona.

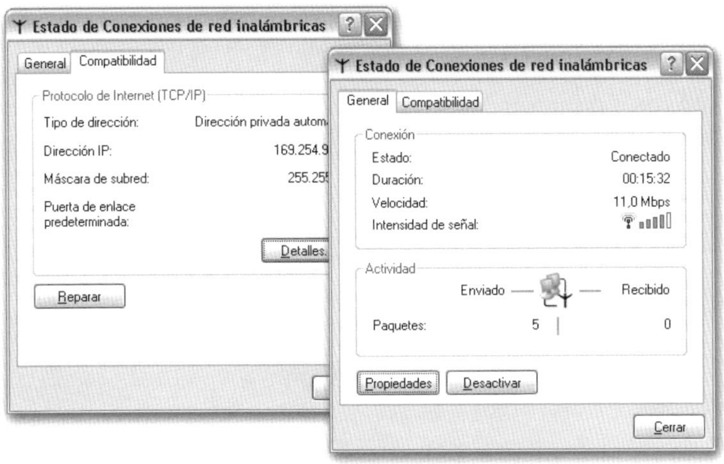

Figura 6.16. Utilidades Wi-Fi de Windows XP

Medir la velocidad

Como se ha visto en repetidas ocasiones, la velocidad máxima a la que transmite una red inalámbrica es de 11 ó 54 Mbps. Independientemente de que esta velocidad puede ser menor dependiendo de la distancia entre emisor y receptor, de las condiciones del entorno o de si los equipos se encuentran en el interior de un edificio o en el exterior en espacio abierto, lo cierto es que dicha velocidad se refiere exclusivamente a la conexión entre los equipos inalámbricos de los usuarios y el punto de acceso correspondiente. Adicionalmente, el punto de acceso puede disponer de una conexión con Internet con una velocidad diferente.

La velocidad real de una comunicación entre un usuario de una red inalámbrica y un servidor situado en Internet depende de muchos factores, entre los que se encuentran los siguientes:

- Velocidad efectiva de la conexión inalámbrica.
- Conexión del punto de acceso con el módem *router* ADSL o cable.
- Ancho de banda de la conexión ADSL o cable.

- Dimensionado de la infraestructura del proveedor de acceso.
- Rendimiento de Internet en ese momento.
- Ancho de banda de la conexión del servidor con Internet.
- Hardware del servidor donde esté situado el servicio de Internet utilizado.
- Número de usuarios simultáneos que tenga el servidor en ese momento.

Esto quiere decir que el rendimiento de una conexión de Internet puede cambiar de un momento a otro. En el mercado existen distintas herramientas que se instalan en el ordenador del usuario para medir esta velocidad de forma instantánea. También existen servicios en Internet que miden la velocidad real de conexión en ese momento.

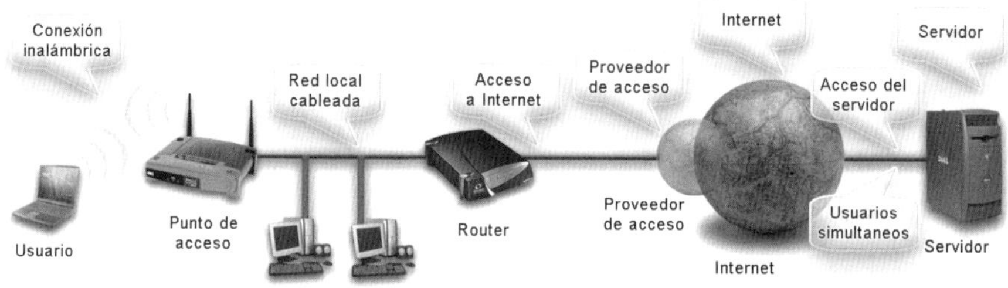

Figura 6.17. Actores que intervienen en el acceso a un servicio de Internet

Para comprobar la velocidad de la conexión inalámbrica sólo hay que abrir el software del adaptador de red. Además de este dato encontraremos otros como la relación señal/ruido, nivel de recepción de la señal recibida, etc.

A pesar de lo anterior, la percepción de la velocidad es algo relativo. 1 Mbps es una buena velocidad para la mayoría de las aplicaciones que tenemos hoy en día; no obstante, se percibirá como lenta si se pretende transmitir un archivo de gran tamaño o acceder al directorio de un ordenador remoto, pero en el resto de casos suele ser una velocidad suficiente.

Qué hacer en caso de problemas

Si después de hacer todo el trabajo de instalación y configuración no es posible ver los recursos compartidos por el resto de ordenadores, no hay que desesperarse, a veces las instalaciones requieren una segunda pasada.

Lo primero que hay que hacer es comprobar lo evidente: comprobar que todos los dispositivos están encendidos, que están bien conectados y funcionando. Si hubiese una antena exterior, se deberá comprobar que está conectada. Las tarjetas PCMCIA (*PC Card*) o unidades USB deben estar insertadas o conectadas al ordenador. Se pueden mover estas conexiones para comprobar que están firmemente conectadas.

Figura 6.18. Distintos detectores hardware de señal Wi-Fi

Si el fallo no es tan evidente, podemos probar otras causas:

- Sitúe los ordenadores más cerca del punto de acceso evitando que haya obstáculos en medio. Una vez establecida la conexión en estas condiciones, se podrán ir separando los ordenadores hasta situarlos en la localización deseada.
- Comprobar las luces de las unidades Wi-Fi (adaptadores de red y puntos de acceso) para comprobar si están funcionando como indican los manuales de usuario de los equipos. Quizás esto nos dé una pista de lo que está funcionando mal.
- La mayoría del *hardware* (impresoras, equipos Wi-Fi, etc.) dispone de una utilidad que permite comprobar de forma local que dicho *hardware* está operativo. Si se dispone de dicha utilidad, se debe hacer la comprobación.
- Apague y encienda ambos ordenadores. Algunas veces los propios registros de Windows o de los controladores no funcionan adecuadamente inmediatamente después de ser instalados y necesitan que se rearranque el ordenador.
- Comprobar que el *software* de utilidad que venía con la unidad Wi-Fi está instalado y funcionando correctamente.

- Desconecte y vuelva a conectar su unidad Wi-Fi. Esto hará que se reinicie esta unidad. A veces es necesario este tipo de reinicio aunque la unidad haya estado funcionando bien durante mucho tiempo.
- Comprobar que los parámetros de la comunicación (tipo de red, SSID y canal) están configurados adecuadamente en ambos equipos. Cuando en una configuración de red se va a permitir *roaming* (desplazamiento con servicio entre puntos de acceso), las tarjetas Wi-Fi de los ordenadores deben configurarse para que adopten automáticamente los valores de configuración de SSID y canal del punto de acceso. Si fuese éste el caso, comprobar que está configurado correctamente.
- Comprobar que los parámetros de seguridad están configurados en los mismos valores en ambos equipos.
- Comprobar que el nombre de un ordenador es distinto al nombre del otro y que no coinciden con el nombre del grupo de trabajo.
- Comprobar que las direcciones TCP/IP son distintas en todos los ordenadores, o bien, que los ordenadores están configurados para obtener las direcciones IP de forma automática.
- Comprobar que los adaptadores de red están instalados correctamente en el ordenador. Se puede comprobar esto haciendo clic con el botón derecho del ratón sobre *Mi PC*, luego sobre *Propiedades* y *Gestor de dispositivos* y comprobar que la unidad Wi-Fi se encuentra en la lista de *hardware* conectado al ordenador y que no tiene ningún signo de exclamación sobre él. El signo de exclamación indicaría que existe algún conflicto con este *hardware*. Si fuese éste el caso, desinstale la unidad (a través de *Añadir/Quitar hardware* del *Panel de Control*) e instálelo de nuevo.
- Si ninguna de las comprobaciones anteriores nos ha sacado de dudas, aunque sea poco probable, lo mismo estamos ante un fallo de *hardware*. El fallo puede estar en el ordenador, el punto de acceso o en la tarjeta Wi-Fi (el adaptador de red). Por ejemplo, si otros ordenadores consiguen funcionar bien con el punto de acceso, se puede probar a intercambiar las tarjetas Wi-Fi. Si la conexión funciona con esta nueva tarjeta Wi-Fi, es posible que la tarjeta Wi-Fi anterior esté estropeada. Si la tarjeta Wi-Fi funciona bien con el nuevo ordenador, es posible que el ordenador anterior tenga algún problema. Si lo que no funciona es el punto de acceso, se puede intercambiar este equipo por otro y hacer una comprobación similar a la anterior.
- A veces, lo que está estropeado no son los circuitos electrónicos de un dispositivo, sino los conectores o los cables. Esto se puede comprobar intercambiando los cables o los dispositivos. Aunque Wi-Fi sea inalámbrico, existen dispositivos que se conectan a los ordenadores o equipos de red (*switches*, *hubs*, *routers*, etc.) utilizando cables.

- Si ha llegado hasta aquí sin resolver el problema, le quedan todavía las siguientes opciones: lea la sección *Problemas* (*Problems*) o la sección *Preguntas frecuentes* (*FAQ*) del manual del usuario de la unidad Wi-Fi. También puede acceder a la Web del fabricante y leer estas mismas secciones por si hubiese algo nuevo no incluido en el manual.
- La última esperanza, llame al servicio técnico.

Si la conexión es mala

Si se puede establecer una conexión, pero esta conexión tiene mala calidad, podemos hacer las siguientes comprobaciones:

- Intentar enviar o recibir un archivo. Si se puede acceder a dicho archivo, pero la comunicación va extremadamente lenta (nunca se termina de completar la transmisión), comprobar las posibles fuentes de interferencias o si existe un número muy elevado de usuarios conectados en un solo punto de acceso.
- Si a veces funcionan bien las comunicaciones y otras veces no, comprobar si los fallos coinciden con la circunstancia de haber muchos usuarios conectados a la red. Es posible que en esas circunstancias se tengan sobrecargados los puntos de acceso. En estos casos se pueden instalar puntos de acceso adicionales al lado del anterior o comprobar si, reposicionando el punto de acceso, se consigue mejorar la respuesta.

CAPÍTULO 7

Redes con varios puntos de acceso

INTRODUCCIÓN

Cuando se pretende crear una red Wi-Fi con una gran cobertura, donde sea necesario utilizar más de un punto de acceso, no basta con situar los puntos de acceso donde mejor parezca a primera vista. Tampoco hay que confiar excesivamente en el sistema de prueba y error. En estos casos es recomendable realizar un estudio más estructurado. Esto quiere decir que, antes de comenzar a poner puntos de acceso por paredes y techos, nos hará falta responder a algunas preguntas.

Ya sabemos que cuando se va a instalar una pequeña red hay poco que analizar: se coloca el punto de acceso en el lugar más cómodo y se comprueba si cubre las expectativas. En el peor de los casos, bastará con hacer un par de intentos de colocación antes de llegar a la disposición óptima. Sin embargo, cuanto mayor sea la red, tanto en extensión como en número de usuarios, mayor será la necesidad de realizar un análisis previo que nos permita conocer en detalle las necesidades de servicio y de recursos.

Podemos decir que, en general, el proceso constaría de los siguientes pasos:

- Realizar un análisis previo.
- Configurar e instalar los puntos de acceso.
- Instalar las conexiones entre los puntos de acceso.
- Configurar el acceso a Internet.
- Configurar los ordenadores.

ANÁLISIS PREVIO

El análisis previo supone definir las necesidades, analizar el terreno, estudiar los posibles inconvenientes y calcular los recursos. El tener una idea clara de estos conceptos ayudará a obtener una red adecuada y eficaz.

Los puntos a analizar son los siguientes:

1. **Hacer un esquema de cobertura**. Dibujar un diagrama donde se especifiquen las áreas a cubrir y el número de usuarios en cada una de ellas.

2. **Decidir las áreas de movilidad**. Habrá áreas en las que baste tener servicio, mientras que en otras se necesitará garantizar además que el servicio no se corta cuando se desplaza el usuario. Tenemos, por tanto, que determinar las

áreas con uno y otro tipo de movilidades. Es posible que este último aspecto afecte a la distribución de los puntos de acceso. Las opciones son las siguientes:

- *Lugares con cobertura*. Son aquellas zonas que tienen que estar cubiertas porque hay usuarios que necesitan conectarse a la red desde allí. Incluso puede haber zonas que necesitan estar cubiertas muy esporádicamente. En este caso, pueden disponerse de puntos de acceso que ocasionalmente puedan estar situados en lugares distintos.

- *Lugares por los que desplazarse* (*roaming*). Son las zonas por las que se desplazan los usuarios haciendo uso de la conexión. Estas áreas deben garantizar una continuidad del servicio aunque los usuarios estén en movimiento. Éste sería el caso, por ejemplo, de un almacén donde se hace inventario.

3. **Interconexión con la red cableada e Internet**. Si la red inalámbrica se va a conectar con una red cableada o Internet, habrá que dimensionar dicha conexión y, si fuera el caso, diversificarla.

4. **Definir la seguridad**. No todas las redes son iguales desde el punto de vista de la seguridad. Puede que baste con activar cualquiera de los métodos de cifrado o que sea necesario habilitar procedimientos adicionales de autentificación (Radius, etc.). También es posible que se desee disponer de un área exclusiva, con bajo niveles de seguridad, para que los invitados puedan acceder a Internet.

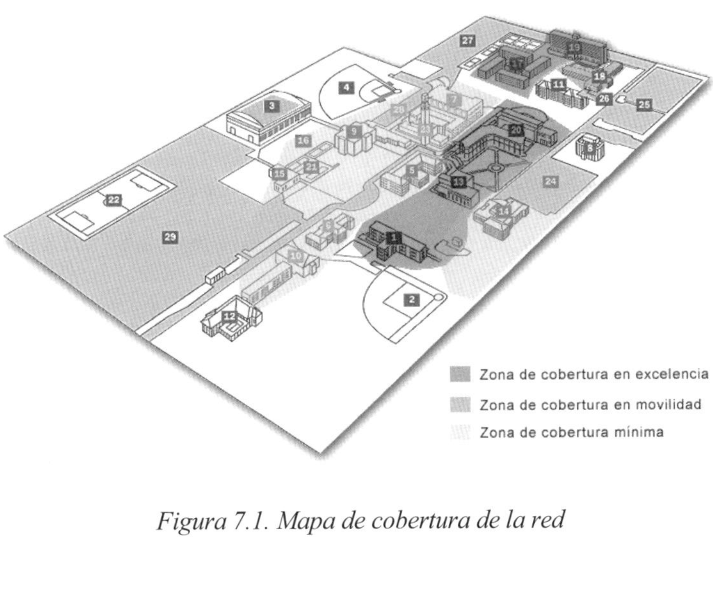

Figura 7.1. Mapa de cobertura de la red

5. **Necesidades futuras**. Las redes se dimensionan para que puedan dar servicio durante un número de años. No suele ser conveniente tener que estar redimensionando la red cada año, pero tampoco adelantar en exceso las inversiones necesaria, sobre todo teniendo en cuenta que esta tecnología evoluciona. En cualquier caso, conviene tener definida la forma de crecimiento de la red.

6. **Necesidades de administración de la red**. En el caso de redes pequeñas bastará con comprobar de vez en cuando que todo va bien, pero si se trata de una red corporativa habrá que disponer de herramientas específicas que permitan realizar una gestión centralizada de toda la infraestructura. Esto implica tanto las altas y bajas en la red como el seguimiento de la ocupación de la misma y la vigilancia de la seguridad.

7. **Equipamiento necesario**. Determinar el equipamiento de red necesario para cumplir con las necesidades definidas en los puntos anteriores. En este equipamiento también habría que considerar los distintos tipos de adaptadores de red necesarios para atender a todos los usuarios.

8. **Estudiar la cobertura real**. Antes de instalar la red definitivamente en los puntos seleccionados se puede hacer una comprobación práctica de la cobertura. Se instala una tarjeta Wi-Fi en un ordenador portátil, se va situando el punto de acceso y el portátil en distintos sitios y se va comprobando el nivel de señal dentro de las áreas a cubrir. Esto nos permitirá ajustar la posición de los puntos de acceso. Para cada localización se debe comprobar tanto el alcance, como la respuesta (velocidad máxima conseguida). Para comprobar el alcance basta con desplazarse y ver que la conexión sigue establecida. Para comprobar la calidad de respuesta se pueden realizar transferencias de archivos y ver la velocidad real de transmisión de datos. En las zonas con interferencias se notará que la velocidad de transferencia puede llegar a ser realmente baja. Por cierto, la mayoría de los equipos Wi-Fi incluyen un *software* de utilidades que permiten verificar la calidad de la señal (fuerza de la señal, ruidos, velocidad de transmisión, etc.). Este *software* puede resultar muy útil para estudiar la cobertura real. En general, el mejor punto para colocar un punto de acceso será el centro de la habitación en una posición elevada. En las habitaciones repletas de obstáculos, como muebles, librerías, estantes, archivadores, etc., se consiguen coberturas inferiores que en las habitaciones abiertas. Hay que evitar esconder el punto de acceso dentro de los típicos cubículos separadores de las oficinas, en armarios o ponerlos cerca de objetos de metal. Recuerde que algunos armarios de oficinas y mesas son de metal.

9. **Identificar interferencias**. El entorno radioeléctrico está sujeto a la presencia de interferencias. Las interferencias pueden bajar el rendimiento del sistema; por ello, es importante identificar las posibles fuentes de interferencias. Generalmente, estas fuentes proceden de dispositivos como hornos

microondas, teléfonos inalámbricos, dispositivos *bluetooth*, motores (de ascensores, por ejemplo) o alarmas. El impacto de estas fuentes de interferencia se puede comprobar haciendo pruebas de transferencia con los dispositivos encendidos y apagados. Se puede utilizar el *software* de utilidad que acompaña al equipo Wi-Fi para comprobar las interferencias. En los lugares con interferencias donde no se puede eliminar la fuente y sea necesario la cobertura, se pueden colocar puntos de acceso adicionales.

10. **Realizar la comprobación final**. Una vez hechas todas las comprobaciones anteriores, se contará con todos los datos necesarios para hacer la instalación: localización de los puntos de acceso, identificación de zonas muertas, modelo de funcionamiento del *roaming*, fuentes de interferencias y número y localización de los usuarios. Basta con echarle un último vistazo a todo antes de decidir la instalación.

SOBRE EL ANCHO DE BANDA

El ancho de banda de que dispone cada punto de acceso es de 11 ó 54 Mbps. Si en un momento dado coinciden varias comunicaciones simultáneas a través del mismo punto de acceso, este ancho de banda se repartirá entre todas ellas. Por tanto, dependiendo del número de usuarios simultáneos, el ancho de banda de cada comunicación puede ser inferior o bastante inferior al máximo establecido.

A pesar de lo anterior, tampoco es real decir que el ancho de banda de cada usuario es el resultado de dividir el ancho de banda total por el número de usuarios. La realidad es que los usuarios no están transmitiendo y recibiendo datos de forma continua. Evidentemente, depende de la aplicación que se esté utilizando, pero, salvo que se utilicen aplicaciones del tipo eMule, lo normal es que navegar por páginas Webs, explorar el directorio de un disco duro remoto o utilizar una aplicación a distancia suele tener momentos de transmisión de datos entre grandes silencios de comunicación. Esto hace que se consiga un gran aprovechamiento del ancho de banda común. Con 11 ó 54 Mbps pueden trabajar decenas de usuarios en condiciones normales sin que se noten grandes retardos, salvo en momentos puntuales.

Ancho de banda total

En el caso de que en una determinada zona se concentren muchos usuarios se puede aumentar el ancho de banda total disponible situando varios puntos de acceso en paralelo. En cualquier caso, hay que tener en cuenta que la banda de frecuencias total que utiliza Wi-Fi es limitada, por lo que también está limitado el número de comunicaciones simultáneas que se pueden dar en un determinado punto. Dicho de otra forma, a partir de un determinado número de puntos de acceso trabajando en paralelo, la eficiencia de cada uno de ellos disminuye. Esto explica también porqué las redes Wi-Fi son menos eficientes en las zonas saturadas, donde múltiples redes comparten un espacio común: edificios con muchas pequeñas oficinas, bloques de viviendas con mucha densidad de redes, etc.

Típicamente, cada canal del protocolo DSSS (802.11b y 802.11g) necesita 22 MHz de ancho de banda (aunque esto puede variar); no obstante, tiene asignado 25 MHz por canal para minimizar las interferencias entre canales. Como la banda de 2,4 GHz en la que trabaja Wi-Fi tiene un ancho de banda total de 80 MHz, esto quiere decir que en una misma zona sólo pueden coexistir tres canales (tres puntos de acceso) sin que haya interferencia entre ellos. Por tanto, en una zona determinada sólo pueden situarse tres puntos de acceso en paralelo trabajando en canales distintos. Esto haría que el ancho de banda a compartir entre todos los usuarios sería de 33 Mbps para 802.11b y 162 Mbps para 802.11g.

En el caso de utilizarse la modulación OFDM (802.11a), el número de canales sin sobreposición es ocho. Por lo que se consiguen zonas Wi-Fi con un ancho de banda total de 432 Mbps.

En cualquier caso, hay que tener en cuenta que, aunque al situar dos o tres puntos de acceso juntos se consiga multiplicar el ancho de banda disponible, cada usuario sólo podrá disponer del máximo que le permite su adaptador de red: 11 Mbps en el caso de 802.11b o 54 en el caso de 802.11a y 802.11g.

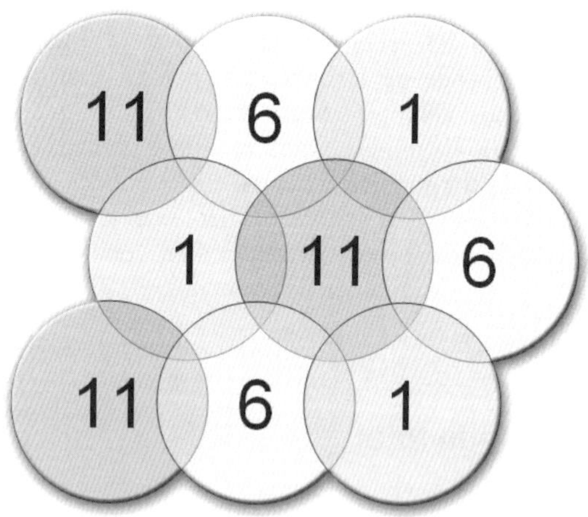

Figura 7.2. Distribución de canales en células hexagonales

SELECCIÓN DE CANALES

Las redes Wi-Fi disponen de 11 canales. Cada canal viene identificado por un número del 1 al 11 y, por defecto, la mayoría de los puntos de acceso ya vienen configurados con un determinado canal. No obstante, el número de canal que va a utilizar cada punto de acceso es configurable. Esto es así porque, de otra forma, los puntos de acceso vecinos que vengan configurados con el mismo canal por defecto se interferirían unos a otros.

Cuando se colocan varios puntos de acceso para cubrir un área de cobertura de una misma red, debe procurarse que el área de solapamiento sea mínima y, además, configurar diferentes canales en cada uno de ellos.

Cada número de canal Wi-Fi se corresponde con una frecuencia determinada. Los números consecutivos representan también frecuencias consecutivas. Por tanto, mientras más diferencia haya entre los números de canal, mayor diferencia habrá entre sus frecuencias. En una red con múltiples puntos de acceso es interesante tener en cuenta este detalle para intentar configurar a los puntos de acceso vecinos, no solamente con canales distintos (cosa imprescindible), sino que sus frecuencias estén lo más lejanas posible.

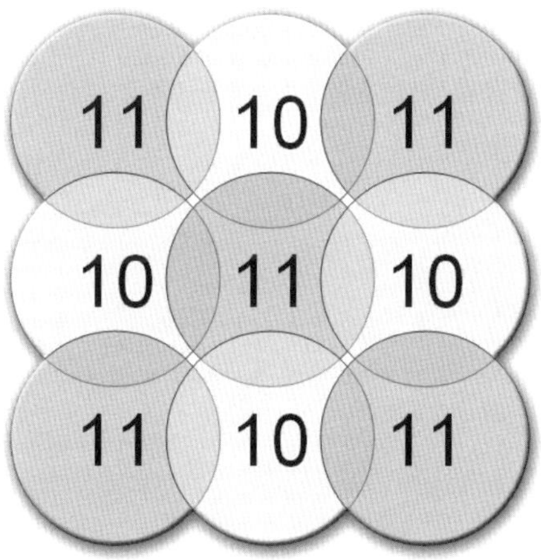

Figura 7.3. Distribución de canales en células cuadradas

En teoría, con tan sólo tres frecuencias se podría cubrir cualquier área, por grande que ésta fuera, sin dejar zonas en sombra. Para ello, basta con imaginarse que cada punto de acceso dispone de un área de cobertura hexagonal (lo que también se conoce como célula). Como se dispone de 11 canales, una buena elección de canales sería el 1, 6 y 11. Esto nos dejaría una distancia de cuatro canales intermedios.

En la asignación de canales a los puntos de acceso, hay que tener en cuenta que la propagación de las señales de radio se efectúa tanto horizontal como verticalmente. Esto quiere decir que, si tenemos dos plantas de un edificio cubiertas por distintos puntos de acceso, habría que comprobar que no se producen interferencias entre plantas.

DÓNDE COLOCAR LOS PUNTOS DE ACCESO

Si lo que se pretende cubrir es un área pequeña, una casa o una pequeña oficina, lo más probable es que baste con colocar un solo punto de acceso en el lugar más céntrico y alto posible. A veces, el lugar viene dado por el sitio donde se encuentra el acceso a Internet (ADSL, módem cable o línea telefónica). La cosa se complica cuando lo que se pretende cubrir es una gran oficina, una zona empresarial, un campus universitario o todo un vecindario. En estos casos hay que estudiar muy bien dónde se van a colocar los puntos de acceso para que complementen su cobertura.

La colocación de los puntos de acceso tiene una gran base técnica, pero también tiene un gran componente artístico. Esto se debe a que cualquier cosa del entorno (muebles, estanterías, paredes, fenómenos atmosféricos, metales, árboles, etc.) puede afectar a la propagación de las ondas electromagnéticas y, generalmente, no es posible realizar un estudio teórico de la propagación de las ondas en nuestro entorno. Por ello, teniendo presente lo que afecta a la propagación, la colocación de los puntos de acceso suele basarse en el método de prueba y error.

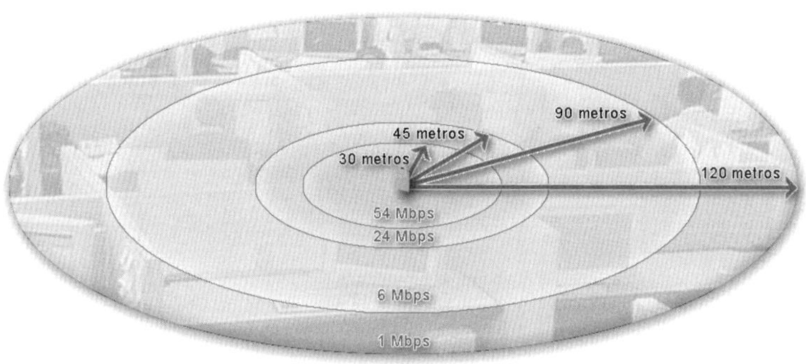

Figura 7.4. Alcance y velocidad en un ambiente típico de oficina (802.11g)

El método de prueba y error consiste en realizar una inspección previa, decidir los lugares de los puntos de acceso basados en esta primera inspección, hacer pruebas de cobertura con la ayuda de un ordenador portátil y recolocar los puntos de acceso hasta situarlos en su posición idónea.

En cualquier caso, antes de proceder a instalar los puntos de acceso, es necesario tener claro el área que se desea cubrir y cuántos usuarios simultáneos habrá en cada área. Un área muy congestionada puede necesitar más de un punto de acceso.

La potencia de transmisión de un punto de acceso varía entre los 100 mW (límite máximo de acuerdo con la regulación europea) y 1 W (límite máximo de acuerdo con la regulación norteamericana). Evidentemente, a más potencia, mayor es el alcance. No obstante, no siempre interesa que un solo punto de acceso tenga una gran cobertura. Si lo que se pretende cubrir es, por ejemplo, una pequeña oficina o una sala de reuniones, el disponer de una cobertura mucho mayor (llegando a la calle o a las oficinas vecinas) no tiene ningún interés y, sin embargo, se aumenta el riesgo de seguridad de la red. Por otro lado, cuando se intenta cubrir un área donde se concentran muchos usuarios, a menor cobertura de cada punto de acceso, más puntos de acceso serán necesarios para cubrir el mismo área y mayor será el ancho de banda total disponible (11 ó 54 Mbps por cada punto de acceso).

Por tanto, aunque un equipo pueda tener un gran alcance, siempre hay que configurarlo para que ofrezca la cobertura justa necesaria.

INTERCONEXIÓN DE LOS PUNTOS DE ACCESO

Cuando la red inalámbrica necesita disponer de más de un punto de acceso es necesario crear una red que los interconecte. Esta red soporte suele ser de tipo cableado (Ethernet), aunque no es necesario que sea creada exclusivamente para esta finalidad. Puede utilizarse una red existente o crearse una nueva donde, además, pueden conectarse algunos recursos como impresoras, conexión a Internet, discos duros compartidos, servidores internos, etc.

A veces se utiliza Wi-Fi para cubrir áreas a las que es complicado llegar de forma cableada. En estos casos, también será complicado llegar con el cable de interconexión del punto de acceso. La solución consiste en instalar un enlace inalámbrico punto a punto entre el punto de acceso remoto y el *switch* de la red Ethernet. Los equipos Wi-Fi *bridge* permiten establecer este tipo de conexiones.

Aunque las redes Wi-Fi suelen ser de área local, en caso necesario pueden integrarse en una misma red puntos de acceso dispersos localizados en emplazamientos muy distantes (distinta población o incluso distinto país). En estos casos, la interconexión de estos puntos de acceso no se puede llevar a cabo vía cable o enlace inalámbrico Wi-Fi. Existen dos alternativas:

- Para puntos de acceso localizados en un **entorno metropolitano** puede utilizarse WiMax. Esta tecnología cubre entornos de hasta 40 Km a velocidades de hasta 70 Mbps.
- Para puntos de acceso localizados en un **entorno global** la alternativa es utilizar Internet (o redes públicas IP) mediante el establecimiento de redes privadas virtuales o RPV (conocidas en inglés como VPN, *Virtual Private Network*). Esta solución consiste en crear una red que, aunque utiliza la infraestructura de Internet, crea un entorno completamente privado. Mediante la tecnología VPN se pueden crear enlaces punto a punto con total garantía de confidencialidad, integridad y autenticidad de las comunicaciones.

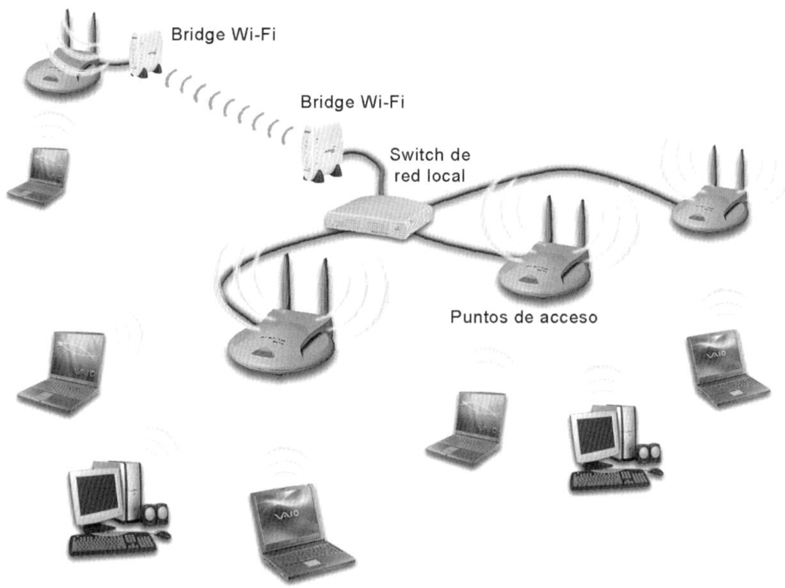

Figura 7.5. Interconexión de los puntos de acceso

La solución de red privada virtual consiste en conectar cada punto de acceso a Internet mediante banda ancha (ADSL o cable) estableciendo un túnel entre cada uno de ellos y el *switch* que los interconecta. Este enlace de banda ancha puede utilizarse también para el acceso a Internet de los usuarios de cada punto de acceso. Algunos proveedores (por ejemplo Telefónica) ofrecen soluciones específicas de este tipo, a las que le añaden otros servicios de valor añadido en cuanto a la configuración y gestión de la red.

LA ALIMENTACIÓN ELÉCTRICA

Uno de los mayores problemas que tiene la instalación de puntos de acceso en entornos públicos (oficinas, centros comerciales, etc.) es llevar los distintos cables hasta su emplazamiento. En principio, un punto de acceso dispone de dos cables: el cable de alimentación eléctrica y el cable Ethernet que lo interconecta con el resto de la red.

Para evitar tener que realizar un doble tendido de cables, sobre todo teniendo en cuenta que los puntos de acceso se suelen colocar en lugares elevados donde no suele haber enchufes eléctricos, se puede utilizar una tecnología conocida como PoE (*Power over Ethernet*, 'Alimentación sobre Ethernet'). PoE permite llevar la alimentación eléctrica a través del mismo cable Ethernet de datos. El resultado es una instalación más rápida, cómoda, de menor coste, de más fácil mantenimiento y más flexible.

Tradicionalmente, las soluciones PoE utilizadas han sido de tipo propietario (por ejemplo las de Cisco, 3Com o Homebrew), lo que obligaba a utilizar equipos del mismo fabricante. No obstante, el IEEE tiene publicada una recomendación sobre el tema: la IEEE 802.3-2005 (más conocida como IEEE 802.3af). Con esta recomendación se facilitan 48 voltios de corriente continua sobre dos de los cuatro pares de hilos de que dispone el cable 3/Cat. La corriente máxima es de 400 miliamperios, lo que supone una potencia máxima de 15.4 vatios (después de las pérdidas quedarían disponibles unos 13 vatios).

La recomendación describe tanto los dispositivos que suministran la energía, conocidos como PSE (*Power Sourcing Equipment*) como los que la reciben, conocidos como PD (*Powered Devices*). Los PSE pueden estar integrados en el *switch* (estos equipos se conocen como *PoE switches*) o ser equipos completamente independientes que se añaden entre el *switch* y el equipo a alimentar (punto de acceso, cámara Web, teléfono de VoIP, etc.).

En septiembre de 2005 se empezó a trabajar en una nueva recomendación conocida como PoE+ (IEEE 802.3at). Con ella se suministrarán hasta 56 vatios de potencia, lo que permitirá que puedan utilizarla equipos con mayores necesidades de alimentación (cámaras Web teledirigidas con zoom, transmisores WiMax, etc.). Esta recomendación está pensada para cables del tipo Cat 5 (802.3af los utiliza del tipo Cat 3).

En lugares remotos, donde no es fácil llevar ningún tipo de cables, ni siquiera los de electricidad, se tiene como alternativa utilizar paneles solares para alimentar tanto el punto de acceso como el equipo *bridge* que lo interconecta con el *switch*.

GESTIÓN DE LA RED

Si se dispone de una red doméstica o de pequeña oficina, prácticamente termina el trabajo con la instalación de la misma. Las altas o bajas de usuarios, así como los cambios de configuración suelen ser esporádicos y basta con entrar de nuevo en el punto de acceso y realizar las modificaciones pertinentes.

El panorama cambia completamente en el caso de redes corporativas. Éstas suelen disponer de varios puntos de acceso donde se conectan algunos cientos de usuarios. Realizar cambios en este entorno sería muy tedioso si hubiera que actuar directamente en cada punto de acceso o cada ordenador de usuario. Sobre todo si tenemos en cuenta que pueden tener emplazamientos distintos. Para resolver este problema se han desarrollado unas herramientas específicas de gestión de redes inalámbricas.

El objetivo final de estas aplicaciones es garantizar el funcionamiento de la red con altos niveles de eficiencia y seguridad. Por tanto, no sólo se trata de disponer de herramientas que permitan gestionar cómodamente las altas y bajas de nuevos usuarios, sino que también engloba la detección y gestión de los potenciales problemas de seguridad o de funcionamiento de la red, así como la generación de informes.

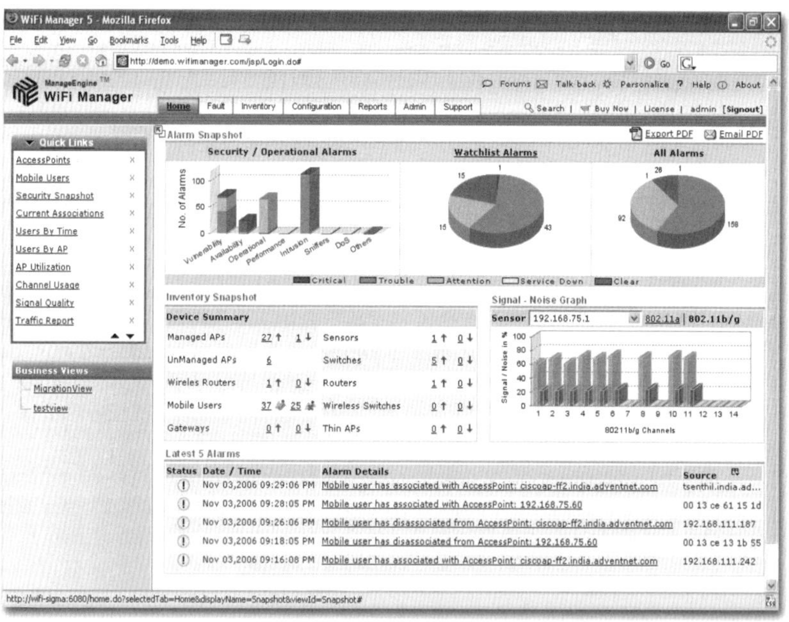

Figura 7.6. *Software de gestión de red inalámbrica*

Por ejemplo, un empleado podría instalar un punto de acceso para su propia comodidad sin darse cuenta que está poniendo en riesgo la seguridad de toda la red corporativa. Los analistas estiman que el 30% de los puntos de acceso instalados en las empresas son de este tipo. Un software de gestión de redes Wi-Fi puede detectar automáticamente este tipo de puntos de acceso.

En cuanto al funcionamiento, el software de gestión monitoriza constantemente los puntos de acceso para asegurarse que funcionan correctamente y generar distintos tipos de alerta en caso de que algo no sea correcto. Por otro lado, también generan informes detallados del comportamiento y uso de la red. El análisis posterior de estos informes permite detectar posibles fallos en el uso de la red, en la seguridad o en su rendimiento, así como hacer propuestas de mejoras más eficaces.

En el mercado existen diferentes ofertas de herramientas de gestión de redes inalámbricas, entre las que podemos citar las de AirWave, Computer Associates, Cisco, Symbol o Wavelink, entre otros. A la hora de decidirse por una de estas herramientas conviene considerar las siguientes características:

- **Centralización**. El software debe permitir controlar toda la red desde una única localización central. Esto permitirá que un solo administrador pueda realizar cambios de configuración en cualquier punto de acceso, así como cualquier otra labor de gestión.
- Compatible con **múltiples fabricantes**. Este software debe poder gestionar puntos de acceso de distintos fabricantes. En caso contrario habría que tener en cuenta estas limitaciones a la hora de diseñar la red.
- Que se **integre con los recursos existentes**. Es importante no perder la inversión actual. Por tanto, si ya se dispone de una red o de un determinado software de gestión (por ejemplo, Open View de HP para la red cableada) sería interesante que se pudieran integrar.
- **Fácil de usar**. Mientras más amigable e intuitivo sea el entorno de trabajo que ofrece el software, más fácil será su aprendizaje y utilización, lo que implicará que más económica será su implantación.
- **Automatización**. El elemento más débil de la cadena de gestión es la persona. Por tanto, tener automatizadas las tareas de gestión más importante mejora el resultado obtenido.
- **Flexibilidad**. Las cosas cambian. Por tanto, es importante que el software admita ser actualizado fácilmente para adaptarse a las nuevas circunstancias.

CAPÍTULO

8

La conexión a Internet

INTRODUCCIÓN

Dicen los expertos que en un futuro próximo la mayor parte de nuestra información estará en Internet. Esto nos permitirá acceder a ella independientemente de donde nos encontremos: en casa, en la oficina, de visita, en una reunión o de vacaciones. Siempre podremos acceder a nuestras bases de datos, catálogo de fotos, documentos, libros o aplicaciones.

Pues bien, las redes inalámbricas permiten que todos los dispositivos conectados a la red puedan compartir una única conexión a Internet. Evidentemente, esto no significa que todos los usuarios tengan que ver las mismas páginas Web. Cada usuario puede navegar por sus propias páginas, leer su correo o hacer cualquier otro uso de Internet. Lo que sí es cierto es que el ancho de banda de la conexión será compartido entre todos. Por tanto, es posible que en algunos momentos la conexión vaya algo más lenta de lo habitual, pero, en general, la navegación será bastante buena. Si no lo fuera, siempre se puede contratar una velocidad mayor de acceso a Internet.

La inmensa mayoría de los modelos de punto de acceso ya tienen integrada la posibilidad de compartir una conexión a Internet (o a cualquier otra red). Esto es posible porque el punto de acceso tiene integrada la función de *router*. El *router* es un equipo que hace de intermediario entre dos redes (Wi-Fi e Internet en este caso).

Evidentemente, para compartir un acceso a Internet, lo primero es disponer del acceso. Las empresas que facilitan los servicios de acceso a Internet se conocen con el nombre de proveedores de acceso (o por su acrónimo en inglés, ISP, *Internet Service Provider*).

Aunque existen puntos de acceso que permiten compartir una conexión a Internet de baja velocidad (56 Kbps), lo más recomendable es disponer de un acceso de banda ancha: ADSL, módem cable, satélite, WiMax, etc.

EL ACCESO A INTERNET

La red Internet es una red global interconectada con prácticamente todos los tipos de redes públicas de telecomunicaciones existentes en la actualidad. Esto quiere decir que cualquier persona que tenga acceso a una red de comunicaciones (red telefónica, red de móviles, RDSI, satélites, etc.) podrá tener acceso a través de ésta a la red Internet.

La red pública más extendida es la red telefónica básica. Esto ha hecho que esta red se haya convertido en el primer medio de acceso a Internet de la mayoría de los usuarios. Primero utilizando un módem telefónico y luego a través de módems ADSL. No obstante, hoy en día existen otras posibilidades de acceso como son los módem de cable (que utilizan las redes de TV por cable), satélite o redes metropolitanas de tipo WiMax.

Ancho de banda

Un término que se utiliza frecuentemente cuando se habla del acceso a Internet es el de banda ancha o banda estrecha. Cuando se habla de comunicación digital, la palabra **ancho de banda** hace referencia a la velocidad con la que se transmiten los datos entre dos puntos (los bits por segundo). El ancho de banda de acceso a Internet es la velocidad con la que se está conectado con esta red. El estar conectado a Internet con **banda estrecha** significa hacerlo a baja velocidad, mientras que **banda ancha** significa disponer de alta velocidad.

Realmente, la frontera entre la banda ancha y estrecha no está claramente definida. No obstante, se entiende que la velocidad que se puede alcanzar utilizando un canal telefónico o RDSI es banda estrecha y las velocidades superiores son banda ancha. En este sentido, la frontera entre ambas bandas se encuentra en 64 Kbps. Igual o menor es banda estrecha, superior es banda ancha. No obstante, en la práctica, esta frontera depende de las ofertas comerciales que existen en cada país o cada mercado. En el caso de España, hace unos años estaba en 256 Kbps, poco después pasó a 512 Kbps para situarse algo más tarde en 1 Mbps. Esto quiere decir que no hay ningún proveedor que ofrezca accesos inferiores a 1 Mbps. De hecho, hoy en día estaría más cerca de los 3 Mbps.

El proveedor de acceso

Un proveedor de acceso, también conocido como ISP (*Internet Service Provider*, 'Proveedor del servicio Internet'), es un intermediario que facilita el acceso a Internet a las personas o empresas interesadas. Los proveedores de acceso suelen ofrecer a sus clientes la posibilidad de acceder a Internet por cualquiera de los sistemas siguientes:

- **Baja velocidad** (banda estrecha), mediante un módem de red telefónica básica o de RDSI. Para ello, le facilitan al cliente un nombre de usuario y clave y una lista de números telefónicos de acceso para que el cliente elija el número que le venga mejor dependiendo de dónde se encuentre.
- **Alta velocidad** (banda ancha), mediante circuito dedicado. En este caso, dependiendo del tipo de proveedor de acceso de que se trate, puede ofrecer un

tipo de solución tecnológica u otra: ADSL, módem cable, LMDS, WiMax, circuito *Frame Relay*, solución por satélite, etc. En cada caso, el proveedor de accesos suele facilitarle al usuario el equipamiento necesario.

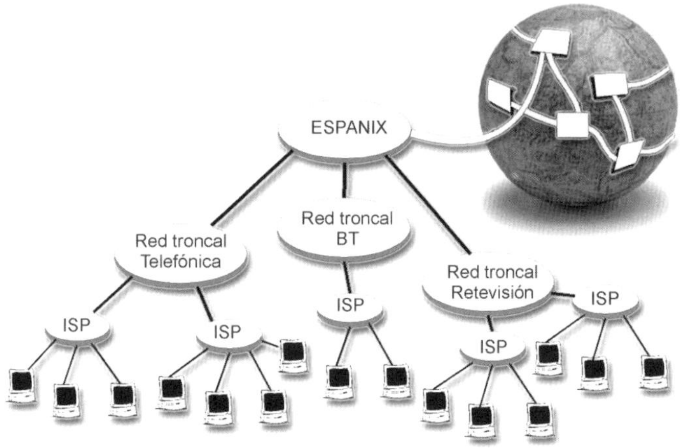

Figura 8.1. Visión simplificada de la red de acceso a Internet en España

Por otro lado, como toda conexión a Internet requiere una configuración en el ordenador del usuario, el proveedor de acceso siempre tiene que proporcionar al usuario todos los parámetros necesarios para realizar esta configuración.

EL ACCESO DE BANDA ANCHA

El estar conectado a Internet con banda ancha quiere decir que se dispone de un gran ancho de banda o, lo que es lo mismo, que se está conectado a Internet a alta velocidad.

El acceso a Internet mediante banda ancha y a bajo coste es un servicio relativamente reciente. De hecho, aunque las redes de televisión por cable ofrecían esta posibilidad desde hace tiempo, la introducción masiva de este tipo de accesos ha venido de la mano del servicio ADSL.

Los servicios de acceso a Internet en banda ancha más comunes son los siguientes:

- Acceso mediante ADSL
- Acceso mediante módem cable
- Acceso vía satélite

- o Acceso vía radio LMDS o WiMax
- o Acceso vía circuito dedicado de datos

Por cierto, cuando se accede a Internet por línea telefónica o RDSI, es necesario disponer de la línea y, luego, contactar con un proveedor de acceso a Internet. Sin embargo, cuando se accede a Internet con banda ancha, el propio proveedor del servicio de banda ancha facilita el acceso a Internet, cuentas de correo e, incluso, espacio para la creación de páginas Web. Esto quiere decir que en estos casos no hace falta contratar con ningún otro proveedor de acceso a Internet.

	TIPO DE ACCESO				
CARACTERÍSTICA	Línea telefónica	Línea RDSI	ADSL/ ADSL2+	Cable módem	WiMax
Velocidad máxima	56K	64/128K	24M	30M	70M
Tipo de tarificación	Por tiempo	Por tiempo	Fijo al mes	Fijo al mes	Fijo al mes
Red soporte	RTB	RDSI	RTB/RDSI	TVcable	Radio
Tipo de medio	Compartido	Compartido	Dedicado	Compartido	Compartido
Tipo de módem	56K	RDSI	ADSL	Cable	WiMax
Equipo especial			Filtro	Filtro	E. radio
Seguridad	Baja	Baja	Alta	Alta	Media
Eficiencia	Baja	Baja	Alta	Media	Media
Siempre conectado	No	No	Sí	Sí	Sí
Banda ancha	No	No	Sí	Sí	Sí

NOTAS:
- El equipamiento especial suele ser facilitado por el proveedor del servicio de acceso.
- RTB significa línea telefónica básica o línea telefónica normal.

Tabla 8.1. Comparación de las distintas formas de acceso a Internet

Ventajas de la banda ancha

La posibilidad de acceder a Internet con banda ancha está haciendo que surjan servicios que se aprovechen de la alta velocidad. Por ejemplo, la posibilidad de incorporar vídeo está dando paso a popularizar aplicaciones como televigilancia, teleformación o videoconferencia. Ver una imagen del negocio, una panorámica de la habitación donde están los niños (en la guardería o en casa) o celebrar una reunión familiar sin movernos de casa siempre ha sido posible, pero ahora está a nuestro alcance por muy pocos euros.

Las ventajas principales de los servicios de acceso a Internet con banda ancha son las siguientes:

- **Alta velocidad**. Ofrece una velocidad de acceso a Internet de hasta 2 Mbps.
- **Siempre conectado**. No hace falta perder tiempo estableciendo la conexión. La conexión de banda ancha está siempre activa y funcionando.
- **Voz y datos simultáneamente**. Funciona de forma completamente independiente al servicio telefónico.
- **Tarifa plana**. Ofrece la posibilidad de disponer del servicio de acceso a Internet las 24 horas al día por un bajo precio fijo mensual.

Acceso mediante ADSL

ADSL son las siglas de una nueva tecnología pensada para poder transmitir datos a alta velocidad (banda ancha) a través de los bucles de abonado de las líneas telefónicas. El bucle de abonado es el par de hilos de cobre que va desde la casa del usuario hasta la central telefónica y que se suele utilizar para disponer del servicio telefónico o de fax.

Aunque la tecnología ADSL permite velocidades de hasta 24 Mbps (ADSL2+), la velocidad real que puede conseguir el usuario depende de la distancia de su domicilio a la central telefónica del proveedor del servicio ADSL.

El significado de las siglas ADSL es *Asymmetric Digital Subscriber Line*, o 'Línea de Abonado Digital Asimétrica'. La letra A de asimétrico significa que no emplea el mismo ancho de banda para subir (transmisión usuario-red) que para bajar información (transmisión red-usuario). En la práctica, esto quiere decir que la mayoría de los recursos de la conexión se emplean en la bajada de información, como suele ser lo habitual en el uso de Internet.

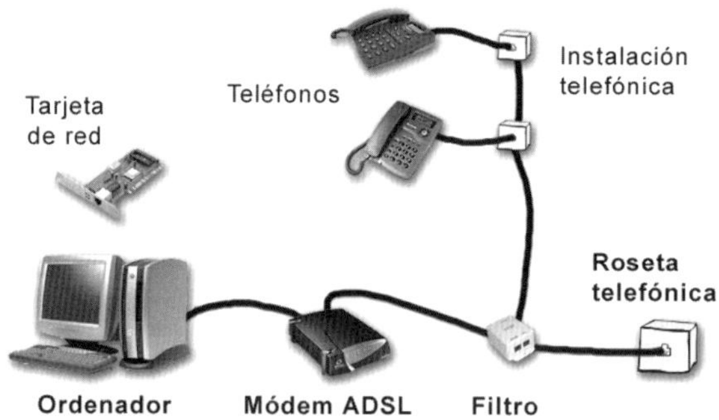

Figura 8.2. Instalación de un acceso ADSL

Los proveedores de los servicios ADSL pueden comercializarlos de distintas formas: tarifa plana con precios dependientes de la velocidad máxima contratada, cuota mensual más cargo por volumen de tráfico, cuota mensual reducida más cargo por tiempo de uso, etc.

Hay que tener en cuenta que las limitaciones de velocidades se fijan en las instalaciones del proveedor, no en el equipo del usuario. Por tanto, en general, un usuario podría cambiar la velocidad contratada sin cambiar su equipamiento, incluso, sin modificar su configuración.

Para instalar el servicio ADSL, se necesita disponer de un filtro (*splitter* o microfiltros) y un módem ADSL (conocido como ATU-R, *ADSL Terminal Unit-Remote*). Este módem ADSL ofrece una salida de red Ethernet. Esto quiere decir que cualquier ordenador (que disponga de una tarjeta de red Ethernet) o punto de acceso Wi-Fi puede conectarse directamente al módem ADSL. No obstante, suele ser habitual que el módem ADSL tenga incorporadas las funciones de punto de acceso Wi-Fi.

TIPO DE ACCESO	2002	2006
Línea telefónica básica	48,4%	6,4%
ADSL	32,1%	72,0%
Módem cable	14,7%	18,7%
Línea RDSI	3,5%	0,7%
Red celular (GPRS, UMTS)	0,0%	0,6%
Otros sistemas (satélite, LMDS, etc.)	1,3%	1,6%

Tabla 8.2. Evolución de los tipos de acceso a Internet en España desde el hogar (AIMC)

Puede encontrar más información sobre el ADSL en las siguientes direcciones de Internet:

www.adsl.com

adsl.internautas.org

adsl.escape.com.ar

www.telefonicaonline.com

www.adslnet.net

www.adslspain.com

www.adsl4ever.com

Acceso mediante módem cable

El módem cable es un dispositivo, un módem, que permite el acceso a Internet a alta velocidad a través de las redes de televisión por cable. El sistema permite velocidades de hasta 40 Mbps, aunque, por razones técnicas y comerciales, los proveedores suelen limitar este acceso a velocidades bastante inferiores. Evidentemente, este servicio es propio de las empresas de televisión por cable y, como se puede suponer, la recepción de los canales de televisión no se ve afectada por la existencia del módem cable.

Es importante destacar que algunos operadores de cable no cuentan con un sistema de cable bidireccional, por lo que, en estos casos, el usuario necesita disponer además de una línea telefónica. La información usuario-Internet sube por la línea telefónica, mientras que la información Internet-usuario baja por la red de cable a alta velocidad. En este caso, al sistema se le conoce como TRI (*Telephony Return Interface*, 'Interfaz de retorno telefónico'). Las redes de televisión digital por satélite o por radio suelen utilizar este sistema.

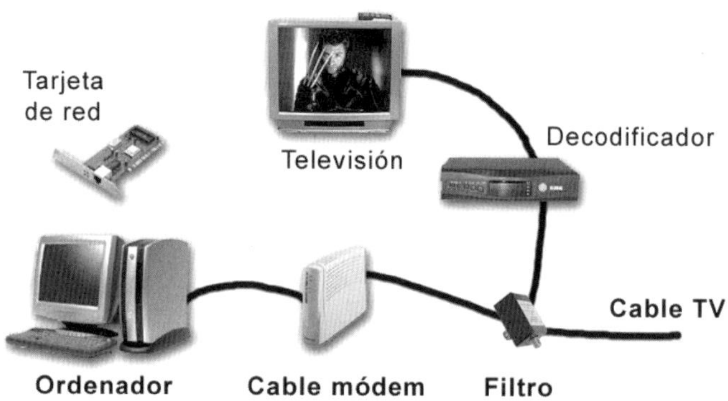

Figura 8.3. Instalación de un acceso por cable módem

Puede encontrar más información sobre el cable módem en las siguientes direcciones de Internet:

www.intercable.net *cable.internautas.org*

www.auna.es *www.ono.es*

TIPO DE INFORMACIÓN	TAMAÑO TÍPICO
Mensaje de correo electrónico	2,2 KB
Documento de 20 páginas	44 KB
Imagen gráfica	330 KB
Un minuto de audio	475 KB
Un minuto de vídeo	2.400 KB

Tabla 8.3. Tamaño de las informaciones

Acceso por satélite

Si se vive en un lugar remoto donde no existe servicio de telefonía fija o de televisión por cable pero se necesita de una conexión a Internet a alta velocidad, la solución apropiada es la conexión por satélite. La conexión por satélite sólo necesita tener una vista despejada hacia el cielo del sur (o del norte, si nos encontramos en el hemisferio sur).

El satélite puede ofrecer velocidades de hasta 400 Kbps sin necesidad de disponer de línea telefónica, o velocidades incluso mayores para aquellos sistemas que se apoyan en el uso de la línea telefónica para la transmisión usuario-Internet.

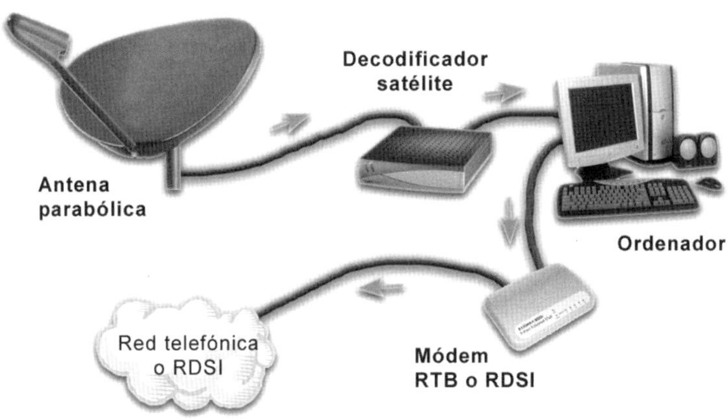

Figura 8.4. Instalación de un acceso por satélite

El usuario necesita disponer de una antena parabólica, un módem especial (decodificador) para este tipo de conexiones y el *software* correspondiente. Todo este equipamiento suele ser proporcionado por el proveedor del servicio.

Existen tres proveedores típicos de este tipo de servicios: las operadoras de telecomunicaciones (por ejemplo, Telefónica, *www.telefonicaonline.com*), las empresas de televisión por satélite (en España Digital+) y las empresas especializadas en este tipo de conexión para Internet (por ejemplo, DirecPC, *www.direcpc.com)*.

Acceso vía radio WiMax o LMDS

Estas tecnologías permiten la transmisión de datos a alta velocidad mediante el establecimiento de un enlace radio bidireccional. Suele utilizarse en entornos rurales, donde no existe una alternativa de acceso vía cable o bien como tecnología de acceso alternativa al cable. A través de este enlace se ofrecen tanto los servicios de acceso a Internet como de telefonía.

La velocidad máxima comercial que se está ofreciendo actualmente no supera los 4 Mbps, aunque la tecnología permite llegar hasta los 70 Mbps.

MODO DE ACCESO	VELOCIDAD DE TRANSMISIÓN	TIEMPO NECESARIO
Módem sobre GSM	9.600 bps	4 h 10' 00"
Red telefónica básica	56 Kbps	42' 52"
Dos canales de RDSI	128 Kbps	18' 45"
EDGE	384 Kbps	6' 15"
UMTS	1 Mbps	2' 24"
ADSL	3 Mbps	48"
ADSL	20 Mbps	7,20"
Wi-Fi 802.11a/g	54 Mbps	2,67"
Móvil 4G	100 Mbps	1,44"
802.11n	540 Mbps	0,27"

Tabla 8.4. Comparación de tecnologías en la transmisión de un archivo de 15 Mbytes

El inconveniente de WiMax y LMDS es que el enlace de radio tiene que tener una visibilidad directa entre la antena parabólica a instalar en el domicilio del usuario y la estación base del operador del servicio. Esto hace necesario que antes de ofrecer el servicio se tenga que comprobar las posibilidades de recepción correcta de la señal.

Si desea saber más sobre estas tecnologías puede acceder a las siguientes direcciones:

www.iberbanda.es *www.skypoint.es* *www.neo.net*

Acceso mediante circuitos de datos

Otras de las posibilidades de acceso a Internet es mediante circuitos de datos. En este caso llamamos circuito de datos a las líneas punto a punto y a los circuitos de las redes públicas de transmisión de datos. Esta solución suele ser adecuada para organizaciones que desean ofrecer información a la red o para aquellas empresas que desean conectar una red de área local (o Intranet) a Internet con unas ciertas garantías de flujo de datos.

- Acceso mediante **circuitos punto a punto.** A este tipo de circuitos también se les conoce como circuitos dedicados o circuitos alquilados. Un circuito punto a punto es una línea dedicada exclusivamente a mantener una conexión entre dos ordenadores. Estos circuitos se alquilan generalmente a las compañías telefónicas, encargándose éstas de utilizar el medio más adecuado en cada caso para su constitución (por ejemplo, fibra óptica, par de hilos telefónicos, microondas, etc.). Una conexión de este tipo suele tener una velocidad de transmisión de entre 64 Kbps y 2 Mbps, aunque también son normales velocidades superiores, pudiéndose llegar a los 622 Mbps.

  Los circuitos punto a punto no tienen tiempo de establecimiento de conexión, no tienen una limitación de velocidad y no comparten el acceso con otros usuarios, por lo que resulta ser el medio más rápido y eficaz de conectarse a Internet, pero también es el más caro, por lo que en ocasiones puede convertirse en un lujo innecesario. En general, este tipo de conexiones es propio de grandes organizaciones o de pequeñas empresas relacionadas con Internet.

- Mediante **red pública de transmisión de datos** (*Frame Relay*, IP, etc.). Se trata de una solución alternativa a los circuitos dedicados y con la que también se pueden garantizar determinados niveles de calidad de servicio. Las redes públicas de transmisión de datos tienen tiempos de establecimiento de conexión muy cortos, ofreciendo además un bajo índice de error a un precio inferior al de un circuito punto a punto. Esta solución suele ser adecuada para el establecimiento de redes privadas corporativas.

LA CONEXIÓN DE WI-FI CON INTERNET

La conexión de una red inalámbrica Wi-Fi con Internet se lleva a cabo a través del punto de acceso. En el mercado existen distintos modelos de puntos de acceso con distintas características. No obstante, las facilidades que puede presentar un punto de acceso para su conexión a Internet son las siguientes:

- Disponer de un puerto 10/100Base-T (RJ-45 o Ethernet, también conocido como *uplink port*) por donde poder conectarse al módem ADSL, al módem cable o al *hub* o *switch* de la red local cableada que ya está conectada a Internet.
- Disponer internamente de la funcionalidad *hub* o *switch*. Esto facilitaría de dos a cuatro puertos exteriores 10/100Base-T (RJ-45 o Ethernet) por donde poder conectarse a la red local cableada con conexión a Internet, o al módem ADSL/cable. Adicionalmente, esta funcionalidad de *hub/switch* permitiría crear una pequeña red local cableada de dos a cuatro ordenadores. Si se necesitase de más de cuatro puertos, siempre se le podría conectar otro *hub* o *switch*.

- Un puerto serie RS-232 a donde se le puede conectar un módem tradicional de red telefónica (V90 a 56 Kbps). Esta conexión a Internet a baja velocidad podría ser utilizada como acceso principal a Internet o como acceso secundario de seguridad en el caso de que falle la conexión principal de banda ancha (ADSL o módem cable).
- Disponer internamente de un módem V90 (56 Kbps) de línea telefónica. En este caso, el punto de acceso muestra al exterior un conector RJ11 (el conector telefónico al que se enchufan los teléfonos normales) que hay que conectar a la línea telefónica. Igual que en el caso anterior, esta conexión a Internet de baja velocidad podría ser utilizada como acceso secundario a Internet.

Esto quiere decir que la conexión de una red Wi-Fi a Internet pasa, generalmente, por conectar el punto de acceso a una red cableada que ya dispone de acceso a Internet, o por conectarlo a un módem ADSL o módem cable. También es habitual que la función de módem ADSL/cable esté integrada en el punto de acceso. Adicionalmente, algunos puntos de acceso también pueden incluir otras funciones (por ejemplo, *firewall*).

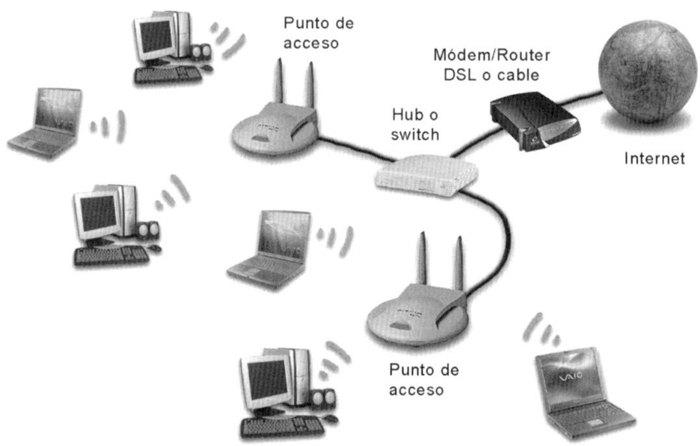

Figura 8.5. Conexión a Internet con banda ancha

Instalar la conexión

Las interconexiones entre un punto de acceso Wi-Fi y un módem ADSL/cable pueden diferir levemente de unos fabricantes a otros; no obstante, los conceptos básicos son los mismos.

Generalmente se conectan ambos equipos mediante un cable 10/100Base-T (RJ45). Para ello, primeramente hay que comprobar que tanto la red Wi-Fi como la conexión ADSL/cable están instaladas y funcionando correctamente de forma independiente.

Si la conexión ADSL/cable está funcionando conectada directamente a un ordenador, el trabajo consiste en sustituir el ordenador por el punto de acceso. Esto supone configurar el punto de acceso con los mismos parámetros con los que está configurado el ordenador y cambiar la conexión del cable del ordenador al punto de acceso.

Hay que tener presente que estas desconexiones y conexiones son mucho más seguras si se hacen habiendo apagado previamente los equipos a los que hay que desconectar o conectar los cables.

La configuración del punto de acceso consiste en introducirle los parámetros TCP/IP correspondientes a la red local del módem ADSL/cable. Si el propio punto de acceso hace las funciones de módem ADSL/cable, estas propiedades serían las facilitadas por el proveedor de acceso.

La configuración del *router*

Un *router* es un equipo que sirve de intermediario entre dos redes. Su función es la de enrutar correctamente el tráfico que se intercambian entre ellas. Los usuarios de Wi-Fi nos encontramos habitualmente con dos tipos de *routers*: un punto de acceso, que hace de intermediario entre una red inalámbrica y una red cableada, y un módem *router* ADSL/cable, que hace de intermediario entre la red local del usuario e Internet.

Como los *routers* se encuentran entre dos redes necesitan disponer de dos configuraciones: una para cada red. Las numeraciones IP de la red local del *router* las gestiona el propio *router*, mientras que desde el punto de vista de la red externa, el *router* es un usuario más. Por ejemplo, la red local de un punto de acceso es la inalámbrica, mientras que la red externa es la red cableada a la que se conecta. En el caso de los módem *routers* ADSL/cable la red local es la de sus usuarios, mientras que la externa es Internet.

Cuando el *router* está conectado a Internet necesita conocer la dirección IP del *router* de Internet al que le tiene que enviar los paquetes dirigidos a esta red. Esta dirección será la del *router* del proveedor de acceso y suele conocerse como IP del *router* remoto.

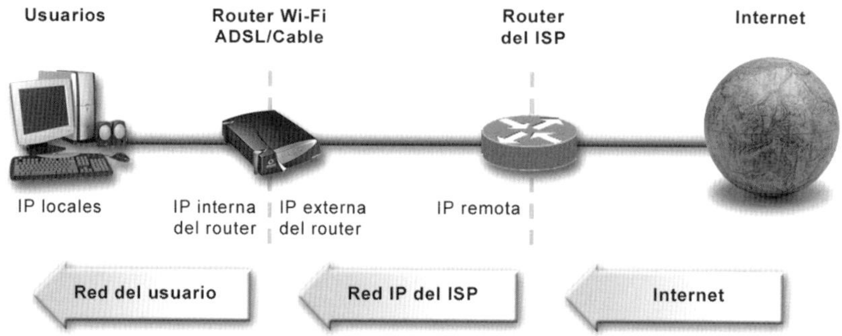

Figura 8.6. Las distintas direcciones IP de la conexión a Internet

Por tanto, un *router* conectado a Internet tiene que configurar las siguientes direcciones IP:

- **IP interna del *router***, también conocida como dirección privada del *router* o IP LAN. Es la dirección IP que identifica al *router* dentro de la red local. Desde el punto de vista de los ordenadores de la red, la dirección IP interna del *router* es su puerta de enlace con Internet. Generalmente, la dirección interna del *router* suele ser la primera dirección IP del rango de direcciones privadas. Por ejemplo, 172.26.0.1 ó 192.168.0.1.
- **IP externa del *router***, también conocida como dirección IP pública del *router* o dirección IP WAN. Esta dirección la facilita el proveedor de acceso a Internet (proveedor del servicio ADSL/cable).
- **IP *Router* remoto**. Es la dirección IP del *router* de la red del proveedor de acceso a Internet (ISP). Por defecto, este valor puede generarse automáticamente.

Adicionalmente, el *router* utiliza su servicio DHCP para gestionar la asignación automática de direcciones IP a sus usuarios locales y su servicio NAT para que todos sus usuarios locales puedan compartir su única dirección IP externa.

Comprobar el acceso

Para comprobar si el acceso a Internet está funcionando correctamente, simplemente hay que abrir un navegador (Internet Explorer, por ejemplo) y ver si se puede acceder a cualquier página Web. Si las páginas Web se pueden ver sin problemas, perfecto, esto funciona. Si, por el contrario, se tiene como respuesta el famoso mensaje de que la página no se puede mostrar, entonces tenemos un problema.

Antes de darlo todo por perdido, conviene intentar acceder a distintas páginas. Es posible que nos hayamos equivocado a la hora de introducir el nombre de la página. Si aun así, seguimos teniendo problemas, debemos comprobar la conexión a Internet desde ese ordenador conectándolo directamente al módem ADSL/cable. Si no funciona, debemos configurar dicha conexión en el ordenador siguiendo las instrucciones de la guía de usuario del módem ADSL/cable.

Si el ordenador puede acceder a Internet desde el módem ADSL/cable pero no desde la conexión inalámbrica y, por otro lado, la conexión inalámbrica de este ordenador funciona adecuadamente, sólo nos quedan dos puntos por comprobar: o el cable de conexión entre el punto de acceso y el módem no es el correcto o no está bien conectado, o el punto de acceso no está bien configurado. Compruebe todos estos términos.

En cuanto al cable, existen dos tipos de cables Ethernet categoría 5 (RJ45): cruzado y no cruzado. Los cables de tipo no cruzados no suelen tener ningún tipo de marca mientras que los de tipo cruzado suelen tener una marca especial, por ejemplo, una marca negra donde se puede leer *Crossover*, *Xover* o similar. Asegúrese que está utilizando un cable Ethernet categoría 5 (RJ45) no cruzado para conectar el módem ADSL/cable con el punto de acceso.

Por último, si tiene alguna duda en la configuración del punto de acceso, consulte el manual de usuario del equipo.

CAPÍTULO

9

Colocar una antena externa

INTRODUCCIÓN

Una antena es un dispositivo que permite la emisión y recepción de ondas electromagnéticas (ondas de radio). Esto quiere decir que las antenas convierten las señales eléctricas en ondas electromagnéticas, y viceversa.

Todos los equipos Wi-Fi ya incorporan sus propias antenas. No obstante, cuando se desea disponer de una red de mayor alcance o cobertura, a veces, resulta conveniente sustituir la antena incorporada en el equipo Wi-Fi por otra exterior con mayor ganancia. El obtener un buen resultado en la colocación de antenas exteriores depende no sólo del conocimiento técnico que se tenga de los distintos tipos de antenas y de cómo instalarlos, sino que, además, hará falta un cierto componente de experiencia y saber hacer.

La razón para que no existan unas reglas absolutas para el diseño y localización de antenas es que son muchas variables las que afectan a la propagación de la señal electromagnética. Además, con las redes inalámbricas nos enfrentamos a usuarios móviles y condiciones ambientales cambiantes. Lo que esto significa de forma práctica es que el problema de la colocación de una antena exterior requiere de una cierta experimentación hasta encontrar la mejor solución.

La mayoría de las antenas que incorporan los equipos Wi-Fi son antenas internas. Esto quiere decir que son antenas que vienen incluidas dentro de la unidad del punto de acceso o del adaptador de red (tarjeta PCMCIA o dispositivo USB). Las antenas internas ofrecen la gran ventaja de la comodidad al formar parte del propio dispositivo, pero tienen el inconveniente del alcance. Si se necesita aumentar el alcance sin instalar nuevos puntos de acceso, la mejor solución es colocar una antena externa. Con una buena antena externa, la señal Wi-Fi de un punto de acceso puede llegar a superar los 15 kilómetros de alcance siempre que no haya obstáculos, como edificios o árboles, y que la antena esté bien colocada.

La mayoría de los puntos de acceso y de los adaptadores de red admiten que se les conecte una antena externa. Existen antenas externas tanto para interiores como para exteriores de edificios y su coste varía entre los 80 y los 200 euros.

SOBRE LAS ANTENAS

Una antena es un dispositivo (generalmente formado por una o más varillas) destinado a la radiación y/o captación de ondas radioeléctricas. La antena de un equipo emisor radia las ondas radioeléctricas, mientras que la antena de un equipo receptor las capta. Un mismo equipo de radio, y su antena, puede ser utilizado tanto para transmitir como para recibir. Por cierto, a esto se le llama *transceiver* (*transmitter-receiver*, 'transmisor-receptor').

Una comunicación en la que la información fluye en ambas direcciones recibe el nombre de bidireccional. No obstante, cuando la transmisión y recepción no se efectúa simultáneamente, sino alternativamente, se obtiene lo que se conoce como comunicación semidúplex (*half-duplex* en inglés). Las comunicaciones Wi-Fi son bidireccionales semidúplex.

En el mercado existen muchos tipos de antenas que pueden funcionar bien en los entornos Wi-Fi. No obstante, antes de lanzarse a comprar, conviene tener claro algunos conceptos generales que nos ayudan a comprender mejor las características de los distintos tipos de antena.

La ganancia

Una característica importante en las antenas es su ganancia. La ganancia viene a ser el grado de amplificación de la señal. En el caso de las antenas, la ganancia representa la relación entre la intensidad de campo que produce dicha antena en un punto determinado y la intensidad de campo que produce una antena omnidireccional (llamada isotrópica) en el mismo punto y en las mismas condiciones. Una antena es mejor cuanto mayor es su ganancia.

El valor de la ganancia de una antena se mide en decibelios (dB). El decibelio es una unidad que se calcula como el logaritmo de una relación de valores. No obstante, como para calcular la ganancia de una antena se toma como referencia a la antena isotrópica, el valor de la ganancia se representa en dBi (decibelios en relación a la antena isotrópica).

Las antenas de los puntos de acceso suelen ser antenas verticales omnidireccionales. Estas antenas tienen una ganancia bastante mayor que las antenas que vienen incluidas en los adaptadores de red, pero bastante menor que una antena externa direccional. Las antenas direccionales concentran la energía radiada en una sola dirección, por lo que consiguen que la energía radioeléctrica llegue bastante más lejos (mayor alcance, aunque en una sola dirección).

La relación señal/ruido

Uno de los mayores inconvenientes de los sistemas de radio es que, cuando se emite, no sólo se emiten los datos, sino que, mezclado con los datos también, se emiten ruidos. De la misma forma, cuando se recibe, no sólo se reciben los datos, sino que también se reciben ruidos. Este hecho inevitable, incluso en los sistemas digitales, se corrige utilizando técnicas especiales de modulación, filtrado, autocorrelación, etc. En cualquier caso, una transmisión se recibirá mejor cuanto más potente sea la señal de los datos en comparación con los ruidos. Al resultado de dividir el valor de la fuerza de la señal de los datos por el valor de la fuerza del ruido se le conoce como relación señal/ruido (*S/N ratio* o *signal-to-noise ratio* en inglés). Evidentemente, cuanto mayor sea este valor, mejor será la comunicación.

El valor de la relación señal/ruido se expresa generalmente en decibelios (dB). El valor de decibelios tiene una escala exponencial. Esto quiere decir que, por ejemplo, 10 dB indica que la señal tiene 10 veces más potencia que el ruido, mientras que 20 dB indica, no 20 veces, sino 100 veces más potencia.

Patrón de radiación y apertura del haz

El patrón de radiación (*radiation pattern*) es un gráfico o diagrama polar sobre el que se representa la fuerza de los campos electromagnéticos radiados por una antena. La forma del patrón de radiación depende del modelo de antena. Las antenas omnidireccionales emiten en todas direcciones y tienen menor alcance que las antenas direccionales. El patrón de radiación puede ser representado en dos planos perpendiculares conocidos como azimut y elevación.

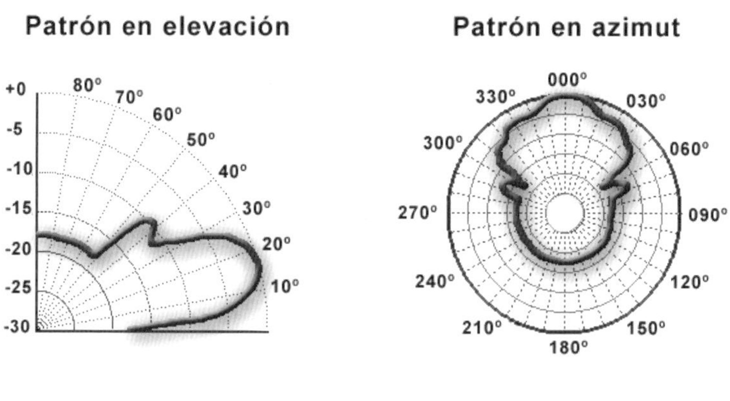

Figura 9.1. Ejemplo de patrón de radiación de una antena

Los modelos de antenas comerciales suelen publicar sus patrones de radiación entre sus características.

Otro valor que está relacionado con el modelo de radiación es la apertura del haz. Este valor se expresa en grados y viene a representar la separación angular entre los dos puntos del lóbulo principal del patrón de radiación donde el valor de la energía electromagnética es la mitad de la original (-3 dB). La apertura del haz se suele representar, aunque no siempre, sobre el plano horizontal.

Polarización

La polarización de una antena describe la orientación de los campos electromagnéticos que irradia o recibe la antena. Las formas de polarización más comunes son las siguientes:

- **Vertical**. Cuando el campo eléctrico generado por la antena es vertical con respecto al horizonte terrestre (va de arriba abajo).
- **Horizontal**. Cuando el campo eléctrico generado por la antena es paralelo al horizonte terrestre.
- **Circular**. Cuando el campo eléctrico generado por la antena va rotando de vertical a horizontal, y viceversa, creando movimientos circulares en todas direcciones. La polarización circular puede ser dextrógira (rotación a favor de las agujas del reloj, conocida también como CCW) y levógira (rotación en contra de las agujas del reloj, conocida también como CW).
- **Elíptica**. Cuando el campo eléctrico se mueve como en la polarización circular pero con desigual fuerza en las distintas direcciones. Generalmente, este tipo de polarización no suele ser intencionado.

Idealmente, la polarización de las antenas de ambos extremos de la comunicación debe ser la misma para minimizar la pérdida de ganancia.

TIPOS DE ANTENAS

En el mercado existen tantos tipos de antenas como ha permitido la imaginación: yagui, de panel, parabólica de disco, parabólica de rejilla, de techo, *patch*, dipolo, planas, compactas, móviles, sectoriales, espiral, guía-onda, anular, etc. No obstante, todos estos tipos de antenas pueden agruparse en dos tipos primarios: omnidireccional y direccional.

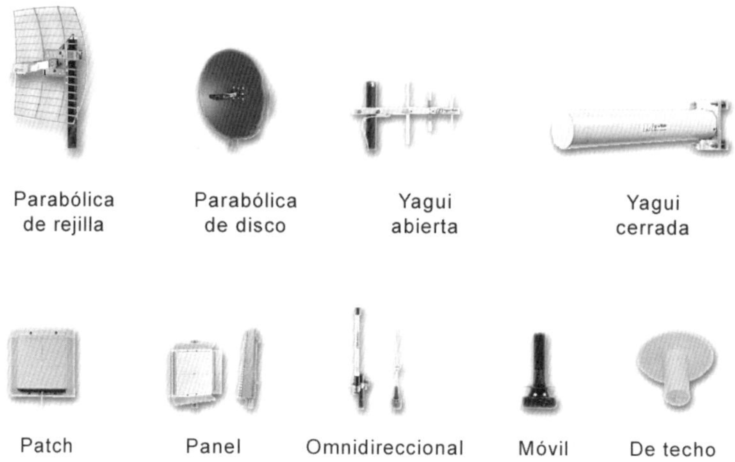

Figura 9.2. Distintos tipos de antenas

Las antenas omnidireccionales son aquéllas que radian en todas direcciones y también pueden captar la señal procedente de todas las direcciones. Por el contrario, las antenas direccionales concentran su radiación en una dirección y sólo pueden captar la señal procedente de esa dirección. Las antenas direccionales tienen un mayor alcance (y ganancia) que las primeras a costa de concentrarse en una sola dirección.

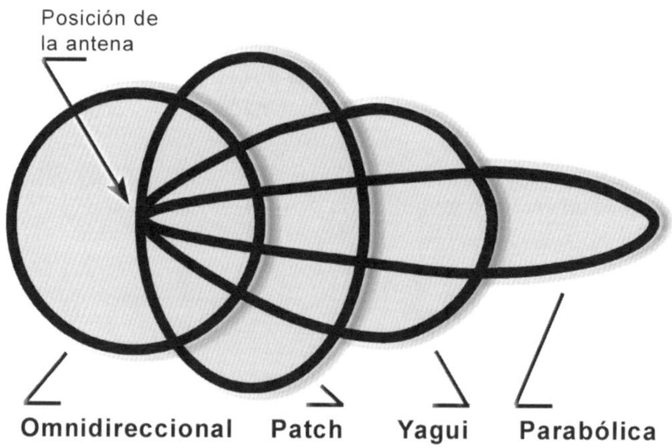

Figura 9.3. Lóbulo principal de propagación de la señal en distintas antenas (plano horizontal simplificado)

En el caso de los equipos Wi-Fi, se suelen utilizar los tipos de antenas omnidireccionales para interiores y los tipos direccionales para exteriores.

Las antenas más habituales son las conocidas como dipolo. Un dipolo emite su señal haciendo que la energía se propague paralela al dipolo y perpendicular al suelo (polarización vertical). Si se girase la antena 90 grados, se obtendría una antena de polarización horizontal. Ambos modelos son posibles. Para cada caso particular un modelo puede funcionar mejor que el otro.

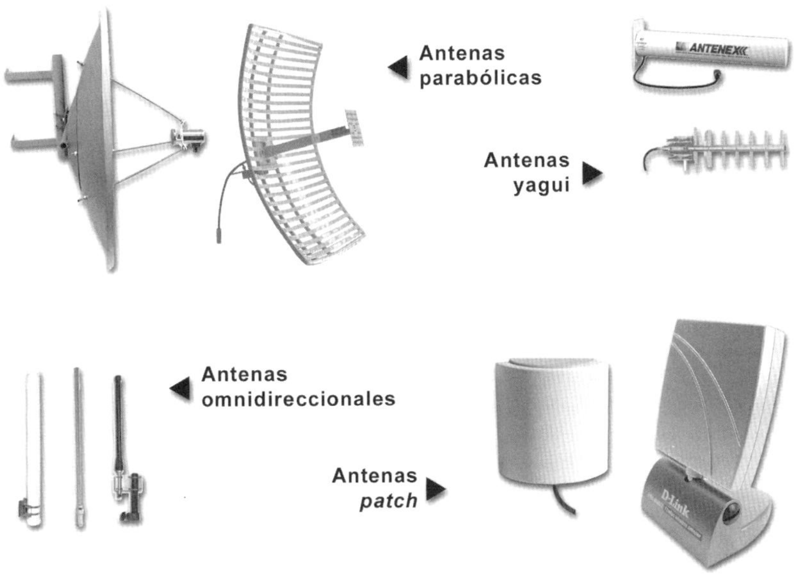

Figura 9.4. Tipos de antenas más comunes

Las antenas direccionales concentran la energía en una sola dirección consiguiendo obtener incrementar el alcance. Cuanto más direccional es una antena, mayor es su alcance. Existen muy distintos modelos de antenas direccionales entre los que destacan los siguientes:

- La antena **yagui** es una antena direccional con una apertura de haz de entre 15 y 60 grados. Su ganancia varía entre los 6 y los 21 dBi. Estas antenas suelen venir montadas en el interior de una cobertura cilíndrica.
- La antena de panel tipo ***patch*** (parche) es una antena plana para ser montada en la pared. Esta antena emite energía siguiendo un modelo semiesférico. Tienen ganancias de entre 12 y 22 dBi. Su mayor inconveniente es que, al ser plana, puede sufrir por la fuerza del viento si se sitúan en el exterior.

- La antena **parabólica** es una antena que tiene forma de disco cóncavo con la que se consigue unos haces muy direccionales. Es muy útil para comunicaciones punto a punto y se pueden conseguir ganancias de hasta 27 dBi. En el mercado existen distintas configuraciones de antenas parabólicas: redondas, malladas, cuadradas, etc.
- Además de las anteriores, existen otros diferentes tipos de antenas (dipolos, reflectores, etc.) que pueden ser utilizadas en las instalaciones Wi-Fi. En cualquier caso, siempre es conveniente asegurarse que la antena está construida para funcionar en la banda de 2,4 GHz.

La mayoría de los puntos de acceso vienen equipados con una doble antena. Esta doble antena se utiliza para obtener diversidad en la recepción. Cada antena, aunque sólo estén separadas unos centímetros, puede recibir la señal en muy distintas condiciones en cada momento. El sistema elige la mejor de las señales en cada momento evitando de esta forma muchos de los posibles problemas de mala recepción.

LOS CONECTORES Y CABLES DE ANTENA

Las antenas externas se conectan a los equipos Wi-Fi mediante un cable. Salvo que sea muy corto, lo normal es que el cable que une el dispositivo Wi-Fi con la antena sea un cable de tipo coaxial. Los cables de este tipo se caracterizan porque disponen de un conductor central rodeado de una malla metálica concéntrica que le protege de las interferencias. El cable de la televisión es un ejemplo de cable coaxial (aunque no es válido para Wi-Fi).

Para conectar el cable a la antena y a los dispositivos Wi-Fi, se utilizan los conectores. Tanto la antena como los equipos Wi-Fi disponen de un conector donde se deben enchufar sus correspondientes conectores de los extremos del cable. Para poder llevar a cabo esta operación, existen unos conectores conocidos como de tipo macho y otros como de tipo hembra. Sólo los conectores de distinto sexo pueden conectarse entre sí. Por ejemplo, en la antena suele haber un conector de tipo hembra y en el cable, uno de tipo macho. Esto permite conectar el cable a la antena.

Tanto el cable, como cada conector, añaden pérdidas a la señal de radio. Para evitar estas pérdidas, aparte de utilizar cables y conectores de calidad, hay que procurar utilizar un cable lo más corto posible y el número de conectores imprescindibles. Esto último quiere decir que hay que evitar utilizar conectores para extender la longitud del cable o para adaptar tipos de cables o conectores.

Tipos de conectores

La utilización de los conectores parece muy sencilla, pero todo se complica por el hecho de que no existe una regulación que especifique cómo deben ser los conectores. Esto trae consigo que existan muchos modelos distintos de conectores, algunos muy extendidos y otros específicos de un fabricante (conectores propietarios). Por ejemplo, Cisco y LinkSys utilizan conectores TNC; los equipos Intel tienen conectores BNC y Avaya y Orinoco utilizan conectores de diseño propio. El hecho se agrava si tenemos en cuenta que el tipo de conector de la antena suele ser distinto del tipo de conector del equipo Wi-Fi.

Figura 9.5.Tipo de conectores (no están a la misma escala)

La mayoría de los equipos Wi-Fi (adaptadores de red y puntos de acceso) disponen de un conector para enchufar una antena externa. Esto es así porque la FCC (el regulador norteamericano de comunicaciones) exige que todos estos equipos vengan equipados con un conector. No obstante, lo cierto es que, a veces, existe cierta dificultad para encontrar el conector. Lo mismo hay que levantar algún pequeño tapón de plástico o similar.

Los tipos de conectores más comunes son los siguientes:

- **N**. *Navy* (marina). Es el conector más habitual en las antenas de 2,4 GHz. Trabaja bien con frecuencias de hasta 10 GHz. Es un conector de tipo rosca. Estos conectores tienen un tamaño apreciable y, a veces, se confunden con los conectores de UHF. La gran diferencia es que estos últimos no son aptos para la frecuencia de 2,4 GHz.

- **BNC**. *Bayonet Navy Connector* (conector tipo bayoneta de la marina). Es un conector barato utilizado en las redes Ethernet del tipo 10Base2. Es un tipo de conector muy común, pero poco apto para trabajar en la frecuencia de 2,4 GHz.
- **TNC**. *Threaded BNC* (conector BNC roscado). Es una versión roscada del conector BNC. Este tipo de conector es apto para frecuencias de hasta 12 GHz.
- **SMA**. *Sub-Miniature Connect* (conector subminiatura). Son unos conectores muy pequeños, van roscados y trabajan adecuadamente con frecuencias de hasta 18 GHz.
- **SMC**. Se trata de una versión todavía más pequeña de los conectores tipo SMA. Son aptos para frecuencias de hasta 10 GHz. Su mayor inconveniente es que sólo son utilizables con cables muy finos (con alta pérdida). El conector SMB es una versión del SMC con la ventaja de que se conecta y desconecta más fácilmente.
- **APC-7**. *Amphenol Precision Connector* (conector Amphenol de precisión). Se trata de una conector con muy poca pérdida, y muy caro, fabricado por la empresa Amphenol. Tiene la particularidad de que no tiene sexo.

El cable

El motivo principal por el que se utiliza una antena externa no es alejar la antena del equipo Wi-Fi, sino poder conseguir aumentar el alcance de este equipo. Esto quiere decir que, para instalar una antena externa, no se debe pensar en unir la antena con el equipo Wi-Fi con un largo cable, sino todo lo contrario. El cable introduce pérdidas en la señal que van desde los 0,05 a 1dB por metro y a precios desde 1 a 50 euros por metro (dependiendo de la calidad del cable). Por tanto, a menor longitud del cable, menores pérdidas.

Por otro lado, el cable tiene soldado un conector en cada extremo. Como los conectores pueden encontrarse en cualquier tienda especializada, cualquier aficionado podría fácilmente fabricarse un cable con sus respectivos conectores. Sin embargo, es recomendable comprar el cable completo con sus conectores ya puestos. La razón es que el soldar conectores a cables es un arte y una ciencia que requiere contar con experiencia para obtener resultados óptimos.

Para comprar el cable, hay que asegurarse que sea óptimo para la frecuencia de 2,4 GHz. Un cable puede ser muy apropiado para ser utilizado en aplicaciones de televisión y vídeo y no ser adecuado para Wi-Fi. Elegir el cable adecuado es casi tan importante como elegir la antena adecuada. Todos los cables introducen pérdidas, pero unos introducen más pérdidas que otros.

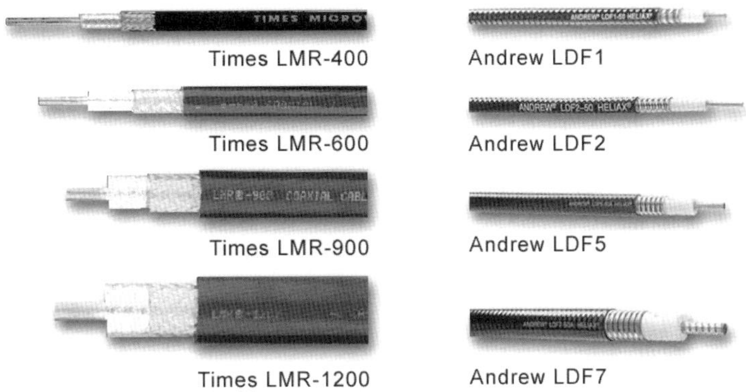

Figura 9.6. Ejemplos de cables LMR y Heliax (no están a la misma escala)

Quizás, los cables más utilizados en las frecuencias de Wi-Fi sean los de tipo LMR. Éstos son unos cables fabricados por Times Microwave Systems (*www.timesmicrowave.com*). Una alternativa son los cables Heliax fabricados por Andrew Corporation (*www.andrew.com*). Éstos son unos cables que introducen muy poca pérdida a la señal pero a cambio de un alto coste. Por dar una última referencia, también puede interesarse por los cables fabricados por Belden (*www.belden.com*).

TIPO DE CABLE	PÉRDIDA 802.11b (2,4 GHz) dB/100m	PÉRDIDA 802.11a (5,3 GHz) dB/100m
LMR-200	54,2	82,4
LMR-240	41,5	63,6
LMR-400	21,7	33,7
LMR-600	14,2	22,6
LMR-900	9,58	15,1
LMR-1200	7,27	11,7
LMR-1700	5,51	
RG-58	105,6	169,2
RG-8X	75,8	134,2
RG-213/214	49,9	93,8
9913	25,3	45,3
3/8" LDF	19,4	26,6
1/2" LDF	12,8	21,6
7/8" LDF	7,5	12,5
1 1/4" LDF	5,6	9,2
1 5/8" LDF	4,6	8,2

Tabla 9.1. Pérdidas en distintos tipos de cables

El adaptador o *pigtail*

A diferencia de las antenas, los adaptadores de red Wi-Fi no suelen disponer de un conector tipo N. Esto quiere decir que no se puede conectar directamente el cable de la antena (con conector N) al equipo Wi-Fi (con conector distinto, posiblemente propietario). Por tanto, para permitir la conexión, es imprescindible conseguir un adaptador del conector tipo N al del tipo del equipo Wi-Fi. A estos adaptadores se les conoce mejor por su término en inglés: *pigtail* (literalmente, trenza).

En el mercado se pueden encontrar adaptadores de conectores para distintos modelos de equipos Wi-Fi. De hecho, existen fabricantes de equipos Wi-Fi que también fabrican antenas externas. En estos casos, el propio fabricante tiene resuelta la conexión. También existen conectores adaptadores de conector N a otro tipo de conector. Si se tiene suerte, es posible que se encuentre el adaptador adecuado para el equipo Wi-Fi de que se dispone.

Si no se encuentra en el mercado el adaptador adecuado, la única solución que queda es fabricarse un adaptador. Generalmente, la fabricación de un adaptador consiste en utilizar un cable con conector N en un extremo y conectarlo al equipo Wi-Fi por el otro extremo soldándolo directamente en su contacto correspondiente. Para ello, es necesario abrir el equipo Wi-Fi, identificar las conexiones de la antena externa y realizar la soldadura sacando el cable por el sitio que se vea más adecuado.

Antes de lanzarse a fabricar un adaptador, conviene saber que realizar esta operación no sólo deja al equipo Wi-Fi sin garantía, sino que se tiene el riesgo de producirle daños irreparables al equipo. Esta operación sólo debe ser realizada por personal especializado.

Figura 9.7. Pigtail *comercial (abajo) y fabricado (arriba)*

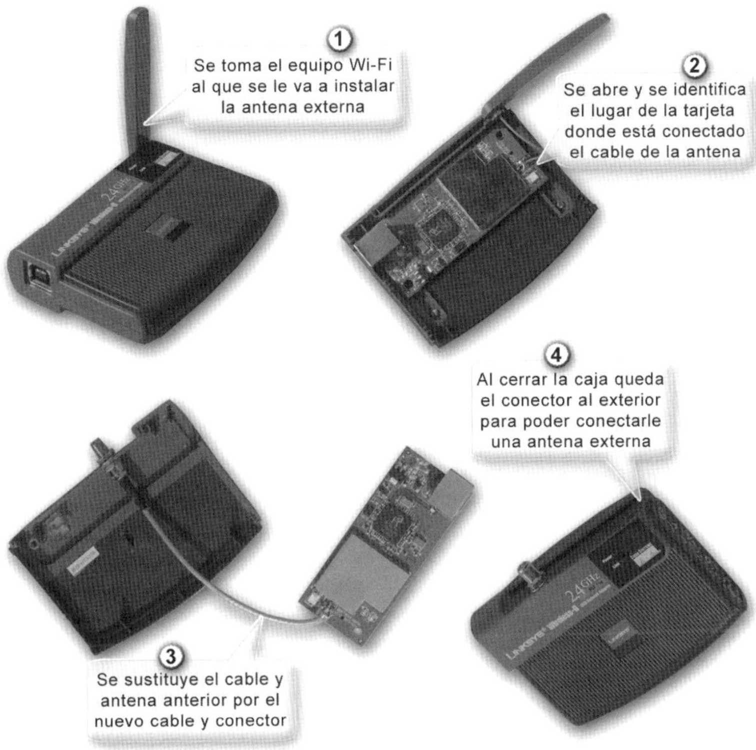

Figura 9.8. Colocación de una antena externa a un equipo Wi-Fi

CALCULAR EL ALCANCE

¿Cuál puede ser el alcance de un equipo Wi-Fi? Ésta es una pregunta cuya mejor respuesta viene de la experimentación. Hacemos la instalación y comprobamos con un ordenador portátil la calidad de la señal a distintas distancias. No obstante, existen alternativas teóricas a esta práctica: por un lado, existen distintas Web en Internet que ofrecen utilidades de cálculo; por otro, podemos hacer un cálculo teórico manual si se dispone de las características técnicas de los cables, conectores y antenas.

En cuanto a los sitios Web, los más conocidos son los siguientes:

http://members.gboline.com/~multiplx/wireless/wireless.main.cgi
http://www.decibelproducts.com/software.html
http://www.ecommwireless.com/calculations.html
http://www.users.dircon.co.uk/~netking/freesw.htm

En cuanto al cálculo teórico, aunque el alcance de una antena depende también de factores como los obstáculos o las interferencias, lo que se suele hacer es realizar el cálculo suponiendo unas condiciones ideales y, posteriormente, estimar unas pérdidas adicionales por falta de condiciones ideales.

Pérdida de propagación

La pérdida de propagación es la cantidad de señal necesaria para llegar de un extremo a otro de la transmisión. Dicho de otra forma, es la cantidad de señal que se pierde al atravesar un espacio.

Las señales electromagnéticas se propagan por el medio a la velocidad de la luz. Incluso tienen la habilidad de poder traspasar paredes, techos, puerta o cualquier otro obstáculo. Además, pueden colarse por los pequeños agujeros gracias a un fenómeno conocido como difracción. En cualquier caso, unos obstáculos los pasa más fácilmente que otros.

El hacer un cálculo teórico del alcance de una señal, considerando todos los posibles obstáculos, resulta algo complicado teniendo en cuenta la finalidad a la que se dedican estos cálculos. Por ello, generalmente se lleva a cabo el cálculo en espacio abierto sin obstáculos. Si se necesitasen unos cálculos más exactos, puede recurrirse, por ejemplo, a la fórmula de pérdida de propagación de Egli; no obstante, en este libro no vamos a entrar en estos detalles.

En un espacio sin obstáculos, la pérdida de propagación puede calcularse con la siguiente fórmula:

$$Pp = 20\log_{10}(d) + 20\log_{10}(f) + 32,4$$

donde *Pp* indica la pérdida de propagación en decibelios (dB), *d* es la distancia en kilómetros y *f* es la frecuencia en MHz. El valor de la frecuencia depende del canal en el que se tenga configurado el equipo. Para hacer cálculos aproximados con Wi-Fi, se podría considerar la frecuencia de 2,4 GHz. En este caso, la fórmula anterior quedaría resumida en la siguiente:

$$Pp = 100 + 20\log_{10}(d)$$

Esto quiere decir, por ejemplo, que, para la frecuencia de 2,4 GHz, la pérdida de propagación en 100 metros es de 80 dB.

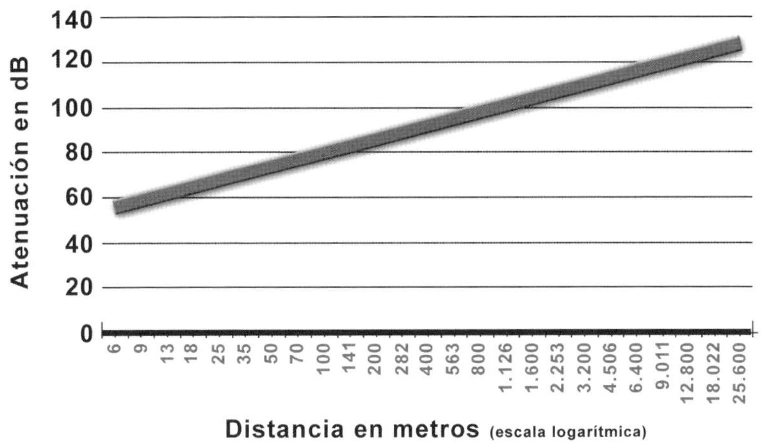

Figura 9.9. Pérdidas de propagación al aire libre (2,4 GHz)

Pérdidas y ganancias

Aparte de las pérdidas de propagación, en una instalación de radio existen distintos dispositivos que producen pérdidas o aportan ganancia a la señal. El cálculo teórico del alcance de una transmisión se basa en sumar los factores de la instalación que aportan ganancias y restar los que producen pérdidas. Al final, obtendremos un nivel de señal. El que este nivel de señal sea suficiente para una buena recepción depende del equipo receptor.

CARACTERÍSTICA	VALOR
Ganancia de una antena	De 6 a 24 dB
Pérdida del cable	De 0,05 a 1dB por metro
Pérdida del conector	0,25 dB por conector
Pérdida de propagación	$20\log_{10}(D) + 20\log_{10}(F) + 32,4$

Tabla 9.2. Valores típicos en el cálculo del alcance

En una comunicación Wi-Fi extremo a extremo contamos con los siguientes factores:

- o **Gs**. Ganancia de salida. Es la potencia con la que sale la señal del equipo de radio transmisor.
- o **Pca**. Pérdida del cable del extremo transmisor. Hay que contar las pérdidas de todos los cables que intervienen en la instalación, incluido el cable adaptador

(*pigtail*), si lo hubiera. Dependiendo de la calidad del cable, las pérdidas pueden variar entre los 0,05 y 1 dB por metro. Si no se utilizase una antena exterior, no se utilizaría cable de antena y, por tanto, no se consideraría esta pérdida.

- **Pna**. Pérdida de los conectores del extremo transmisor. Hay que contar las pérdidas de todos los conectores. Generalmente se considera una pérdida de 0,25 dB por conector. De la misma forma, si no se utilizase una antena exterior, no se utilizarían conectores para la antena y, por tanto, no se consideraría esta pérdida.
- **Gaa**. Ganancia de la antena del extremo transmisor. Este valor depende del modelo de antena que se utilice. Esta ganancia varía habitualmente entre los 6 y los 24 dB.
- **Pp**. Pérdida de propagación.
- **Gab**. Ganancia de la antena del extremo receptor.
- **Pnb**. Pérdida de los conectores del extremo receptor.
- **Pcb**. Pérdida del cable del extremo receptor.

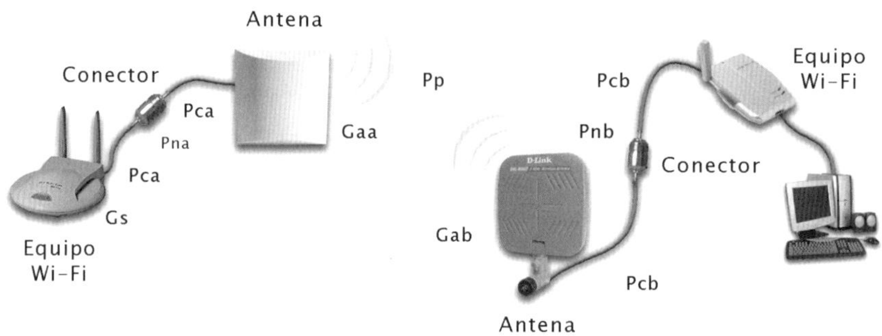

Figura 9.10. Factores que intervienen en el alcance (configuración más amplia)

Esto quiere decir que el nivel de señal que le llega al equipo de radio receptor es el siguiente:

S = Gs – Pca – Pna + Gaa – Pp + Gab – Pnb – Pcb

Si se desea tener en cuenta las condiciones ambientales, se pueden estimar unas pérdidas adicionales de 20 dB.

Dependiendo de las características del equipo receptor, este nivel de señal puede ser suficiente para una u otra velocidad de transmisión o para no hacer posible la comunicación. Por ejemplo, una de las tarjetas Wi-Fi de Orinoco indica en sus características que, para una transmisión de 11 Mbps, necesita un nivel de señal de -82 dBm; para 5,5 Mbps, -87 dBm; para 2 Mbps, -91 dBm y para 1 Mbps, le es suficiente con -94 dBm.

MODELO	POTENCIA EMISIÓN	SENSIBILIDAD DEL RECEPTOR			
		11 Mbps	5,5 Mbps	2 Mbps	1 Mbps
3Com	15 dBm	-76 dBm	-80 dBm	-80 dBm	-80 dBm
Edimax	14 dBm	-80 dBm	-83 dBm	-86 dBm	-86 dBm
Linksys	19 dBm				
Orinoco	15 dBm	-83 dBm	-87 dBm	-91 dBm	-94 dBm
SpeedStream	15 dBm	-76 dBm	-80 dBm	-80 dBm	-80 dBm
US Robotics	13 dBm	-76 dBm	-80 dBm	-80 dBm	-80 dBm

Tabla 9.3. Potencia de emisión y sensibilidad del receptor de algunos equipos Wi-Fi

ELEGIR UNA ANTENA

Una vez vistos los conceptos generales relacionados con la tecnología de las antenas, ya podemos decidirnos a elegir la más adecuada para resolver nuestras necesidades. No obstante, antes de seguir adelante, repasemos rápidamente los conceptos más importantes que hay que tener en cuenta a la hora de elegir una antena:

Frecuencia. Hay que estar seguros que la antena elegida trabaja en la banda de frecuencias de 2,4 GHz. Recordar que 802.11b y 802.11g trabajan en esta frecuencia, mientras que 802.11a trabaja en 5 GHz.

Tipo de antena. Cuando se va a buscar una antena, no hay que fiarse excesivamente del nombre del tipo de la antena. Los distintos fabricantes suelen utilizar distintos nombres de tipos de antenas. Por ello, lo importante es fijarse en que la antena elegida dispone de las características de direccionabilidad y ganancia que se necesitan.

Polarización. Es importante asegurarse de que la polarización de las distintas antenas es la misma (horizontal o vertical).

Ganancia. La ganancia es uno de los parámetros fundamentales de una antena. No obstante, hay que tener en cuenta que la ganancia real de una antena depende también de los cables y conectores que se utilicen.

Conectores. Los conectores introducen pérdidas. Por este motivo, hay que procurar utilizar el menor número de conectores posible. Internet no utiliza adaptadores o dispositivos similares. De la misma forma, el cable también introduce pérdidas, por lo que se deben evitar los excedentes de cable.

DÓNDE SITUAR LA ANTENA

La tecnología Wi-Fi tiene dos retos desde el punto de vista de la transmisión de radio: el primero es que utiliza un espectro de frecuencias que es utilizado también por otros muchos dispositivos (como los teléfonos inalámbricos, microondas, etc.) y el segundo es que la regulación limita la potencia máxima con la que un equipo Wi-Fi puede emitir la señal. Esto quiere decir que no solamente nos enfrentamos a utilizar una banda de frecuencias muy *sucia* (desde el punto de vista radioeléctrico) y, por tanto, donde se pueden producir muchas interferencias, sino que, además, no se puede amplificar la señal para mejorar el alcance.

Por otro lado, es importante elegir un buen lugar para situar la antena. El interior de un cajón, bajo una mesa, detrás de un mueble archivador, entre pilas de papeles, al lado de un microondas, al lado de superficies metálicas o en una estantería repleta de libros no son buenos lugares.

Las interferencias las producen generalmente otros equipos que están funcionando en los alrededores de nuestra instalación Wi-Fi. Los hornos microondas, motores de los ascensores, sistemas de alarmas, teléfonos inalámbricos u otros equipos Wi-Fi instalados en el vecindario pueden producir interferencias. Los problemas de interferencias suelen afectar a la comunicación de forma intermitente. Quiere esto decir que, si la comunicación funciona bien salvo en determinados momentos, lo más probable es que estemos sufriendo interferencias. Por ejemplo, si nos falla la comunicación a la hora del almuerzo, es posible que la fuente de interferencias esté en un microondas cercano.

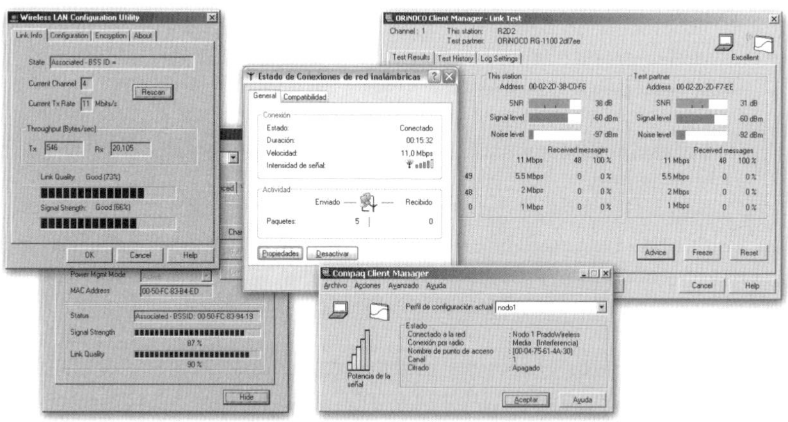

Figura 9.11. Distinto software de utilidades de medición de niveles de recepción

En los espacios abiertos existen circunstancias que pueden degradar las transmisiones: un elevado grado de humedad, niebla, lluvia, humo o, simplemente, las hojas de los árboles.

Los CD de utilidades que acompañan a algunos equipos Wi-Fi incluyen un programa que permite hacer un seguimiento del ruido durante las últimas 24 horas. Esto permite comprobar si las interferencias se producen principalmente a una determinada hora para poder ayudarnos a buscar la fuente de las interferencias.

Orientar la antena

Una vez decidido el sitio donde colocar la antena, es necesario hacer algunas pruebas para asegurarse de que se coloca en la mejor posición posible y, en el caso de antenas direccionales, en la mejor orientación.

Orientar una antena no es algo complejo, pero será mucho más fácil si colaboran dos personas en este trabajo. Una persona se encarga de colocar la antena en las diferentes posiciones u orientaciones mientras la otra se encarga de comprobar en el ordenador (mediante el programa de utilidad que viene con el equipo Wi-Fi) los niveles de recepción de la señal para cada posición de la antena. Comparando estos niveles, se podrá determinar cuál es la mejor posición y orientación para la antena.

CAPÍTULO

10

Construir una antena

INTRODUCCIÓN

Existen usuarios que disfrutan construyendo con sus propias manos todo aquello que es factible construir. En el caso de las redes inalámbricas, mientras que construir un punto de acceso o un adaptador de red es algo complicado, construir una antena sí es abordable.

En cualquier caso, construir una antena, o hacer modificaciones en antenas existentes no dedicadas a Wi-Fi, requiere disponer de conocimientos específicos, tanto de la técnica como de la regulación. Una soldadura mal hecha o no hacer del todo bien un cálculo puede hacer que la antena no funcione como se espera o, incluso, que se esté incumpliendo la regulación de emisiones radioeléctricas.

Figura 10.1. Distintos modelos de antenas caseras

A donde queremos llegar con esto es que, independientemente de que se sigan las instrucciones, en determinadas circunstancias una antena casera podría llegar a dañar el equipo Wi-Fi, incumplir la ley de emisiones radioeléctricas, interferir el funcionamiento de otros equipos o producir daños en la salud. No lo sé, nadie ha experimentado todos estos factores con estas antenas caseras y sacado conclusiones. Por tanto, sepa que está actuando bajo su propia responsabilidad.

Los usuarios de Wi-Fi han diseñado y construido diferentes modelos de antenas aptas para su utilización en la banda de 2,4 GHz. Si está interesado en revisar los distintos modelos, puede consultar las siguientes páginas:

http://www.gbonline.com/~multiplx/wireless/pics/tincanant.jpg
http://users.bigpond.net.au/jhecker/
http://www.oreillynet.com/cs/weblog/view/wlg/448
http://www.g6lvb.com/60cm.htm
http://www.g6lvb.com/60cm.htm
http://www.qsl.net/n9zia/wireless/

Como ejemplo de construcción de una antena, vamos a describir algunos modelos sencillos. No obstante, si desea realizar sus propios diseños, puede encontrar una información interesante en los siguientes libros publicados por la American Radio Relay League:

ARRL Antenna Book
ARRL UHF/Microwave Experimente's Manual

PRINCIPIOS BÁSICOS

Como ya sabemos, las ondas radioeléctricas tienen forma senoidal. Esto quiere decir que la onda va aumentado y disminuyendo su amplitud de forma cíclica. La onda tiene al final de cada ciclo la misma amplitud y tendencia que tenía al principio. El tiempo que tarda la onda en completar cada ciclo se conoce como período. Por otro lado, la distancia que recorre la señal en un ciclo se conoce como longitud de onda.

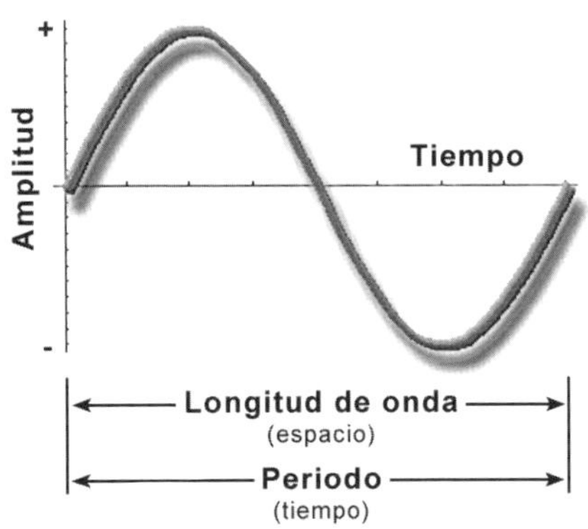

Figura 10.2. Forma de una onda de radiofrecuencia (senoidal)

El hercio es una unidad de medida que significa el número de ciclos que completa una onda en un segundo. Una frecuencia de 10 Hz significa que la onda completa 10 ciclos en un segundo. Esto quiere decir que tarda una décima de segundo en completar cada ciclo. Por tanto, el período es de 0,1 segundo.

El período se calcula con la siguiente fórmula:

```
Período = 1/frecuencia
```

donde el período está expresado en segundos y la frecuencia en hercios.

Teniendo en cuenta que las señales radioeléctricas se desplazan a la velocidad de la luz (aproximadamente 300.000 km por segundo o, lo que es lo mismo, 3×10^8 metros por segundo), es fácil calcular la longitud de onda si sabemos el período.

```
Longitud de onda = velocidad x período
```

Puesto de otra forma:

$$\text{Longitud de onda} = 3\text{x}10^8 \;/\; \text{frecuencia}$$

donde la longitud de onda está expresada en metros y la frecuencia en Hz.

La unidad GHz (gigahercios) significa miles de millones de Hz. Por tanto, 1 GHz es lo mismo que 10^9 Hz. En el caso de la frecuencia de 2,412 GHz, la longitud de onda sería el resultado de la operación siguiente:

$$\text{Longitud de onda} = 3\text{x}10^8/2,412\text{x}10^9 = 0,124378 \text{ metros}$$

o, lo que es lo mismo, 12,4378 cm.

Por qué decimos todo esto, pues porque el funcionamiento y construcción de las antenas está directamente relacionado con la longitud de onda de la frecuencia a la que va a trabajar la antena. De esta variable depende la mayoría de las medidas de la antena.

UNA ANTENA CON UNA LATA DE TOMATES

El modelo de antena guía-ondas que vamos a explicar a continuación ha sido desarrollado por Gregory Rehm (*www.turnpoint.net*) del Bellingham Technical College. Esta antena consiste básicamente en un cilindro cerrado por un extremo en el que se le coloca el conector en el que termina el cable de la antena. Como cilindro cerrado puede utilizarse una lata de comestible, un tubo de aire acondicionado o fabricarlo directamente.

Lo importante es que tenga un diámetro de entre 9 y 11 cm y que las paredes sean lo más lisas posible.

Con esta construcción se consigue una antena direccional con una mayor ganancia que la antena omnidireccional que viene incluida en los equipos Wi-Fi.

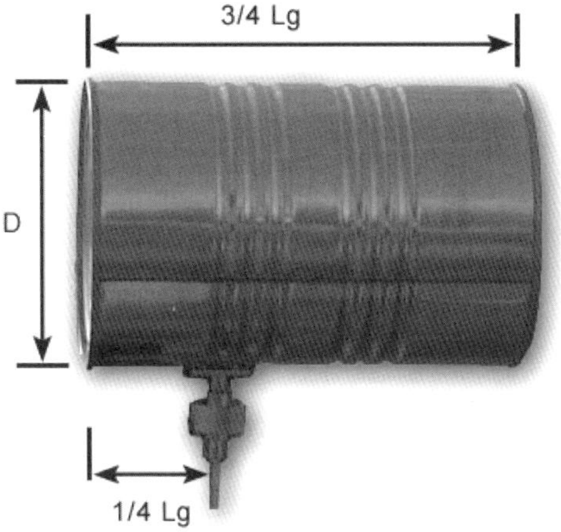

Figura 10.3. Medidas para una antena con una lata

Los cálculos

La longitud de la lata (3/4 de la longitud de onda, Lg) y la posición del conector (1/4 de la longitud de onda desde la base) dependen de la frecuencia a la que se trabaje (en el ejemplo, 2,46 GHz) y del diámetro interior de la lata. Aunque estas distancias no tienen por qué ser exactas, es aconsejable que sean lo más aproximadas posibles a las indicadas en la tabla adjunta.

Si desea hacer sus propios cálculos, utilice la fórmula siguiente:

$$(1/Lg)^2 = (F/300)^2 - (1/1,706*D)^2$$

donde *Lg* es la longitud de onda estacionaria dentro de la lata en milímetros; *F*, la frecuencia en GHz y *D*, el diámetro interior de la lata en milímetros.

El conector tipo N debe situarse en el lateral a una distancia de 1/4 Lg del fondo de la lata (le llamamos fondo al lado tapado). Al conector se le debe prolongar la espiga central con un trozo de cable de cobre de 30 mm de longitud. Este cable debe soldarse al conector.

La longitud del cable de cobre depende también de la frecuencia. Se puede calcular con la siguiente fórmula:

```
Longitud = 1/4 onda de señal al aire = 1/4 (300/F)
```

donde *F* es la frecuencia en GHz y la longitud queda expresada en milímetros.

Diámetro del cilindro (mm)	Longitud de onda estacionaria (mm)	1/4 Longitud de onda (mm)	3/4 Longitud de onda (mm)
90	201	50	151
92	194	48	145
94	188	47	141
96	183	46	137
98	178	45	134
100	174	44	131
102	171	43	128
104	168	42	126
106	165	41	124
108	163	41	122
110	160	40	120

Tabla 10.1. Medidas del cilindro en función de su diámetro interior (calculado para una frecuencia de 2,46 GHz)

La construcción

Una vez localizada una lata con las dimensiones adecuadas, lo primero será abrir uno de sus lados, eliminando los posibles restos de rebabas que pudiesen quedar. A continuación tomamos el conector tipo N y le colocamos un trozo de hilo de cobre de 30 mm de longitud prolongándole la espiga central. La unión entre el cobre y el conector debe ir soldada.

El conector puede colocarse en la lata de dos formas: pegado o atornillado. En el primer caso sólo habrá que hacer un agujero en la lata por el que introducir la espiga. Nos debemos asegurar de que la unión quede firme y de que la superficie interior quede lisa. En el segundo caso tendremos que hacer cinco agujeros en la lata: el de la espiga central y el de los tornillos de sujeción. Es importante que los tornillos tengan la cabeza hacia adentro para evitar protuberancias en el interior. Además, es mejor si se sella la unión del conector a la lata mediante silicona o elemento similar.

Figura 10.4. Construcción de una antena con una lata

Un detalle interesante en la construcción de esta antena es hacer un pequeño agujero en el fondo de la lata para evacuar la posible agua que se condense en su interior. A ser posible, la lata debe ir tapada con su tapa de plástico. Esta tapa debe ser resistente a las microondas.

Para saber si una tapa es resistente a las microondas, se puede hacer la prueba de meter la tapa en el interior de un horno microondas (ya sabe que los microondas trabajan en la misma banda de frecuencias que Wi-Fi) durante un par de minutos y comprobar que no se calienta ni se deforma. Si se decide a hacer esta prueba, no se olvide de introducir también un vaso con agua junto con la tapa para evitar posibles sobrecalentamientos.

Una vez construida la antena, puede probarla uniéndola al equipo Wi-Fi (punto de acceso o adaptador de red) mediante su cable correspondiente. Si el equipo Wi-Fi tiene un conector especial de antena exterior, es posible que tenga que comprar o construirse el adaptador correspondiente (*pigtail*) que convierta dicho conector en uno tipo N.

Una versión mejorada

La antena anterior puede mejorarse construyéndole una boca en forma de embudo. Este accesorio incrementará la sensibilidad de la antena al capturar un mayor número de ondas. Esta boca puede construirse con latón que puede reciclarse de una lata de mayor tamaño.

El tamaño de estas bocas puede variar dependiendo de los resultados que se deseen obtener. En este caso proponemos aumentar el diámetro de la lata al doble.

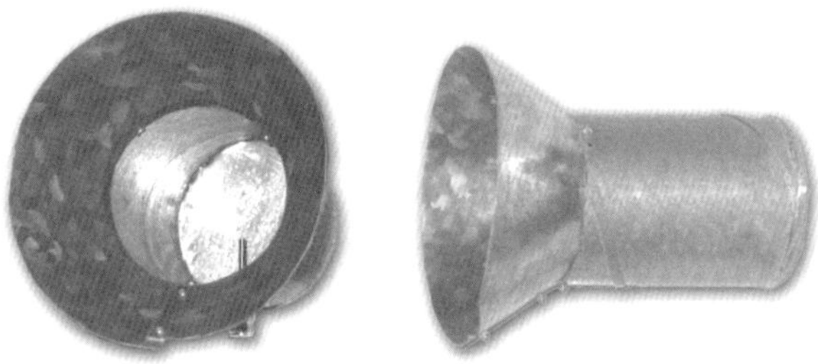

Figura 10.5. Versión mejorada de la antena de lata

UNA ANTENA CON UN BOTE DE PRINGLES

La antena que más ha llamado la atención entre los usuarios de redes Wi-Fi ha sido la construida con un bote de patatas Pringles. El primer modelo que se le viene a la cabeza a la mayoría de los usuarios que piensan en construir una antena es el del bote de Pringles. Si se para un poco a buscar por Internet, comprobará que existen muchas direcciones que hacen referencia a este modelo de antena.

Hasta donde he podido averiguar, el inventor de esta antena es Andrew Clapp, aunque, posteriormente, han aparecido distintas versiones de este modelo. Quizás la más famosa sea la versión de Rob Flickenger, administrador de la red de O'Reilly.

Hay que tener en cuenta que lo importante de una antena son sus medidas. Por tanto, realmente da igual hacer este modelo con un bote de patatas fritas Pringles o con cualquier otro bote, siempre que tenga las mismas medidas. La casualidad ha hecho que los botes de Pringles tengan las medidas apropiadas (aunque no ideales). Se trata de un bote de 73 milímetros de diámetro y 230 milímetros de largo.

Dependiendo de lo cuidadoso que se sea, con una antena de este tipo se puede llegar a alcanzar los 12 dB de ganancia y cubrir distancias de más de 1 kilómetro. Hay quien dice que ha conseguido varios kilómetros. No obstante, como se ha visto en capítulos anteriores, el alcance no depende sólo de la antena, sino que influyen también otros factores como la climatología, el entorno, las posibles interferencias, etc. En cualquier caso, conforme aumenta la distancia entre un extremo y otro de la comunicación, baja la velocidad de transmisión. Aunque las velocidades máximas sólo se mantendrán durante los primeros metros, no está nada mal para una antena cuyos componentes no cuestan más de 6 euros (contando las patatas).

Por cierto, como la construcción de este tipo de antenas no suele ser muy precisa (ya de por sí las herramientas que utilizamos no lo son), se puede dar por bueno haber construido una antena con 9 dB de ganancia y que alcance los 400-500 metros transmitiendo en el rango bajo de las velocidades de Wi-Fi.

Figura 10.6. Distintas vistas de la fabricación de una antena Pringles

Material necesario

Los materiales que se necesitan para construir esta antena son los siguientes:

- Un bote de patatas Pringles de cualquier sabor. Se necesita tanto el bote (vacío) como su tapa de plástico. Si no se dispone de uno de estos botes, también valdría cualquier otro bote que tenga un diámetro de 73 milímetros y una longitud de 230 milímetros.

- Un disco de plástico de 73 milímetros de diámetro exterior (el diámetro interior del bote de Pringles). Vale la tapa de cualquier otro bote de Pringles o cualquier otra tapa.
- Un conector de antena. Generalmente se suele utilizar un conector hembra tipo N. Aquí se conectará el cable que une la antena con el equipo Wi-Fi.
- Varilla roscada de 3 milímetros de diámetro. Harán falta menos de 15 centímetros.
- Dos tuercas de nailon que rosquen en la varilla roscada.
- Cinco arandelas de 25 milímetros de diámetro exterior, 1,5 milímetros de espesor y con un diámetro interior suficiente para poderlas meter en la varilla roscada (algo más de 3 mm).
- Tubo de aluminio de unos 6 milímetros de diámetros. Harán falta menos de 16 centímetros de tubo.
- Cable de cobre grueso de un solo hilo. Bastará con menos de 40 milímetros de longitud.

Construcción

Para construir la antena, lo primero es cortar el tubo de aluminio haciendo cuatro trozos de 31 milímetros de largo. A continuación cortamos la varilla roscada a una longitud de 143 milímetros. La longitud de la varilla debe ser suficiente para albergar cinco arandelas (de 1,5 mm de espesor), cuatro tubos de aluminio (de 31 mm de largo) y las dos tuercas de los extremos.

Por cierto, una vez montada la antena, las arandelas actúan como amplificadores de la señal. Lo que hace que esta antena sea apta para Wi-Fi es la distancia entre las arandelas (la longitud de los tubos de aluminio). Esta distancia está relacionada con la frecuencia por la siguiente fórmula (simplificada para este caso):

```
L = 75/F
```

donde *L* es la longitud de los tubos de aluminio (un cuarto de longitud de onda) en milímetros y *F*, la frecuencia en GHz.

Si hacemos estos cálculos para la frecuencia menor de Wi-Fi (2,412 GHz, la del canal 1) y la mayor (2,462 GHz, la del canal 11), vemos que la longitud de los tubos podría variar entre los 31,1 y los 30,46 milímetros. Como, en cualquier caso, las herramientas domésticas no tienen la precisión suficiente como para afinar estas medidas, nos podemos quedar con los 31 milímetros.

Las siguientes dos piezas que tenemos que preparar son la tapa del bote de Pringles, a la que hay que hacerle un agujero en el centro para que pase la varilla roscada, y el disco de plástico, al que hay que cortar con un diámetro exterior de 73 milímetros y hacerle un agujero en el centro de unos 6 milímetros para que quepa el tubo de aluminio.

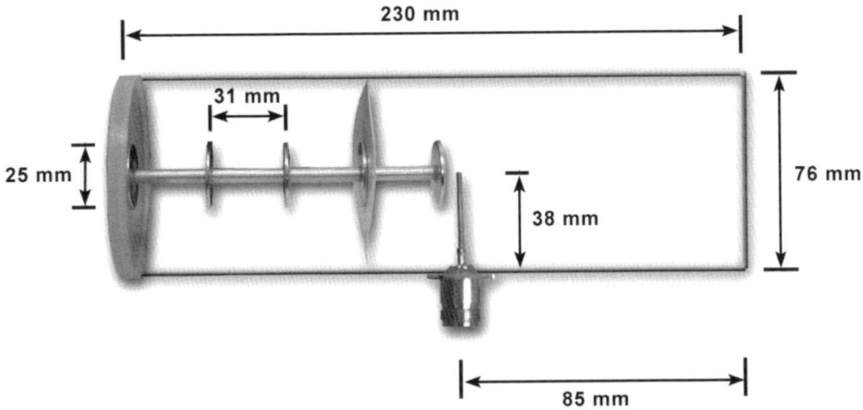

Figura 10.7. Esquema de construcción de una antena Pringles

A continuación debemos ensamblar el tubo formando la pieza de la imagen. Consiste en poner una tuerca en un extremo de la varilla e ir introduciendo por el otro extremo el resto de las piezas en el siguiente orden: tapa del bote, arandela, tubo, arandela, tubo, arandela, tubo con el disco de plástico, arandela, tubo, arandela; y cerramos el montaje con una tuerca. Si es necesario, limamos el resto de varilla que nos haya sobrado.

Vamos con el bote. El cable de cobre debe soldarse al conector y el conector debe fijarse en la pared del bote. El resultado debe ser que el cable de cobre llegue justo al centro del bote. Como hay distintos modelos de conectores, es posible que la longitud del cable de cobre pueda variar de unos modelos a otros. En general, estará en torno a los 27 milímetros de longitud.

El cable de cobre debe estar recto y bien soldado al conector. Para fijar el conector al bote, deben hacerse unos agujeros en un lateral de forma que el cable de cobre quede justo delante de la varilla sin tocarla. Esto supone situar el conector a unos 85 milímetros de la base del bote.

Por último, montamos la varilla en el bote, conectamos el conector al equipo Wi-Fi mediante un cable adecuado y listo.

ANTENA DE CLIP

Parece como si construir una antena tuviera que ser una tarea complicada y de precisión, pero lo cierto es que también puede ser algo simple para lo que sólo se necesitan unos cuantos elementos sencillos. Éste es el caso de una antena tipo yagui construida con unos simples clips, con trozos de alambres o con unos trozos de hilos de cobre. El resultado es una antena de hasta 9 dBi de ganancia.

A la antena tipo clip también se le conoce como antena Frisko, ya que el primero que la hizo, un francés, utilizó una cucharita de madera de las que vienen en los vasos de helados Frisko. La realidad es que la cuchara de madera se utiliza de soporte, así que puede ser sustituido por cualquier otro soporte aislante (trozo de madera, tubo de cartón, etc.). Hay quien propuso utilizar un antiguo disquete de ordenador de 3,25 pulgadas (quitándole previamente sus partes metálicas), un palillo chino, uno de esos palos que ofrecen las máquinas expendedoras de café para removerlo, un palo de los que utilizan los médicos para ver mejor nuestra garganta, etc.

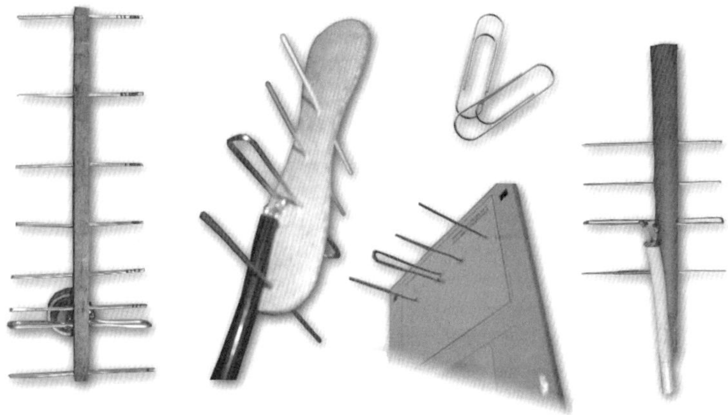

Figura 10.8. Antenas de tipo clip

Material necesario

La antena propuesta está formada por tres varillas de distinta longitud y de un dipolo radiante, todos ellos montados perpendicularmente al soporte y paralelos entre sí. Dos de las varillas actuarán como elementos direccionales, a las que seguirá el dipolo radiante (una varilla plegada) y se terminará el montaje con la varilla que hará el papel de reflector.

Por tanto, los materiales que necesitamos para construir una antena clip o Frisko son:

- Un soporte de material no conductor (madera, plástico, corcho, etc.) de una longitud aproximada de 10 centímetros. Su grosor debe ser el adecuado para permitir realizar los orificios por los que introducir las varillas.
- Clips, varillas metálicas o hilo de cobre de distintas longitudes (la varilla más corta debe medir 5,15 cm, siendo la longitud total necesaria de unos 30 cm). Si se desean utilizar clips, deberán de ser de los grandes. En el caso de utilizar cable eléctrico, no sería necesario quitarle el protector plástico y puede ser adecuado el de 1 mm de diámetro aproximadamente. Lo importante es que sea rígido.
- Cable coaxial (de 50 ohmios) con la longitud deseada para unir la antena con el equipo Wi-Fi. Se podría prescindir del cable si se conecta el conector directamente a la antena.
- Conector del tipo adecuado (generalmente de tipo N) para realizar la conexión con el equipo Wi-Fi.

Adicionalmente se necesitarán ciertas herramientas como: soldador, pegamento, regla, lápiz y tijeras o alicates para cortar las varillas a su medida.

Construcción

El primer paso para construir esta antena será cortar las varillas a sus longitudes correspondientes. Realmente las longitudes exactas de las varillas dependerán de la frecuencia (del canal) que se vaya a utilizar. En cualquier caso, esta exactitud sólo afectará a la mejor o menor ganancia que se consiga finalmente, no al funcionamiento de la antena. Las longitudes de este ejemplo están calculadas para el canal 6 (2,437 GHz).

Se necesitan cuatro varillas de longitudes: 5,15, 5,20, 11,40 y 5,8 centímetros. Las dos primeras serán las varillas direccionales, la siguiente el dipolo y la última el reflector. La varilla del dipolo hay que plegarla formando un rectángulo de 5,35 cm de ancho por 4 mm de alto, juntándose sus extremos en uno de sus lados dejando una apertura de un mm.

Al soporte hay que practicarle cinco orificios por donde introducir las varillas. Para que las varillas queden bien sujetas, los orificios deberán tener un diámetro algo inferior al grosor de las varillas. Los orificios correspondientes a las varillas direccionales y reflector estarán alineados y los dos orificios del dipolo (separados entre sí 4 mm) serán simétricos al eje anterior. La separación de las varillas direccionales entre sí y con el dipolo será de 1,5 cm, mientras que la separación del dipolo con el reflector será de 2 cm.

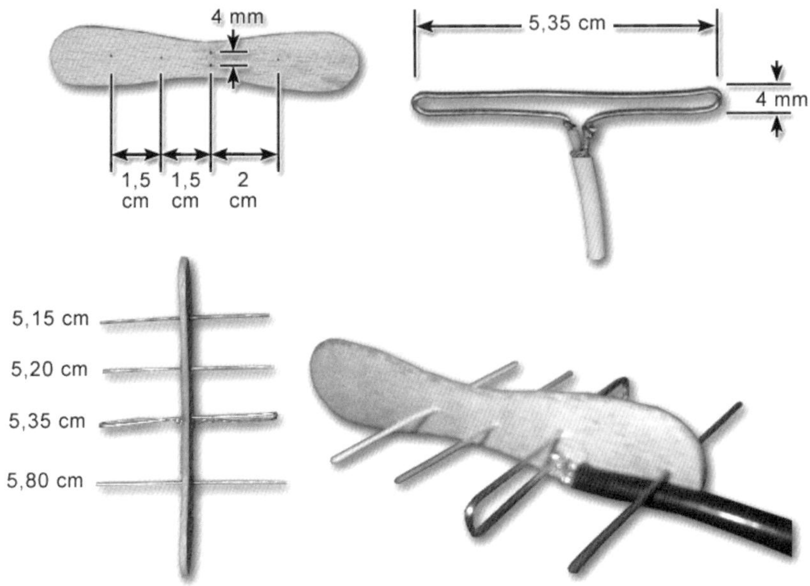

Figura 10.9. Construcción de una antena de clip

A continuación se montan las varillas en el soporte en el siguiente orden: varilla direccional de 5,15 cm, varilla direccional de 5,20 cm, dipolo y reflector de 5,8 cm. Debemos asegurarnos de que las varillas queden bien sujetas. Para ello podremos aplicar un poco de pegamento en las uniones.

El cable se suelda al dipolo de forma que el hilo central quede unido a uno de los extremos y la malla al otro. Para darle solidez al conjunto se puede sujetar el cable al soporte con cinta aislante o con cualquier otro procedimiento. En el otro extremo del cable se suelda el conector elegido.

Esta antena cuenta con tan sólo cuatro elementos, no obstante, se podrían hacer variaciones que mejorasen la ganancia añadiéndole más elementos. Por ejemplo, se podría construir una de doce elementos con las siguientes longitudes y distancias entre ellos: el elemento reflector será una varilla de 61 milímetro de longitud, el elemento radiante se colocará a 19 milímetros del reflector y tendrá un ancho de 60 mm (la longitud total de la varilla será como el doble). Los elementos direccionales tendrán las siguientes longitudes: 56, 55, 53, 53, 52, 52, 51, 51, 51 y 50 mm. Colocándose respectivamente a las siguientes distancias del reflector: 26, 40, 60, 84, 112, 144, 178, 215, 255 y 296 mm.

ANTENA BIQUAD

Es posible que se esté interesado en construir una antena de gran ganancia. En este caso vamos a proponer un modelo de antena de tipo biquad con la que se pueden alcanzar los 11 dBi de ganancia. De hecho, si se alimenta esta antena con una parábola se pueden llegar a conseguir más de 20 dBi.

Este modelo se basa en una propuesta realizada por Trevor Marshall, y sobre la que se han realizado multitud de modificaciones, algunas de las cuales se comentarán más adelante.

Figura 10.10. Antena tipo biquad

Material necesario

Los materiales necesarios para la construcción de esta antena son los siguientes:

- o Una base cuadrada de material conductor de 123 mm de lado. Esta base puede ser una placa de baquelita de circuito impreso, una sección metálica de una caja o una chapa simplemente.
- o Un tubo de cobre de ½ pulgada de diámetro y 5 cm de longitud. Este tubo puede conseguirse en una ferretería o casa de fontanería.
- o Unos 30 cm de cable coaxial de baja pérdida (por ejemplo de tipo CNT-400 o LMR-400).

- 25 cm de hilo de cobre de 1,5 mm de diámetro.
- Un conector tipo N.

Construcción

Empecemos preparando la base. En esta placa hay que realizar un agujero en el centro por donde introducir el tubo de cobre. Por tanto, el diámetro del agujero será de ½ pulgada. Una vez realizado debe lijarse levemente o limpiarse para poder realizar una buena soldadura posteriormente. Esta placa metálica hará las veces de reflector.

Sigamos con el tubo de cobre. En uno de sus extremos se realiza un rebaje de media sección de unos 2 mm. El exterior del tubo debe lijarse levemente o limpiarse para facilitar la soldadura.

A continuación se inserta el tubo de cobre por la apertura central de la base. Si se utiliza una placa de baquelita, el extremo con el rebaje debe quedar en el lado metálico de la placa. Este extremo debe sobresalir 16 mm de la base, quedando el tubo perpendicular a la misma. Una vez colocado se sueldan ambas piezas.

Al hilo de cobre se le da la forma de un doble cuadrado alineado y unido por uno de sus vértices. El lado de cada cuadrado medirá 30,5 mm. Los extremos del hilo de cobre deben encontrarse en el vértice de unión. La longitud del lado es exactamente un cuarto de longitud de onda, por lo que podría, incluso, adaptarse al canal concreto que se vaya a utilizar. Este doble cuadrado de cobre será el elemento radiante.

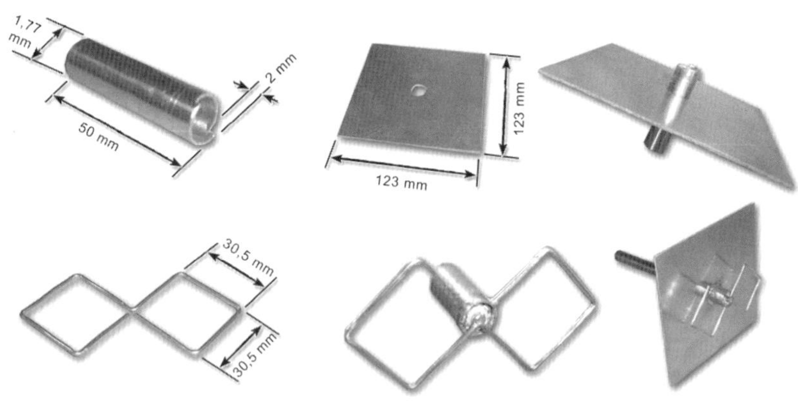

Figura 10.11. Construcción de una antena biquad

El doble cuadrado se suelda al reflector por el extremo del tubo de cobre que tiene el rebaje, de forma que los extremos del hilo de cobre queden soldados por el exterior de la media sección que resalta del tubo. La parte continua de la unión de ambos cuadrados debe quedar colocada sobre el rebaje a la espera de recibir el cable coaxial.

En uno de los extremos del coaxial se eliminan unos 3 cm de funda exterior. La malla que queda descubierta se pliega hacia atrás. Se elimina el aislante interior de forma que quede descubierto el conductor interior. Por último, se corta el conductor interior, dejándolo sobresalir sólo unos 4 mm del resto del cable.

Para terminar el montaje de la antena se introduce este extremo del cable coaxial por el tubo de cobre de forma que el conductor central del coaxial se encuentre con el vértice continuo del doble cuadrado. Deberán soldarse ambas piezas con cuidado de que estos lados del doble cuadrado no hagan contacto con el tubo. La malla del coaxial sí debe hacer un buen contacto con el tubo. Para ello, el extremo del tubo que queda por la parte trasera del reflector puede comprimirse sobre el tubo.

No hay que olvidar colocar el conector tipo N en el otro extremo del cable.

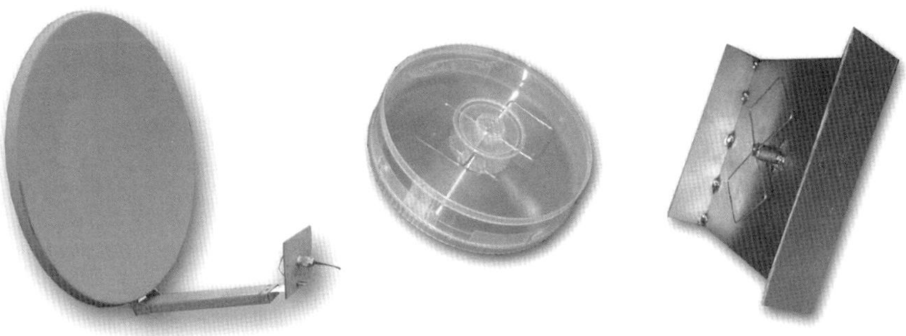

Figura 10.12. Variantes de la antena biquad

Variantes

Una variante interesante de esta antena se consigue sustituyendo el reflector por dos CD. Para conseguir la base conductora se introduce una lámina entre ambos CD (por ejemplo, de papel aluminio). El resto del montaje es idéntico.

Una curiosidad, si disponemos de una de esas tarrinas de plástico en las que venden los CD vírgenes, todo el montaje anterior podría quedar insertado en la tarrina, de forma que quedaría protegido de la intemperie.

Existe otra variante mejorada en la que en vez de utilizar un elemento radiante de doble cuadrado (biquad) se construye uno de cuatro cuadrados (doble biquad). El reflector será en este caso un rectángulo de doble longitud que anchura. Para que la pieza doble biquad no se doble se pueden fijar sus extremos al reflector mediante cualquier sistema aislante de sujeción.

Como última variante, proponemos montar la antena sobre una parábola. Con esto se conseguirá aumentar considerablemente la direccionalidad y ganancia de la antena. Trevor Marshall propone que en este caso se utilice un reflector de 11 cm de lado. También propone que se le añadan unas pestañas al reflector colocadas en los lados paralelos al eje principal del doble cuadrado. Las pestañas tienen una anchura de 3 cm y se colocan en perpendicular a la base.

CAPÍTULO 11

Proteger nuestra red

INTRODUCCIÓN

Como sabemos, el objetivo de cualquier sistema de seguridad es permitir el acceso a las personas autorizadas e impedírselo a cualquier otra. Sin embargo, el simple hecho de que una persona pueda entrar, aunque sea de forma autorizada, hace que el sistema deje de ser impenetrable. Si un intruso averigua los pasos a dar para entrar legalmente, conseguirá romper la barrera. Por tanto, no existe ningún sistema de seguridad que sea absolutamente impenetrable.

Las comunicaciones inalámbricas tienen un inconveniente adicional: carecen de barreras físicas. Por tanto, cualquier persona, con unos conocimientos sobre seguridad y con una tarjeta Wi-Fi instalada en su ordenador puede, potencialmente, acceder a un punto de acceso de una red inalámbrica (siempre que se encuentre en su área de cobertura). No obstante, fundamentalmente, lo que hace que esto sea cierto es que muy pocos usuarios se toman en serio las medidas de seguridad. Por ejemplo, suele ser común que un usuario instale una red Wi-Fi sin modificar la configuración que trae el sistema por defecto. Si un intruso desea entrar en un sistema, lo primero que comprobará es si todavía tiene la configuración inicial.

Desde un punto de vista técnico, las redes Wi-Fi incorporan unos sistemas de seguridad suficientes como para poder garantizar la confidencialidad, integridad y autenticidad de toda la información. El inconveniente es que estos sistemas no funcionan si sus usuarios no los utilizan. Por tanto, el punto débil de la seguridad Wi-Fi son sus usuarios. Las redes Wi-Fi requieren una atención en materia de seguridad algo mayor que las redes cableadas, y muchos de sus usuarios no son todavía conscientes de ello.

LOS RIESGOS

La seguridad es un riesgo tanto para las redes inalámbricas como para las cableadas. Hasta la fecha, todas las tecnologías informáticas que han ido apareciendo en el mercado (desde el ordenador personal hasta las redes de cualquier tipo) han sido susceptibles, de una u otra forma, de ser violadas en la integridad, confidencialidad o autenticidad de los datos que contiene.

Ciertamente, a diferencia de las redes cableadas, las redes inalámbricas emiten señales que pueden ser fácilmente recogidas en el exterior del recinto vigilado de la red (la oficina o el hogar particular). Desde ese punto de vista, las redes inalámbricas tienen un riesgo añadido. Pero este riesgo es controlable. De la misma forma que es controlable el riesgo que tiene una red cableada de que un usuario remoto y desconocido pueda entrar en ella a través de su conexión a Internet. El riesgo siempre es mayor cuantas menos medidas se tomen para atajarlo.

Las cuatro categorías de riesgos que preocupan en el uso de cualquier tecnología de red son las siguientes:

- Pérdida del equipo
- Infección de un virus
- Mal uso por personas autorizadas
- Uso fraudulento por personas no autorizadas

Pérdida del equipo

Es sorprendente la cantidad de información que podemos llegar a almacenar en el disco duro de nuestro ordenador, información no sólo profesional, sino, incluso, personal: el listado de clientes, las cuentas de la empresa, las descripciones de productos, la correspondencia con proveedores y clientes, la agenda de direcciones y teléfonos, números de tarjetas de crédito o las fotos de las últimas vacaciones. Perder un ordenador puede convertirse en un gran problema si cae en las manos equivocadas.

No obstante, aparte del problema que supone el exponer determinada información a ojos indiscretos, existe un problema adicional y es que dicho ordenador podría ser utilizado para acceder a la red de nuestra empresa. Este problema existe tanto si el ordenador está conectado a una red cableada como si lo hace a una red inalámbrica.

Si la red es cableada y dispone de acceso remoto, cualquiera podría acceder desde cualquier parte del mundo vía Internet (si tiene las claves grabadas). En este caso, este riesgo puede eliminarse fácilmente deshabilitando las cuentas de acceso del usuario en cuestión.

Si la red es inalámbrica, el acceso se tendría que hacer necesariamente desde una zona de cobertura. En este caso, pueden cambiarse también todos los códigos de acceso. No obstante, es cierto que, administrativamente, es mucho más sencillo eliminar una cuenta de acceso de una red cableada que cambiar manualmente las configuraciones de acceso de todos los usuarios de la red inalámbrica. Sin embargo, también es cierto que, a menos que exista algún tipo de etiqueta identificativa, la persona que consiga dicho equipo no dispondrá de ninguna pista para saber dónde se encuentra la red inalámbrica a la que se accede desde el equipo.

Infección por virus

Como sabe, los virus son pequeños programas informáticos que se instalan en el ordenador para causarle algún tipo de daño directo o utilizarlo como plataforma para conseguir otros objetivos. Los virus afectan tanto a redes cableadas como inalámbricas. Hasta la fecha no existe ningún virus que sea específico de redes inalámbricas.

Esto quiere decir que las medidas antivirus son idénticas, independientemente del tipo de red al que se encuentre conectado el ordenador: mantener el programa antivirus actualizado y disponer de un cortafuegos (*firewall*).

Figura 11.1. Programa antivirus de McAfee

Mal uso por personas autorizadas

El que personas autorizadas hagan un mal uso del sistema (intencionado o accidental) es una amenaza de la que resulta difícil protegerse. Una vez que el usuario ha pasado todos los niveles de seguridad y se encuentra dentro del sistema, es complicado controlar en detalle el uso que cada usuario hace de él.

Ciertamente, existen historias de empleados que han robado información de su empresa, borrado archivos, modificado información sensible o hecho cualquier otro uso malintencionado de la información, pero, existen todavía más historias de empleados que de una forma no intencionada producen el mismo daño compartiendo sus claves de acceso abiertamente, introduciendo datos equivocados, imprimiendo en la impresora equivocada, enviando un correo con información confidencial a personas equivocadas o copiando datos confidenciales a su disco duro o flexible sin las medidas de seguridad adecuadas.

Como se puede ver, estos riesgos son equivalentes tanto para las redes cableadas como para las inalámbricas. El único sistema que existe para protegerse de este riesgo es implantar una política de seguridad adecuada en la empresa (que incluya programas de formación a los usuarios) y hacer seguimientos periódicos de su cumplimiento (auditorías).

Uso fraudulento por personas no autorizadas

Si hay un punto en el que las redes inalámbricas Wi-Fi tienen desventaja frente a las redes cableadas, es el riesgo de uso fraudulento por personas no autorizadas. La desventaja viene por lo que es su ventaja fundamental: cualquier usuario puede conectarse a la red desde cualquier sitio sin necesidad de conectarse físicamente a ningún medio.

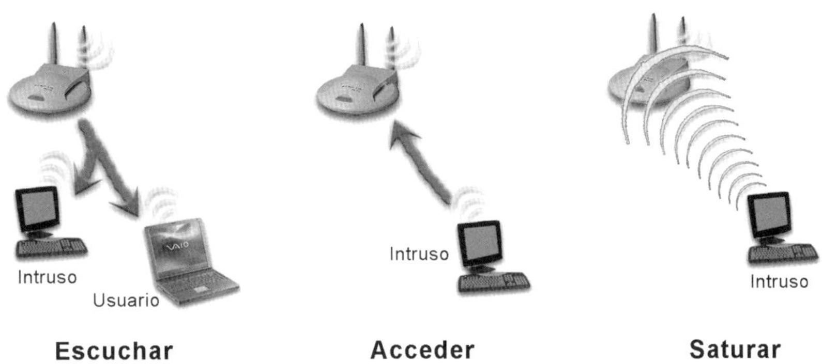

Figura 11.2. Usos fraudulentos de las redes inalámbricas

Los usos fraudulentos pueden venir por cualquiera de los siguientes caminos:

- **Escuchar**. Con un receptor adecuado, los datos emitidos por un usuario pueden ser recogidos por terceras personas. De hecho, existen programas como Airopeek, Airsnort, NetStumbler o Wepcrack que facilitan esta labor. Estos programas descubren datos como el SSID, la dirección MAC o si el sistema WEP está o no habilitado.

- **Acceder**. Se trata de configurar un dispositivo para acceder a una red para la que no se tiene autorización. Esto se puede hacer de dos formas: configurando un ordenador para que acceda a un punto de acceso existente o instalando un nuevo punto de acceso y, a través de él, conectar fraudulentamente todos los ordenadores externos que se deseen.
- **Saturar**. En este caso no se trata de intentar acceder fraudulentamente a una red, sino de dejarla fuera de servicio. El resultado es que la red no puede ser utilizada por sus propios usuarios, por lo que es un ataque a la seguridad. Para dejar inhabilitada una red inalámbrica, bastaría simplemente con saturar el medio radioeléctrico con el suficiente ruido como para que sea imposible llevar a cabo cualquier comunicación. A este tipo de ataques se le conoce también como negación del servicio, DOS (*Denial of Service*) o *jamming* (literalmente, 'atasco').

MEDIDAS DE SEGURIDAD

La única manera de conseguir seguridad en cualquier sistema informático es manteniendo unas técnicas de protección adecuadas. Hay que ser conscientes de que ninguna técnica de protección es eficaz al cien por cien, siempre existe riesgo, aunque sea pequeño. No obstante, a más barreras de seguridad, menor será el riesgo.

En cualquier caso, recuerde que la mayor debilidad de cualquier sistema informático no es la tecnología, sino sus usuarios. De nada sirve un sistema de cifrado completamente seguro si no se activa, si sus claves son evidentes o si se deja con la configuración por defecto.

En un principio, las barreras de seguridad básicas que deben tenerse en cuenta para cada uno de los riesgos son las siguientes:

- **Pérdida del equipo**. Tomar las precauciones mínimas para evitar en lo posible la pérdida o robo del equipo. No dejar grabados en el equipo los nombres de usuario y contraseña, ni tampoco dejar estos datos escritos en papeles que estén permanentemente con el equipo o en documentos fácilmente identificables.
- **Infección por un virus**. Utilizar *software* antivirus. Los ataques exteriores se pueden presentar bajo tres formas: virus, gusanos y caballos de Troya. Un virus es un programa diseñado para autorreplicarse y ejecutarse sin el conocimiento del usuario. Un gusano es un programa que está pensado para autorreplicarse y difundirse por el mayor número de equipos posibles. Un caballo de Troya es un programa que aparenta ser un programa útil, pero que, realmente, se dedica a recoger información o a facilitar que el intruso tenga acceso a ese ordenador o a la red en la que se encuentra. Es importante ser conscientes de que el mundo de

la piratería está siempre evolucionando; por este motivo, conviene mantener actualizado el *software* antivirus.

- **Mal uso por personas autorizadas** (intencionado o accidental). Este problema suele aparecer en los entornos corporativos, por lo que su solución se basa en implantar una política de seguridad donde se defina cuáles son los puntos importantes que deben tener en cuenta los empleados (uso de las claves, copias de seguridad, etc.). Es importante plasmar estos puntos en un documento y difundirlo adecuadamente, además de ofrecer formación sobre el uso de los ordenadores, las posibles amenazas a la seguridad y cómo evitarlas.
- **Uso fraudulento por personas no autorizadas** (*intrusos*). A pesar de que la mayoría de los usuarios tiene en mente el problema de la seguridad, lo cierto es que no se le suele dedicar mucha atención. Por ejemplo, es habitual dejar los productos con su configuración por defecto. Si hay algo que conocen los intrusos es la configuración por defecto de los equipos. Por ello, es recomendable cambiar las claves de acceso y activar las medidas de seguridad no configuradas por defecto (WEP o WPA). También son interesantes otras medidas como ocultar la identificación SSID, no habilitar DHCP o utilizar un *firewall*.

Todas las medidas anteriores son necesarias si buscamos la seguridad de nuestros sistemas informáticos, pero, desde el punto de vista de las redes inalámbricas, quizás, el problema que más preocupa sea el del último punto: la protección frente a intrusos.

PROTEGERSE DE LOS INTRUSOS

Un intruso es cualquier persona que entra en nuestro espacio sin autorización. En el caso de las redes inalámbricas, el espacio a proteger es la utilización de los equipos de red. Por tanto, cuando una persona ajena se conecta a nuestro equipo de red (punto de acceso) está llevando a cabo un intrusión en un espacio ajeno (esto es lo que anteriormente hemos identificado como acceder). También se considera intrusión cuando, sin establecer dicha comunicación, escucha e interpreta la información que intercambian los usuarios autorizados (escuchar). Así como, cuando, sin acceder ni escuchar, impide el uso normal de la red (saturar).

De estas tres formas de intrusión (acceso, escucha y saturación), las dos primeras se pueden evitar, simplemente, cifrando las comunicaciones. Aunque se pueden tomar también otra serie de medidas adicionales que refuerzan la protección. El conjunto de medidas disponibles son las siguientes:

- Utilizar una clave WEP o WPA.
- Utilizar un filtro MAC.
- No publicar la identificación SSID.

- No habilitar DHCP.
- Utilizar un *firewall*.

Es evidente que el sistema de protección más seguro es habilitar el sistema de clave WPA o, en su defecto, la clave WEP. Esta medida se verá perfectamente complementada con la instalación de un *firewall* en la red o, en su defecto, un *firewall* personal en cada ordenador de los usuarios. El primer tipo de *firewall* será el indicado para el caso de redes corporativas y el segundo para redes domésticas o de pequeña oficina.

Si por cualquier motivo no puede o no desea utilizar un sistema de cifrado, cabe la alternativa de utilizar el resto de medidas. Quizás la protección no resultará tan segura, pero no todo el mundo tiene piratas experimentados a su alrededor. Lo que sí tenemos todos alrededor son curiosos, y éstos no van a dudar en entrar en una red desprotegida. Por tanto, si no utiliza ninguna medida de protección puede estar seguro que en uno u otro momento, de una u otra forma, su red será utilizada por intrusos.

No hay que olvidar que cualquiera de las medidas anteriores debe complementarse con la utilización de un software antivirus actualizado.

Si se tiene un especial interés en mantener la red con altos niveles de seguridad se pueden instalar sistemas de detección de intrusos y realizar auditorías periódicas. Por ejemplo, en el mercado existen programas que permiten controlar qué usuarios se conectan a la red, permitiendo identificar los accesos no autorizados. Algunos de estos productos son los siguientes: *MobileManager* de la empresa Wavelink, *Sniffer Wireless* de Network Associates o *AiroPeek* de la empresa WildPackets.

PROTECCIÓN	EFICACIA	QUÉ PROTEGE
Clave WPA	Alta	El acceso radio y la confidencialidad
Clave WEP	Media-alta	El acceso radio y la confidencialidad
Filtro MAC	Media	El acceso radio
Ocultar SSID	Baja	El acceso radio
Deshabilitar DHCP	Baja	El acceso radio
Firewall	Alta	El acceso desde otras redes (Internet)

Tabla 11.1. Comparativa de los sistemas de protección

Por último, para reforzar la importancia de adoptar medidas de seguridad, recordemos algunas de las recomendaciones que hace WECA, la asociación de fabricantes de equipos inalámbricos Wi-Fi, para garantizar la seguridad:

- Nunca decirle a nadie la clave y, en el caso de las empresas, asegurarse que todos los trabajadores siguen esta regla.
- Evitar en lo posible el uso de claves estáticas. Las claves hay que modificarlas periódicamente, aunque sea una molestia.

- Utilizar un cortafuegos (*firewall*).
- Auditar la red Wi-Fi periódicamente para comprobar que no existen conexiones no autorizadas.

Utilizar una clave WEP o WPA

Como se ha visto anteriormente, ésta es, sin duda, la medida más importante y eficaz. WEP y WPA son sistemas de cifrado de la información que permiten: por un lado, que sólo los equipos con la clave correcta puedan conectarse al punto de acceso; y por otro, que la información intercambiada entre los usuarios y el punto de acceso esté cifrada, y por tanto, oculta a los intrusos.

El sistema WEP es el originario de Wi-Fi y, aunque supone una buena medida de protección, se le encontraron debilidades, por lo que fue sustituido por el sistema WPA. Por tanto, los mayores niveles de seguridad se consiguen con el cifrado WPA.

El inconveniente de estos sistemas de cifrado es que es necesario introducirlos manualmente en cada uno de los equipos de la red inalámbrica (punto de acceso y ordenadores de usuarios). Esto no supone ningún problema para una pequeña red Wi-Fi, pero para una red corporativa supone, no sólo una carga de trabajo extra, sino que complica su gestión. Sobre todo si tenemos en cuenta que para mantener un alto nivel de seguridad es necesario modificar la clave periódicamente y esta modificación debe hacerse de forma simultánea.

Para configurar un sistema de cifrado, lo aconsejable es introducir la clave en el punto de acceso, hacerlo a continuación en uno de los ordenadores de usuario y, cuando se comprueba que todo funciona correctamente, extender la configuración de la clave al resto de ordenadores. Hay que tener presente que en el momento en que se introduce la clave se pierde la conexión con todos los equipos que no dispongan de la misma.

La configuración en el punto de acceso depende del equipo en cuestión, pero se trata de buscar las opciones de cifrado (*Encryption*), seleccionar la opción de cifrado elegida (WPA, WEP de 40/64 o 104/128 bits) y elegir el modo como se va a introducir la clave. La clave es realmente un conjunto de caracteres hexadecimales. Esto quiere decir que se puede utilizar cualquier número y las letras de la A a la F. No obstante, como introducir un código hexadecimal puede resultar incómodo, se puede elegir la opción de utilizar una frase clave o *passphrase* (pudiéndose utilizar en este caso todos los caracteres del alfabeto). El sistema se encarga de convertir esta frase en el código hexadecimal correspondiente. La utilización de frases clave es menos segura que introducir cifras hexadecimales aleatorias, ya que las frases tienen cierta lógica, mientras que las cifras aleatorias no.

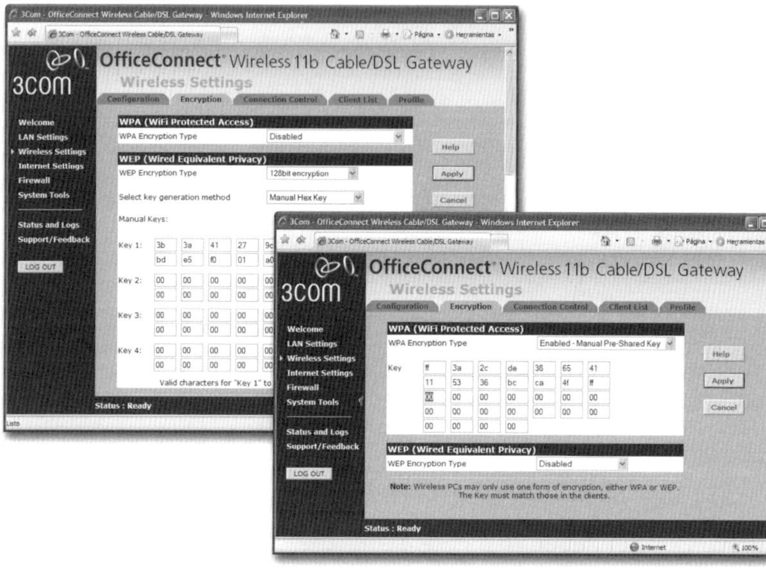

Figura 11.3. Configurar un punto de acceso con clave de cifrado (WEP y WPA)

Por último, es importante mencionar que no todos los equipos Wi-Fi admiten la utilización de claves WPA. Éste es el motivo fundamental por el que todavía se sigue utilizando WEP. Antes de decidirse por WPA, hay que asegurarse de que lo admiten todos los equipos de la red.

Por cierto, los tipos de cifrado WEP 64 y 128 también se conocen como WEP 40 y 104 bits. Esto es así porque, aunque la clave de cifrado es de 40 ó 104 bits, en ambos casos hay que añadirle 24 bits del vector de inicialización (IV). Algunos puntos de acceso presentan la opción (no estándar) de utilizar claves de 152 bits (128+24 bits).

Utilizar un filtro MAC

Como se ha visto en capítulos anteriores, las siglas MAC (*Media Access Control*, ‘Control de acceso al medio’) pueden hacer referencia a dos cosas: al protocolo de Wi-Fi que define el acceso al medio y a un número de identificación globalmente único que identifica a cada dispositivo de comunicación (cada tarjeta de red). En este caso nos referimos a este último significado, también conocido como dirección MAC.

El hecho es que existe un número que identifica a cada una de las tarjetas de comunicaciones que se fabrican. Este número es único y fue creado para facilitar las comunicaciones del protocolo Ethernet. La ventaja de la dirección MAC frente a la dirección IP es que la primera es única para cada equipo, mientras que la segunda la asigna cada red y puede ser modificada por sus usuarios. Por tanto, un número o dirección MAC identifica a cada terminal de forma inequívoca.

Pues bien, aprovechando este hecho, algunos puntos de acceso ofrecen la posibilidad de definir una lista de números MAC permitidos. Esto quiere decir que el punto de acceso sólo permitirá la comunicación a los equipos (ordenadores) cuyo número MAC se encuentre en la lista. Al resto de equipos, entre ellos al de los intrusos, no se les permitirá el acceso.

El filtro MAC es una buena barrera de acceso, no obstante, tiene una debilidad: un pirata experimentado puede descubrir los números MAC autorizados, modificar este número en su equipo y entrar en la red. Ciertamente, un usuario normal no puede modificar su número MAC, pero existen procedimientos que lo permiten hacer. Por tanto, este sistema supone una buena barrera, pero no es definitivo.

Figura 11.4. Consultar el número MAC en Windows y Linux

Los números MAC están formados por 48 bits o, lo que es lo mismo, por 12 caracteres hexadecimales que suelen representarse como una cadena de seis grupos de dos cifras separados por dos puntos (por ejemplo, 12:AB:56:78:90:FE). Este número lo asigna cada fabricante a cada una de las tarjetas de comunicación (también conocida como NIC o *Network Interface Card*, 'Tarjeta interfaz de red') que produce y tiene la particularidad de ser único. Quiere decir que no existen dos tarjetas con números iguales, aunque sean del mismo fabricante. Esto es lo que se conoce como identificación globalmente única.

Los números MAC fueron definidos por el IEEE para ser utilizados con la red Ethernet. De los 48 bits de que dispone, los último 24 identifican al fabricante de la tarjeta (por ejemplo 00:40:96 identifican a Airones/Cisco, o 00:40:5E identifica a Philips). Este identificador se conoce como OUI (*Organizationally Unique Identifier*, 'Identificador único de organización'), pudiendo cada fabricante disponer de más de uno de estos identificadores. Los primeros 24 bits los utiliza cada fabricante para identificar cada una de las tarjetas que produce.

Figura 11.5. Ejemplo de configuración del filtro MAC en puntos de acceso

Si siente curiosidad, en las siguientes direcciones podrá encontrar el fabricante que le corresponde a cada número MAC:

http://coffer.com/mac_find
http://standards.ieee.org/regauth/oui/index.shtml

Si dispone de Windows XP y desea conocer el de su equipo introduzca *ipconfig /all* en el *Símbolo del sistema* (*Inicio*, *Programas*, *Accesorios*). En el caso de Windows 95 o 98 puede utilizar la aplicación *winipconfig*, y en el caso de disponer de Windows NT,

2000 o XP Profesional puede utilizar el comando *getmac* en el *Símbolo del sistema* (antiguo DOS).

En el caso de los sistemas tipo Unix (Linux, FreeBSD, AIX, etc.) se puede conocer la dirección MAC mediante el comando *ifconfig*. Este comando muestra toda la información relacionada con las interfaces de red, entre las que se encuentran las direcciones MAC correspondientes a cada una.

Para habilitar el filtro de número MAC se debe acceder a las opciones de configuración del punto de acceso, buscar la opción correspondiente (*MAC filter*, *Connection control* o similar) e introducir la lista de números MAC permitidos. Muchos puntos de acceso disponen de la opción de mostrar el número MAC del equipo que está intentando conectarse en ese momento para que con un simple clic se pueda añadir a la lista. De igual forma, un número MAC puede eliminarse de la lista. Algunos puntos de acceso permiten incluir junto al número MAC una nota para poder identificar a su propietario.

No publicar la identificación SSID

Como sabemos, los puntos de acceso se identifican por un nombre que le otorga arbitrariamente su administrador y que se conoce como SSID o nombre de red. El punto de acceso puede anunciar este nombre, emitir esta información, o mantenerlo oculto. Cuando lo anuncia, cualquier usuario en su área de cobertura que explore las redes disponibles lo encontrará y podrá intentar conectarse a ella con un simple clic. Si el punto de acceso no publica su SSID, su nombre no aparecerá en la lista de redes disponibles, y por tanto, no invitará a su conexión.

Ocultar el SSID es una barrera para los intrusos, pero también para los usuarios autorizados, a los que obligará a conocer e introducir el nombre específico de la red cuando deseen conectarse. A este respecto tenemos dos noticias: la buena es que el ordenador del usuario suele guardar los perfiles con los que se conecta a cada red, por lo que, una vez establecida la conexión la primera vez, las siguientes se realizarán de forma automática, sin más intervención. La mala noticia es que existen herramientas para descubrir el SSID aunque el punto de acceso no lo publique, por tanto, un pirata experimentado no tendrá problemas en saltarse esta barrera.

Por otro lado, dado que el identificador SSID se puede elegir, es mejor utilizar un nombre que no tenga ninguna relación con los propietarios ni con los usuarios de la red. Esto complicará, al menos, la identificación de la red. Por ejemplo, si la empresa Ferrox le asignase a su red el nombre FerroxWiFi, cualquiera que detectase este SSID podría deducir fácilmente a quién pertenece. Un pirata especialmente interesado en entrar en esta red tendría sencillo su identificación. Por el contrario, si se eligiese el nombre

N2J3X, el pirata la detectará igualmente, pero no podrá deducir fácilmente a quién pertenece.

No habilitar DHCP

Para que un equipo se conecte a una red IP necesita disponer de un número IP de identificación (su dirección IP). Este número puede introducirse manualmente en cada equipo o puede configurarse para que lo obtenga automáticamente en el momento de su conexión. Quien asigna los números IP de forma automática es un servicio del punto de acceso conocido como DHCP (*Dynamic Host Control Protocol*, 'Protocolo de control dinámico del *Host*').

El servicio DHCP puede habilitarse o no. Si se habilita, cualquier usuario puede conectarse a la red simplemente configurando la opción 'Obtener IP de forma automática'. Si no se habilita, a cada equipo de usuario hay que configurarle manualmente una dirección IP válida. Esto significa que cada número IP tiene que estar dentro del rango de números de la red y no estar siendo utilizado por otro usuario.

Por tanto, tener deshabilitado el servicio DHCP supone una barrera, aunque obliga al administrador de la red a gestionar de forma manual la asignación de números IP. De nuevo tenemos dos noticias: la buena es que esta asignación sólo habría que hacerla una vez. El ordenador se encargaría de guardar dicha asignación en el perfil de la red para que no sea necesario definirla en las futuras conexiones. La mala noticia es que las redes privadas disponen de unos rangos de numeración específicos que son conocidos por todos. Por tanto, descubrir un número IP válido es sólo cuestión de paciencia. En cualquier caso, para intrusos sin experiencia puede suponer un gran impedimento.

Utilizar un *firewall*

Un *firewall* es un software o hardware que filtra las comunicaciones impidiendo el acceso no autorizado a las áreas protegidas. Utilizar un *firewall* es una buena medida de seguridad siempre que se está conectado a Internet, independientemente de que la conexión se realice o no a través de una red inalámbrica.

La protección fundamental que ofrece un *firewall* es bloquear los intentos de intrusión a nuestra red u ordenador personal desde Internet. Hay que tener en cuenta que una posible táctica de ataque es entrar en cualquier ordenador de la red Wi-Fi desde Internet para conseguir la información necesaria que posteriormente pueda ser utilizada para lograr el acceso inalámbrico. Por ejemplo, se pueden buscar los números MAC o las claves WEP o WPA.

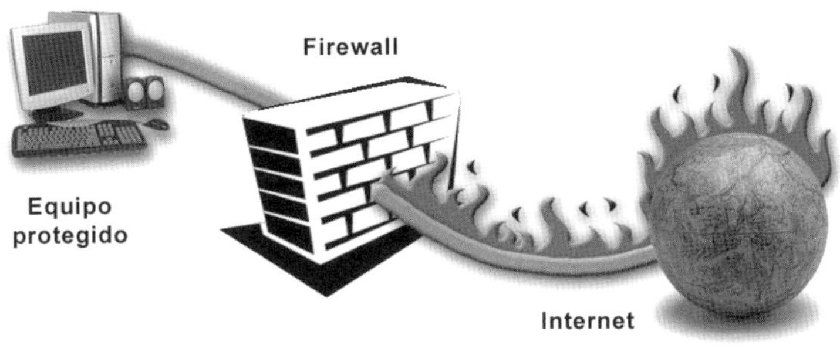

Figura 11.6. El firewall como elemento de protección

Internet es una gran red donde todo y todos estamos conectados. Para los usuarios, esto supone tener acceso a una inmensa biblioteca interactiva y poder hacer uso de la gran autopista de la intercomunicación. Pero en Internet no sólo hay usuarios bienintencionados. La fraternidad casi unánime se acabó el día en que Internet dejó de ser una red universitaria para convertirse en una red puramente comercial. Hoy día, Internet es también un verdadero coto de caza para aquellas personas que se introducen en ordenadores ajenos para robar información, producir efectos no deseados o, simplemente, divertirse a costa de los demás.

No obstante, no hay que asustarse en exceso. Los malos en Internet, como en el mundo físico, son muchos menos que los buenos. Por tanto, si no se está protegido, no quiere decir que automáticamente seremos atacados. Ahora bien, al igual que en el mundo físico instalamos alarmas y rejas o contratamos servicios de seguridad, por si acaso, también en Internet conviene protegerse con medidas de seguridad. La diferencia entre uno y otro caso es que las medidas de seguridad informáticas son mucho más económicas que las medidas de seguridad del mundo físico.

Los delincuentes informáticos son personas que disponen de unos conocimientos muy específicos, una cierta experiencia, un buen conjunto de herramientas y, sobre todo, motivación y tiempo. Las modalidades de motivación de un ciberdelincuente son muy variadas: reto personal, relevancia social, interés económico, rivalidad, diversión, venganza y un largo etcétera.

Afortunadamente, los buenos tenemos también nuestras herramientas para protegernos, y sin duda, las herramientas más importantes para disfrutar de una buena garantía de seguridad informática son: el *firewall* y los antivirus.

Un *firewall*, o cortafuegos, es un dispositivo software o hardware que filtra todo el tráfico que nuestro ordenador o red de ordenadores se intercambia con el exterior. El trabajo de un *firewall* consiste en analizar todo el tráfico en uno y otro sentido, y decidir a qué tráfico deja pasar y a qué otro le impide el paso para garantizar la seguridad de nuestros equipos.

Se puede decir que el trabajo de un *firewall* informático es similar al del portero de un edificio: comprueba quién pretende entrar, si cuenta con la autorización pertinente, qué lleva consigo, si sabe a dónde va, si alguien del interior ha avisado de su llegada, etc.

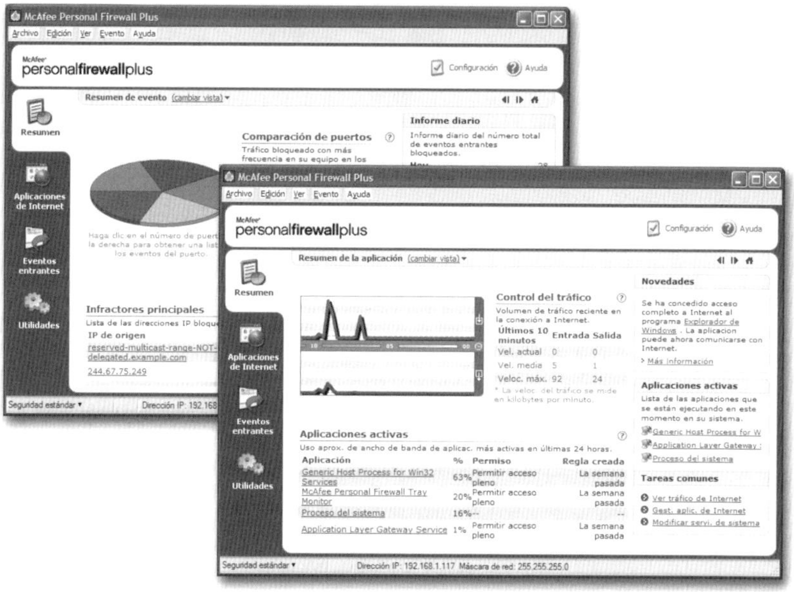

Figura 11.7. Personal firewall de McAfee

Siempre que se dispone de una red local es conveniente protegerla con un *firewall*. En el mercado existen *firewall* hardware que se instalan junto al *router* para proteger toda la red y *firewall* software que se instalan en cada ordenador (*firewall* personal). Los sistemas operativos Windows XP, Vista o Linux incluyen aplicaciones *firewall* de este tipo. Por cierto, Windows le da al *firewall* el nombre de servidor de seguridad.

Las grandes redes corporativas disponen de varios puntos de conexión a Internet e, incluso, necesitan distintos niveles de seguridad dentro de la red. Para cubrir todas estas necesidades existen *firewalls* que pueden trabajar conjuntamente con otros *firewalls*, cada uno de ellos cubriendo una parte de la red o llevando a cabo una función distinta de seguridad. En el caso de redes inalámbricas corporativas, suele ser habitual considerarlas como un elemento especial de riesgo, por lo que, en muchos casos, están separadas del resto de la red corporativa con un *firewall*. Esto es lo que se conoce como **zona DMZ** (*Demilitarized Zone*, 'Zona desmilitarizada') o zona periférica (*perimeter zone*). A estas zonas se les aplica una medidas de seguridad especiales dado su mayor potencial de riesgo.

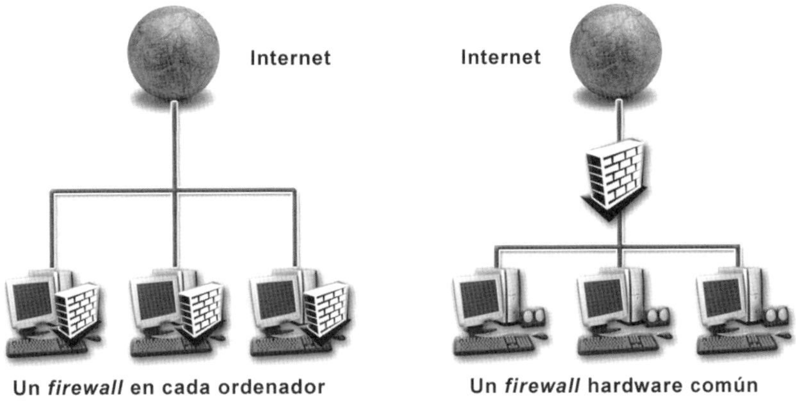

Figura 11.8. Firewall en red local

Si se dispone de una pequeña red, instalar un *firewall* personal en cada ordenador puede ser una buena solución. Entre los muchos que existen podemos mencionar Windows Personal Firewall (incluido en Windows XP), ZoneAlarm Pro de Zone Lab, McAfee Personal Firewall, Sygate Personal Firewall, BlackICE Defender de Network ICE, Norton Personal Firewall de Symantec, Tiny Personal Firewall o Kerio.

Si está más interesado en *firewall* de tipo hardware, éstos son algunos ejemplos: Watchguard (*www.watchguard.com*), Webramp (*www.webramp.com*), Officeconnect (*www.3com.com*) o Sonicwall (*www.sonicwall.com*).

Las características más comunes de los *firewalls* son las siguientes:

- Bloqueo del tráfico de entrada basado en la dirección del remitente o del destinatario de los datos. Ésta es la característica más común de los *firewalls*.
- Bloqueo del tráfico saliente basado en la dirección del remitente o del destinatario. Esta característica es menos común, pero, permite, por ejemplo, impedir que los empleados accedan a determinadas páginas Web inapropiadas.
- Bloqueo del tráfico basado en el protocolo utilizado. Esta característica impediría, por ejemplo, dejar pasar el tráfico de correo electrónico o el de transferencia de archivos.
- Bloqueo del tráfico basado en su contenido. Los *firewalls* más avanzados pueden llegar a analizar el contenido de los paquetes de datos y rechazar los que incluyan un contenido determinado. Mediante este sistema se puede impedir el paso de, por ejemplo, virus o contenidos pornográficos.
- Gestión de los recursos internos. Aunque la principal finalidad de un *firewall* es controlar el tráfico de entrada y salida de la red privada, también se podrá configurar para que impida a determinados usuarios internos acceder a recursos

internos concretos. Por ejemplo, si se dispone de un servidor Web, se puede restringir su acceso desde la red interna, mientras que se permite desde Internet.

- Gestión de red privada virtual. Una red privada virtual o VPN (*Virtual Private Network*) es un sistema mediante el cual se puede establecer una conexión segura entre dos puntos de Internet. Algunos *firewalls* incluyen la funcionalidad VPN, con lo que permiten establecer conexiones seguras entre la propia red privada y cualquier ordenador de Internet. Mediante las redes privadas virtuales cualquier empleado puede conectarse de forma remota a su red corporativa con total seguridad. Esto facilita, por ejemplo, el teletrabajo.
- Caché de datos. Una misma página Web o unos mismos datos pueden ser solicitados por distintos usuarios de la red interna del *firewall*. Para aumentar la velocidad de respuesta, el *firewall* puede guardar una copia de los datos más solicitados en un espacio de memoria intermedia y facilitárselos directamente al peticionario sin tener que completar el acceso con el destino con cada una de las peticiones.
- Informe de actividad del *firewall*. Además de controlar el tráfico, es importante registrar dicha actividad. Esto permite saber cosas como: datos sobre el intruso que intenta acceder a la red o qué empleado intenta acceder a lugares inapropiados de Internet. El registro de la actividad de un *firewall* es imprescindible para analizar un posible agujero de seguridad y actuar en consecuencia. La mayoría de los *firewalls* incluyen mecanismos para generar informes.
- Balance de cargas. En el caso de redes pequeñas es habitual contar con un único punto de acceso. Esta situación es ideal desde el punto de vista de la seguridad, pero no lo es tanto desde el punto de vista de la disponibilidad. Para evitar esto, las redes que necesitan una garantía de disponibilidad cuentan con más de un punto de acceso, y cada uno de estos puntos cuenta con su correspondiente *firewall*. Pues bien, los distintos *firewalls* pueden cooperar entre sí haciendo una distribución del tráfico.

Negación de servicio o saturación

Los ataques de negación de servicio no son muy habituales ya que no suele suponer un beneficio directo para el atacante. Cuando ocurre, suele ser por dos motivos: el atacante desea simplemente causar daño a una víctima concreta o es parte de su estrategia para conseguir penetrar en el sistema. Por ejemplo, frente a la desesperación de la víctima de no conseguir hacer funcionar su sistema prueba a deshabilitar las claves, momento que aprovecha el intruso para entrar.

En cualquier caso, hay que tener en cuenta que el sistema puede no funcionar porque accidentalmente está fallando algún equipo. Por tanto, lo primero que se puede probar frente a las interferencias es cambiar el equipo de posición o utilizar una antena externa que pueda colocarse en otro lugar. Si esto no es posible, cabe buscar la fuente de interferencia e intentar suprimirla o alejarla.

Otro tipo de ataque de negación de servicio consiste en acceder fraudulentamente al equipo en cuestión y realizar modificaciones para impedir su funcionamiento normal. Por ejemplo, si el intruso accede al punto de acceso y cambia la clave WEP dejará a sus usuarios completamente incomunicados. Sus responsables tardarán un tiempo en descubrir el fallo y restablecer la comunicación. De hecho, es posible que no saquen una conclusión clara de qué es lo que ha pasado. Durante todo ese tiempo, el sistema estará fuera de servicio.

EL SISTEMA WEP

Cuando apareció la tecnología inalámbrica Wi-Fi, el único sistema de seguridad que incluía era el cifrado **WEP** (*Wired Equivalency Protocol*, 'Protocolo de equivalencia con red cableada'). Este sistema cifra todos los datos que se intercambian entre los usuarios y el punto de acceso utilizando el algoritmo de cifrado RC4.

RC4 fue diseñado en 1987 por Ron Rivest de la empresa RSA Security. El nombre RC4 es un acrónimo de *Rivest Cipher 4*, aunque también se dice que su significado es el de *Ron's Code 4*.

Este algoritmo RC4 se basa en generar una clave de forma pseudoaleatoria (conocida como *keystream*) que tiene la misma longitud que el texto original. A esta clave y al texto original se le aplica la operación lógica XOR (O exclusiva), dando como resultado un texto cifrado.

En el caso WEP, la clave pseudoaleatoria se genera utilizando una clave secreta que define el propio usuario y un vector de inicialización (IV, *Initialization Vector*) que lo genera aleatoriamente el sistema para cada trama (bueno, ésta es la teoría, la realidad es que no se cambia). La clave secreta se concatena con el IV creado lo que se conoce como semilla (*seed*), a partir de la cual se genera la clave pseudoaleatoria de la longitud deseada utilizando el algoritmo PRNG (*Pseudorandom Number Generation*, 'Generación de números pseudoaleatorios').

Para garantizar la integridad, el texto original se envía junto con lo que se conoce como ICV (*Integrity Check Value*, 'Valor de comprobación de integridad'). Se trata de 32 bits de comprobación de integridad que se calcula con el algoritmo CRC-32 (*Cyclic Redundancy Check* o 'Código de redundancia cíclica' de 32 bits).

Por tanto, en el caso de WEP, la operación XOR se realiza entre la clave pseudoaleatoria y el texto original con su ICV. El resultado es el texto cifrado que se emite finalmente junto con el valor IV sin cifrar.

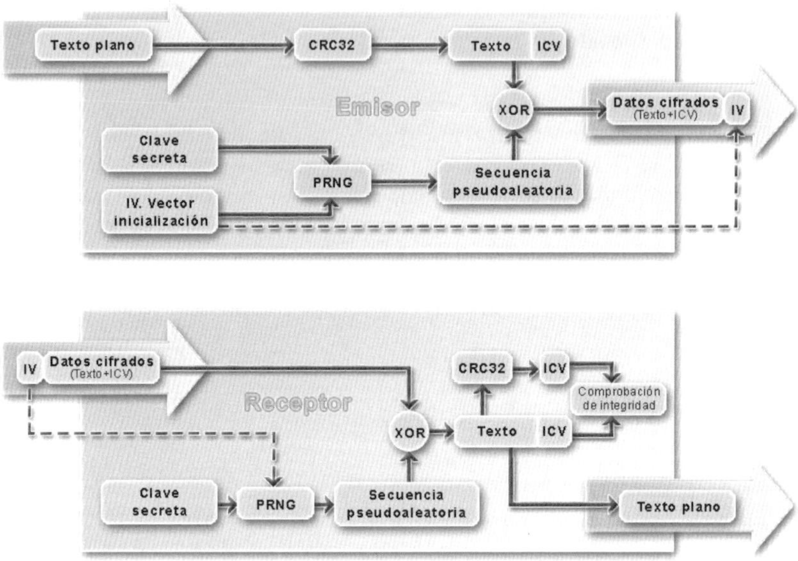

Figura 11.9. Proceso de cifrado y descifrado WEP

El receptor recibe el texto cifrado y el valor IV. Como el receptor conoce la clave, al disponer del valor IV puede generar la semilla con la que crear la clave pseudoaleatoria. Al aplicarle la operación XOR a esta clave y al texto cifrado se obtiene el texto original y el valor ICV generado en origen. Para comprobar la integridad de este texto se le calcula localmente el valor ICV y se comprueba con el ICV generado en origen. Si no coincide indica que el texto ha sido modificado por el camino.

Las debilidades de WEP

Se han hecho muchos estudios sobre la seguridad del sistema WEP. Entre ellos se encuentran el de la Universidad de Maryland de marzo de 2001, el de Fluhrer, Mantin y Shamir de julio de 2001 o el que un equipo de especialistas en seguridad de la Universidad de California en Berkeley (el ISAAC, *Internet Security, Applications, Authentication and Cryptography*) publicó en enero de 2001.

Este último estudio hacía referencia a cuatro tipos de ataques posibles contra WEP:

- El primero hacía posible descifrar un mensaje basado en la fragilidad del IV (vector de inicialización de sólo 24 bits) y en la utilización de códigos estáticos.

- El segundo ataque posibilitaría crear mensajes utilizando los mensajes existentes.
- El tercer ataque permitiría descifrar la información contenida en las cabeceras de los paquetes. Con esto se podrían reenviar los paquetes a otra estación para descifrar allí su contenido.
- El último ataque permitiría crear una tabla de IV (vectores de inicialización) y claves permitiendo descifrar fácilmente todos los mensajes interceptados.

WECA (la asociación de fabricantes de productos y servicios inalámbricos que certifica los equipos Wi-Fi) siempre ha respondido a estos informes diciendo que los ataques descritos siempre utilizan sistemas sofisticados que necesitan un esfuerzo y tiempo considerable para llevarlos a cabo. Manifiesta que WEP sigue siendo un sistema suficientemente seguro como para estar protegidos de la inmensa mayoría de los posibles intrusos. Por otro lado, WEP nunca fue diseñado para ser un sistema de seguridad total.

En cualquier caso, tanto WECA como el IEEE han trabajado para ofrecer una alternativa a WEP que ofrezca unos mayores niveles de seguridad. Los resultados han sido WPA y IEEE 802.11i.

EL SISTEMA WPA

Dadas las debilidades evidentes de WEP, había que hacer algo para resolver el problema. La solución ideal era que el IEEE sacara un nuevo estándar complementario a 802.11b/g/a que definiera unos nuevos mecanismos de seguridad completamente fiables. Sin embargo, definir un estándar con todas sus garantías lleva su tiempo, y la alianza Wi-Fi, WECA, veía que este problema tenía que resolverse en breve. Hay que tener en cuenta que WEP es de 1999 y que sus principales debilidades se descubrieron en 2001.

Cuando el IEEE se puso a trabajar en su nueva recomendación, la 802.11i, se dio cuenta que no iba a poder ser compatible con el hardware existente. Este hecho, junto con la urgencia en tener una alternativa fiable a WEP, llevó a WECA a sacar su protocolo WPA (*Wi-Fi Protected Access*, 'Acceso Wi-Fi protegido'). Posteriormente, el IEEE publicaría el estándar 802.1i, al que WECA bautizaría con el nombre de WPA2. Por tanto tenemos dos protocolos WPA:

- **WPA**. Publicado por WECA a principios de 2003 y que tiene la ventaja de ser compatible con el hardware existente (actualizando su *firmware*).
- **WPA2** ó **802.11i**. Publicado por IEEE en junio de 2004. Aunque tiene el inconveniente de no ser compatible con el hardware anterior, tiene la ventaja de ser más seguro. Este estándar también se conoce como RSN (*Robust Security Network*, 'Red de seguridad robusta').

WPA es un subconjunto de 802.11i. Incorpora las características TKIP (*Temporal Key Integrity Protocol*, 'Protocolo de integridad de clave temporal') y 802.1x, mientras que deja fuera otras como la desautentificación segura, la desasociación, IBSS segura, cambio seguro de puntos de acceso, así como protocolos mejorados de cifrado como AES-CCMP. Algunas de estas características (no incluidas en WPA) requieren cambios en el *hardware* de los equipos Wi-Fi anteriores. Por el contrario, todas las características que incluye WPA pueden ser actualizadas en los equipos anteriores mediante una actualización del ***firmware***.

TKIP ofrece características tan interesantes como:

- Incluye cuatro nuevos algoritmos para mejorar la seguridad.
- Utiliza IV más largas.
- Impide la reutilización de claves estáticas.
- Hace uso de claves de sesión para facilitar el cambio frecuente de las claves criptográficas.
- Permite la construcción de claves por paquete.
- Ofrece integridad criptográfica.
- Ofrece derivación y distribución de claves.

El estándar 802.1x, aprobado en junio de 2001, incluye un nuevo protocolo de seguridad conocido como EAP (*Extensible Authentication Protocol*, 'Protocolo extensible de autentificación'). Este protocolo se utiliza para controlar el acceso de los usuarios a los puntos de acceso y autentificar sus comunicaciones. 802.1x está siendo cada vez más aceptado por la industria. De hecho, tanto los sistemas operativos (como Windows XP) como los fabricantes de puntos de acceso ya lo incorporan.

En definitiva, WPA ofrece soluciones para las principales deficiencias de WEP: mejora el cifrado de datos mediante TKIP, utiliza claves dinámicas (con WEP son estáticas) y permite la distribución automática de las claves (con WEP es manual), así mismo proporciona una autentificación fuerte (según lo aconsejado por el estándar 802.1x).

En cuanto a WPA2, la principal diferencia con los sistemas de cifrado anteriores es que utiliza el cifrado de bloques AES (*Advanced Encryption Standard*, 'Estándar de cifrado avanzado'). WEP y WPA utilizan el sistema de cifrado de flujo RC4.

Los componentes principales de la arquitectura 802.11i son los siguientes:

- Define la autentificación utilizando EAP y servidores de autentificación.
- Utiliza RSN para mantener un registro de las asociaciones
- Utiliza CCMP basado en AES para garantizar la confidencialidad, integridad y autentificación del origen. AES soporta claves de 128, 192 y 256 bits.

- o Utiliza un proceso de negociación a cuatro bandas (*Four-Way Handshake*) para la autentificación.

GESTIÓN CENTRALIZADA DEL ACCESO

Autentificar o autenticar significa verificar la identidad del usuario. Hasta ahora se ha hablado de las técnicas de autentificación incluidas en las recomendaciones originales de Wi-Fi. Estas técnicas se basan en comprobar que el equipo del usuario dispone de las claves de cifrado adecuadas. Este sistema tiene el inconveniente de utilizar claves que son comunes para todos los usuarios, de no permitir la gestión centralizada de claves y de no disponer de un procedimiento para realizar una autentificación mutua. Quiere esto decir que no sólo sea el punto de acceso el que comprueba la identidad del usuario, sino que el usuario también pueda comprobar la identidad del punto de acceso para asegurarse de que es legítimo.

Los procedimientos de autentificación incluidos en Wi-Fi son suficientes para una red doméstica o de pequeña oficina, pero no cubren las necesidades de una red corporativa o de acceso público a Internet. Estas redes necesitan de un sistema de autentificación que permita, no sólo la identificación individual de sus usuarios, sino que permita la gestión centralizada del uso de la red. La respuesta a esta necesidad es la recomendación 802.1x, publicada inicialmente por el IEEE en 2001 y revisada en 2004.

802.1x utiliza el mecanismo de autentificación EAP, el cual supone la existencia de tres actores:

- o **Solicitante** (*Supplicant*). Éste es el equipo del usuario que desea acceder a la red.
- o **Autentificador** (*Authenticator*). Es el dispositivo que facilita el acceso a la red. En el caso de Wi-Fi se refiere al punto de acceso, mientras que en el caso de redes cableadas es el *switch*. Evidentemente, tanto el punto de acceso como el *switch* deben soportar el protocolo 802.1x.
- o **Servidor de autentificación** (*Authentication server*). Se trata del servidor que verifica las credenciales del solicitante. En este servidor se alojan las herramientas de gestión de la red.

Cuando el equipo del usuario (solicitante) va a acceder a la red, el punto de acceso (autentificador) le envía una petición de identificación. El usuario le envía su identificación, que el punto de acceso (autentificador) reenvía al servidor. Tras comprobar el derecho de acceso del usuario, el servidor envía su autorización para permitir su acceso a la red.

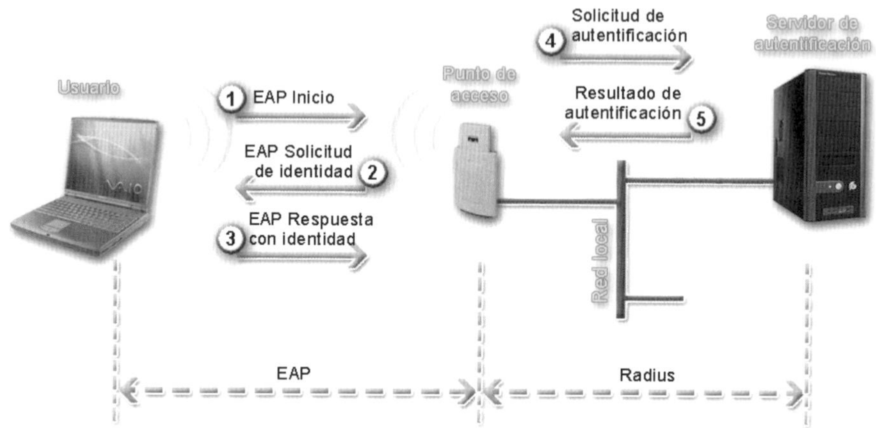

Figura 11.10. Proceso de autentificación de un usuario

Aunque existen distintos tipos de servidores de autentificación, los más extendidos son los que utilizan el protocolo Radius. A este protocolo de los años 90 le ha salido un sucesor con el nombre Diameter. Este nombre no es casual, el diámetro es equivalente a dos radios. El protocolo Diameter (RFC 3588) ofrece mejoras en la seguridad y la gestión de los accesos, aunque todavía no está muy extendido su uso.

El protocolo EAP

Un punto de acceso 802.1x sólo se comunica con los usuarios autentificados. Antes de su autentificación sólo admite las comunicaciones con el protocolo EAP para verificar su identidad.

Ciertamente, aunque se habla del protocolo EAP, en realidad existen más de 50 versiones distintas. La diferencia fundamental entre ellas es la forma de verificar las credenciales de los usuarios.

Las versiones más comunes son las siguientes:

- EAP-MD5 (*Message Digest #5*). Este sistema sólo ofrece autentificación del solicitante, no del autentificador. El solicitante cifra su identidad (nombre de usuario y clave) mediante MD5. Este sistema es vulnerable a los ataques del tipo hombre en medio y ataques de diccionario. Además, no realiza una gestión centralizada de claves. Por este motivo, es un sistema muy utilizado en redes cableadas, pero no en redes inalámbricas.

- LEAP (*Lightweight EAP*, 'EAP ligero'). Desarrollado por la empresa Cisco Systems y conocido también como EAP-Cisco Wireless. Ofrece autentificación tanto del solicitante como del autentificador. Tiene el inconveniente de ser un protocolo propietario de Cisco, por lo que sólo puede utilizarse con equipamiento de este fabricante. Recientemente se le han encontrado distintas debilidades, entre ellas ataques de diccionario, por lo que no es el más recomendable si se tiene especial interés en la seguridad.
- EAP-TLS (*Transport Layer Security*, 'Seguridad de la capa de transporte'). Está considerado como el protocolo más seguro, aunque también es el más caro de implementar. Ofrece una autentificación mutua entre el cliente y el servidor utilizando TLS, un protocolo que deriva del más conocido SSL usado para asegurar las transacciones de páginas Web. Utiliza certificados digitales para garantizar la identidad del cliente y del servidor. Esto obliga a disponer de una infraestructura de clave pública (PKI, *Public Key Infrastructure*) para gestionar estos certificados, lo que lo hace aconsejable sólo cuando se necesitan altos niveles de seguridad.
- EAP-TTLS (*Tunnelled TLS*, 'TLS tunelado'). Este tipo de protocolo EAP mantiene un compromiso entre seguridad y coste de implementación. Sustituye el certificado digital del cliente por un método de autentificación con clave de acceso. El servidor sí dispone del certificado digital. Durante el proceso de autentificación se establece una comunicación cifrada (tunelada) entre el cliente y el servidor. EAP-TTLS puede utilizar distintos métodos de clave de acceso, entre los que se encuentran PAP, CHAP o MSCHAPv2.
- PEAP (*Protected EAP*, 'EAP protegido'). Desarrollado por Microsoft, Cisco y RSA Security, es muy similar a EAP-TTLS pero utiliza distintos protocolos de autentificación del cliente, como EAP-GTC (*Generic Token Card*, 'Tarjeta de testigo genérica') o EAP-MSCHAPv2.
- EAP-FAST (*Flexible Authentication via Secure Tunnelling*, 'Autentificación flexible vía tunelado seguro'). Este tipo de protocolo EAP ha sido creado por Cisco para reemplazar a LEAP. Al igual que EAP-TTLS o PEAP, ofrece una autentificación mutua tunelada, sin embargo, para FAST no es imprescindible que el servidor se identifique con un certificado digital. En su lugar ofrece utilizar una clave secreta compartida conocida como PAC (*Protected Access Credential*, 'Credencial de acceso protegido').
- EAP-SIM (*Subscriber Identity Module*, 'Módulo de identidad del abonado'). Este tipo ofrece una autentificación mutua mediante la utilización de tarjetas SIM similares a la de los teléfonos móviles GSM. Esta tarjeta estaría insertada en el propio dispositivo inalámbrico (por ejemplo en el teléfono Wi-Fi) o se le conectaría a él a través del puerto USB.

Servidores Radius

Los servidores de autentificación son los que disponen de la información de usuario necesaria para verificar su identidad. Una vez verificada su identidad envía el correspondiente mensaje para autorizar el acceso. El servidor también se ocupa de la tarea de registrar el uso que hace el cliente del servicio. Por este motivo, a los servidores de autentificación también se les conoce como aplicaciones AAA (*Authentication, Authorization and Accounting*, 'Autentificación, autorización y contabilidad').

Para la comunicación entre el punto de acceso y el servidor se utiliza el protocolo Radius (*Remote Authentication Dial In User Service*, 'Servicio de autentificación de clientes de acceso telefónico'). Este protocolo lo empezaron a utilizar los proveedores de acceso telefónico a Internet (de ahí su nombre) para gestionar los accesos de sus clientes, aunque hoy en día se utiliza ampliamente en cualquier servicio de autentificación.

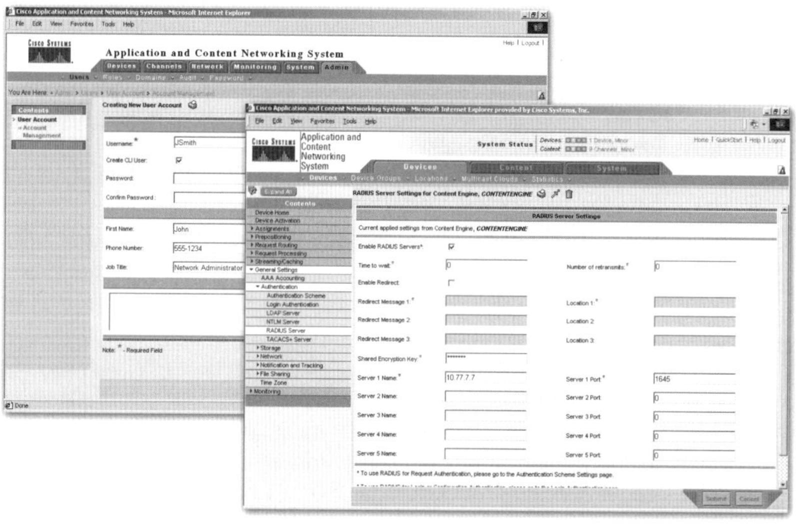

Figura 11.11. Servidor de autentificación de Cisco

El protocolo Radius lo desarrollaron originalmente las empresas Livingston para utilizarlo con sus servidores de acceso a red. Este protocolo se incluyó en 1997 en las recomendaciones RFC 2058 y RFC 2059 el IETF, cuyas últimas versiones son RFC 2865 y RFC 2866.

En cuanto a los servidores Radius, el mercado ofrece una gran variedad, entre los que podemos destacar:

- IAS (*Internet Authentication Service*, 'Servicio de autentificación de Internet') de Microsoft. Este software viene incluido en Windows 2000 y puede utilizar los protocolos de autentificación EAP-TLS y EAP-MD5.
- Secure ACS (*Access Control Software*, 'Software de control de acceso') de Cisco. Existen versiones para Unix y Windows. Es un servidor Radius y Tacacs y maneja los protocolos LEAP y EAP-TLS.
- Steel Belted Radius. Desarrollado por Funk Software, disponen de una versión para redes inalámbricas con el nombre de Odyssey. Maneja los protocolos EAP-MD5, EAP-TLS, LEAP y EAP-TTLS.
- AEGIS. Desarrollado por Meeting Data, funciona en Linux y maneja EAP-TTLS y EAP-TLS.
- FreeRadius. Se trata de un proyecto de software libre sobre Linux. Soporta EAP-MD5 y EAP-TLS.

A esta lista se pueden añadir otros muchos sistemas comerciales como: Alepus Radius Server, Interlink Networks RAD, NetUP UTM, RadiusNT & RadiusX, Aradial Radius, Radiator o Elektron. Así como sistemas de software libre como: GNU Radius, JRadius, OpenRadius, Cistron Radius o XTRadius.

Software cliente EAP

Para que funcione correctamente el sistema de autentificación no solamente es necesario disponer de un servidor con su software Radius correspondiente y de un punto de acceso compatible con 802.1x, sino que el cliente (el equipo del usuario) también tiene que ser compatible con EAP. Esto quiere decir que debe disponer de un software cliente que entienda los mensajes de autentificación que le envía el punto de acceso.

El software cliente utilizado depende del sistema operativo y del estándar EAP elegido. Entre las distintas posibilidades tenemos las siguientes:

- Cisco dispone de software cliente para todos los sistemas operativos (Windows, Linux y Mac) para trabajar con su protocolo LEAP.
- Windows incluye clientes para EAP-TLS y EAP-MD5.
- Funk Software (Odyssey) dispone de clientes para Windows, Linux y Mac que manejan EAP-MD5, EAP-TLS, EAP-TTLS y LEAP.
- Aegis dispone de clientes para Windows y Linux que trabajan con EAP-TLS, EAP-TTLS y EAP-MD5.
- También existen clientes de software libre, entre los que podemos mencionar Xsupplicant y Open1X.

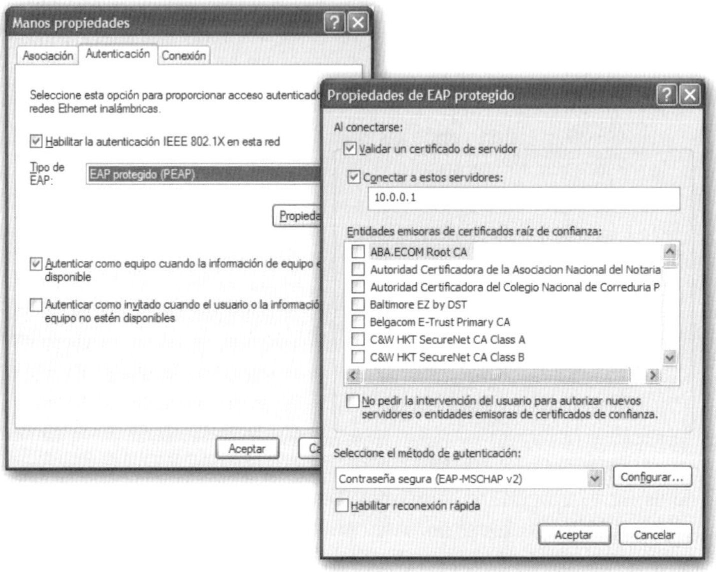

Figura 11.12. Configuración del software cliente en Windows XP

RED PRIVADA VIRTUAL

El nombre de red privada virtual, RPV (o VPN, *Virtual Private Network*, en inglés), hace referencia a un protocolo especial que permite establecer conexiones IP seguras entre dos equipos. Este protocolo debe instalarse en cada uno de los equipos; no obstante, el propio sistema operativo incluye las herramientas necesarias para poder llevar a cabo esta configuración de una forma fácil y cómoda.

En el mercado existen distintos protocolos que permiten crear una red privada virtual. Los más conocidos quizás sean IPSec (*Internet Protocol Security*, 'Seguridad del protocolo Internet'), PPTP (*Point-to-Point Tunnelling Protocol*, 'Protocolo punto a punto tunelado') y L2TP (*Layer-2 Tunnelling Protocol*, 'Protocolo de tunelado de capa 2'). Los sistemas operativos Windows hasta la versión XP utilizan el protocolo PPTP, mientras que con XP ya se ofrece la posibilidad de utilizar L2TP en conjunción con IPSec.

Una red privada virtual cifra las comunicaciones entre el ordenador del usuario y el servidor PPTP mediante un sistema que se conoce como tunelado. No importa el camino que se utilice en la comunicación (Internet, llamada directa por red telefónica, comunicación inalámbrica, etc.), que la información transmitida tendrá la garantía de no poder ser descifrada hasta que no llegue a su destino.

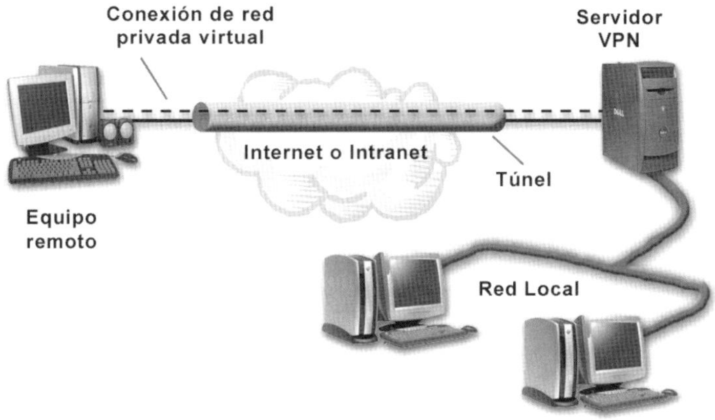

Figura 11.13. Conexión de red privada virtual

El inconveniente de las redes privadas virtuales es que parte del caudal transmitido tiene que dedicarse al cifrado de los datos; por tanto, son redes algo menos eficientes. No obstante, si se está especialmente preocupado por la seguridad de la red, la tecnología RPV es una buena alternativa.

En resumen, las ventajas que ofrece el crear una red privada virtual son las siguientes:

- La gestión de la red privada virtual es centralizada, escalable y eficiente.
- Ofrece seguridad adicional a las comunicaciones inalámbricas Wi-Fi.
- Ofrece seguridad a las comunicaciones con la red local desde Internet o para cualquier otro tipo de acceso remoto.
- El *software* de red privada virtual no tiene ningún coste adicional (Windows lo incluye desde su versión 95).

Configurar una red privada virtual

Si nos hemos decidido a instalar una red privada virtual, ya no será necesario considerar otros sistemas de seguridad como WEP o la comprobación de direcciones MAC. Otro punto importante a tener en cuenta es que la configuración de una RPV puede afectar a la configuración del cortafuegos (*firewall*). Un cortafuegos suele impedir las comunicaciones de RPV a menos que se le configure para permitirlas.

Al configurar una RPV, lo que se está haciendo es configurando una conexión segura entre un ordenador y un servidor de acceso remoto. La forma de configurar esta conexión depende de la versión del sistema operativo. En el caso de Windows se haría de la siguiente forma para cada una de sus versiones:

- Con **Windows 95** haremos clic sobre el icono *Mi PC*. A continuación, hacemos doble clic sobre *Acceso telefónico a redes* y sobre *Nueva conexión*. Nos aparecerá un asistente de creación de nueva conexión que nos irá guiando. Aquí tendremos que seleccionar el *Adaptador VPN de Microsoft* e introducir la dirección IP del servidor de RPV. Cuando se termine de crear esta nueva conexión, habrá que ir de nuevo a la opción de *Acceso telefónico a redes*, hacer clic con el botón derecho del ratón sobre el nuevo acceso creado y, luego, hacer clic sobre la opción *Propiedades*. En la ficha *Tipo de servidor* deben estar activadas las siguientes opciones: *Conectarse a la red*, *Activar compresión de software*, *Requerir contraseña encriptada*, *Requerir datos encriptados* y, en *Protocolos de red admitidos*, debe estar activado *TCP/IP*. Si se hace clic sobre el botón *Configuración TCP/IP*, deben estar seleccionadas las opciones *Dirección IP asignada por el servidor*, *Dirección del servidor de nombres asignada por el servidor* y *Utilizar compresión en encabezado IP*.
- Con **Windows 98** haremos clic sobre el icono *Mi PC*. A continuación, hacemos doble clic sobre *Acceso telefónico a redes* y sobre *Nueva conexión*. Nos aparecerá un asistente de creación de nueva conexión que nos irá guiando. Aquí tendremos que seleccionar el *Adaptador VPN de Microsoft* e introducir la dirección IP del servidor de RPV. Cuando se termine de crear esta nueva conexión, habrá que ir de nuevo a la opción de *Acceso telefónico a redes*, hacer clic con el botón derecho del ratón sobre el nuevo acceso creado y, luego, hacer clic sobre la opción *Propiedades*. En la ficha *Tipo de servidor* deben estar activadas las siguientes opciones: *Conectarse a la red*, *Activar compresión de software*, *Requerir contraseña encriptada* y, en *Protocolos de red admitidos*, debe estar activado *TCP/IP*. Si se hace clic sobre el botón *Configuración TCP/IP*, deben estar seleccionadas las opciones *Dirección IP asignada por el servidor*, *Dirección del servidor de nombres asignada por el servidor* y *Utilizar compresión en encabezado IP*.
- Con **Windows 2000** haremos clic sobre *Inicio*, *Configuración*, *Panel de control* y, luego, doble clic sobre el icono *Conexiones de red y de acceso telefónico*. Haciendo clic en *Realizar una conexión nueva*, aparecerá un asistente de creación de nueva conexión que nos irá guiando. Aquí tendremos que seleccionar la opción *Conectarse a una red privada a través de Internet* e introducir la dirección IP del servidor de RPV.
- Con **Windows NT** pulsamos sobre *Inicio*; a continuación, elegimos *Configuración* y elegimos la opción *Panel de control*. Aquí debemos localizar el icono *Red* y hacer doble clic sobre él. Nos aparecerá una ventana titulada *Red*. Seleccionamos la ficha *Protocolos*. Hacemos clic sobre el botón *Añadir* y, en la nueva ventana que nos aparece, seleccionamos el protocolo PPTP y seguimos la configuración con el asistente.

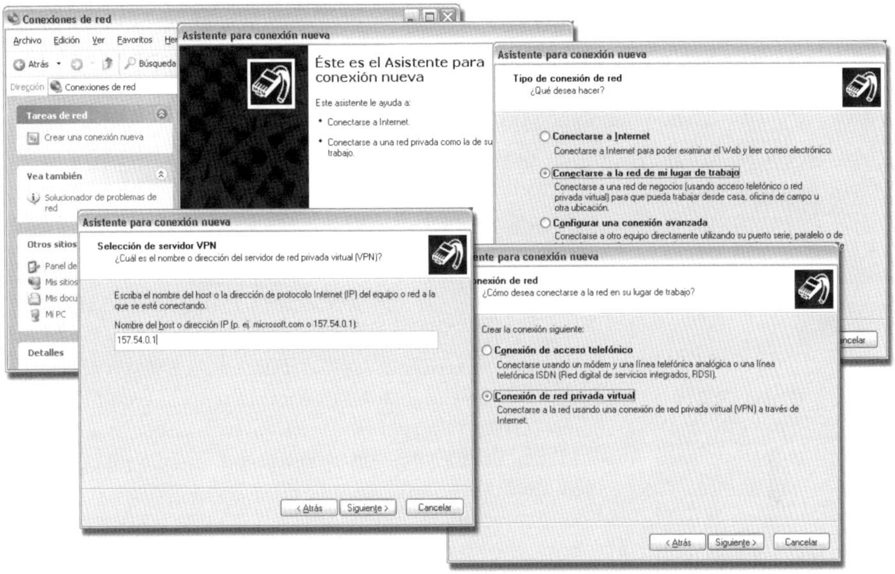

Figura 11.14. Configurar una conexión de red privada virtual con Windows XP

- Con **Windows XP** hay que hacer clic en *Inicio*, *Configuración*, *Conexiones de red*. A continuación, en *Tareas de red*, se debe hacer clic en *Crear una conexión nueva* y en *Siguiente*. Haga clic en *Conectarse a la red de mi lugar de trabajo* y en el botón *Siguiente*. Por último, hacemos clic en *Conexión de red privada virtual* y en *Siguiente* y seguimos las instrucciones del asistente.

COMPROBAR NUESTRA SEGURIDAD

Mucho se ha hablado de las ventajas e inconvenientes de los sistemas de seguridad de las redes Wi-Fi. También se podría hablar mucho de hasta qué punto son necesarias unas altas medidas de seguridad en nuestra red. En cualquier caso, siempre resultará interesante ser conscientes de la importancia que tiene la seguridad en nuestro caso y cuáles son nuestras debilidades. La única manera de encontrar las respuestas es haciéndose preguntas como las siguientes:

- Qué aspecto tiene mi red desde el punto de vista del pirata.
- Cuál es la aplicación, el sistema o la información más importante de la que dispongo y cuáles serían las consecuencias si acceden a ellas personas ajenas.

- Cuál es la aplicación, el sistema o la información más importante de la que dispongo y cuáles serían las consecuencias si dejo de poder utilizarlas.
- Qué otras redes inalámbricas operan en la zona. Si puedo verlas, quizás sus usuarios también puedan ver la mía.
- Cómo podría un intruso acceder a mi red. Qué podría hacer si consigue tener acceso. Cuál sería el riesgo.
- De qué forma podría detectar si algún intruso ha logrado entrar en mi red.
- Cómo puedo estar seguro de que mi *firewall* está haciendo bien su trabajo.
- Cómo puedo comprobar mi seguridad.

En definitiva, se trata de determinar las debilidades de nuestra red y de valorar el riesgo de que nuestros datos estén expuestos a terceras personas. Esto último es una tarea, hasta cierto punto subjetiva, que depende de la actividad a la que nos dediquemos. Sin embargo, para analizar las debilidades de nuestra red, contamos con herramientas interesantes. Ahora bien, de la misma forma que estas herramientas ayudan a analizar y mejorar la seguridad de una red inalámbrica, también ayudan a los intrusos a averiguar por dónde poder atacarnos. Por tanto, es importante sacar ventaja del conocimiento de estas herramientas.

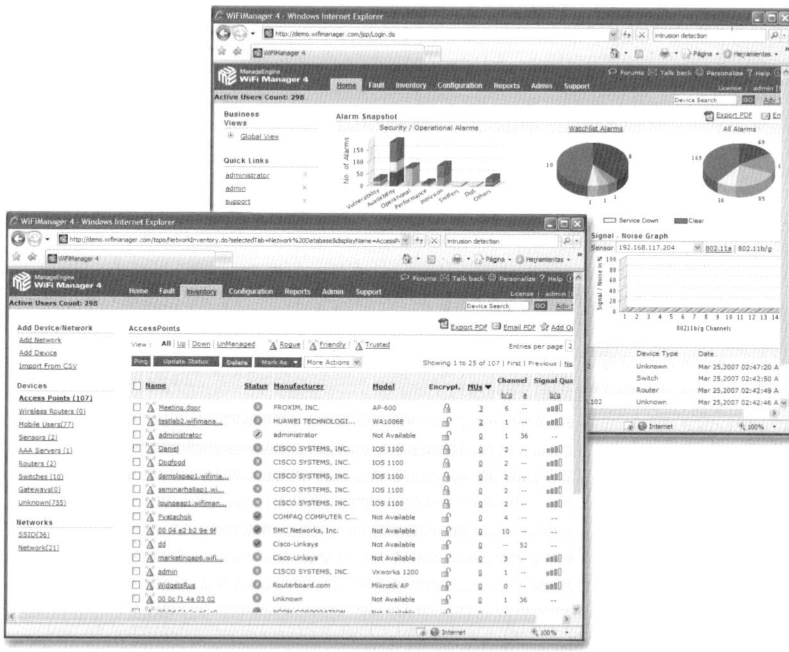

Figura 11.15. Programa de gestión centralizada de la seguridad y administración

Algunos de estos productos son los siguientes:

- o **InternetScanner**. Es una muy buena herramienta que ayuda a detectar las vulnerabilidades del sistema.
- o **Black Ice**. Herramienta para proteger al ordenador de ataques externos.
- o **Netwatcher 2000**. Registra los datos (fecha, hora, dirección IP y número de puerto) de todos los que intentan acceder a la red.
- o **NetSpyHunter**. Herramienta para detectar ataques al disco duro.
- o **Airsnare**. Explora la red en busca de intrusos y muestra su actividad. Con la utilidad Airhorn se le pueden enviar mensajes al intruso.
- o **Airopeek**. Este *software* ayuda a identificar usuarios no autorizados, así como a comprobar el nivel de seguridad de la red.
- o **Qcheck** o **Iperf**. Informa de la velocidad real de la conexión, así como de su rendimiento.
- o **Ntop**. Ofrece estadísticas en tiempo real de la utilización de la red.

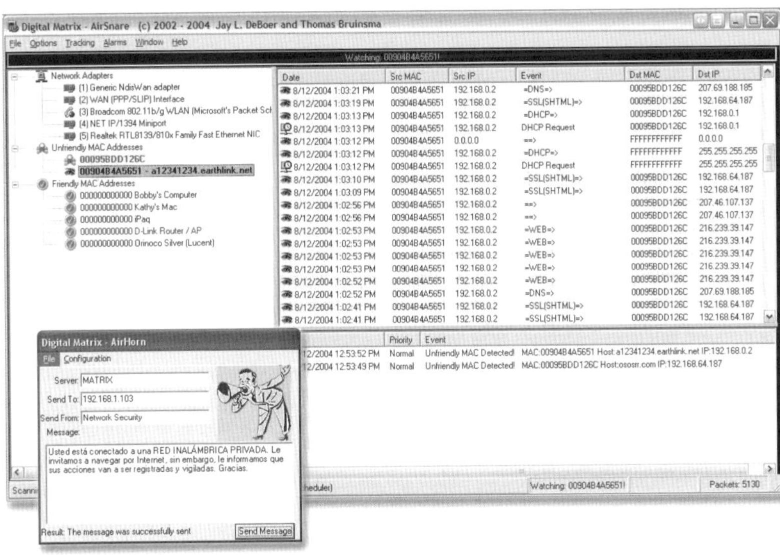

Figura 11.16. Programa de detección de intrusos Airsnare

Si se dispone de una red corporativa, en el mercado existen herramientas profesionales que permiten gestionar la seguridad de las redes Wi-Fi de una forma centralizada. Estos programas informan de posibles incidencias, realizan informes y permiten administrar cada uno de los puntos de acceso de forma centralizada. Uno de estas herramientas es Wi-Fi Manager (*www.wifimanager.com*).

GUÍA DE BUENAS PRÁCTICAS

Mediante esta guía de buenas prácticas en materia de seguridad de redes Wi-Fi se pretende resumir, de alguna manera, todo lo visto en este capítulo en 10 puntos. Éstos son los 10 puntos que siempre hay que tener en cuenta a la hora de pensar en la seguridad de nuestra red Wi-Fi:

1. Cambiar los parámetros de seguridad que vienen configurados por defecto en el equipo Wi-Fi. Sobre todo, se debe cambiar la clave de acceso a las propiedades de configuración de los puntos de acceso. También es importante cambiar el nombre de red (ESSID).
2. Deshabilitar la configuración remota del punto de acceso. Muchos puntos de acceso permiten que se acceda a sus características de configuración desde una red remota (por ejemplo, Internet). Un intruso podría acceder de forma remota a la configuración del punto de acceso y hacer los cambios necesarios que le permitan conseguir sus objetivos.
3. Activar siempre el cifrado WPA o, en su defecto, el cifrado WEP. Por otro lado, al configurar las claves, no hay que elegir claves que sean extremadamente fáciles, siendo también recomendable cambiar estas claves periódicamente.
4. Configurar los puntos de acceso para que no envíen el ESSID (nombre de red). Generalmente, los puntos de acceso publican el nombre de la red para que sus usuarios puedan conectarse a ella con toda facilidad. Esta característica es muy interesante en redes de acceso público, pero no tienen gran interés en las redes privadas. Impedir que el punto de acceso publique su nombre de red (ESSID) le complica el trabajo al intruso.
5. Utilizar las características de cortafuegos (*firewall*) del punto de acceso o, en su defecto, instalar un cortafuegos en la red o en cada ordenador de los usuarios. Una característica de cortafuegos que suelen incluir la mayoría de los puntos de acceso es la posibilidad de controlar el acceso comprobando las direcciones MAC de las tarjetas adaptadoras de red de sus usuarios. Es buena idea habilitar esta opción. Ya sabemos que este sistema no es absolutamente infalible, pero es una muy buena barrera para la mayoría de los intrusos.
6. Si es posible, deshabilitar la asignación dinámica de números IP (DHCP). Esto complicará un poco la configuración de los ordenadores de los usuarios, pero aumentará su seguridad.
7. Cuando se trata de compartir archivos e impresoras, compartir sólo lo necesario. No compartir nunca todo el disco duro de un ordenador, sino solamente el directorio o archivo concreto con el que se trabaje. Además, si es posible, protegerlos con claves.
8. No dejar grabados en el equipo los datos de acceso a la red. Ni tampoco dejar estos datos escritos en papeles que están permanentemente con el equipo.
9. Si es posible, configurar una red privada virtual (VPN).

10. La seguridad es tan débil como el más débil de sus eslabones. Generalmente, el eslabón más débil de esta cadena son sus propios usuarios. Por tanto, es importante informar a los usuarios de aquellas medidas mínimas de seguridad que deben tener en cuenta y recordárselas periódicamente.

La importancia de la clave de acceso

Una de las formas más simples de mantener nuestra seguridad informática es mediante las claves de acceso. En este sentido, el elegir una buena clave de acceso es fundamental. Según el CERT (*Computer Emergency Response Team,* 'Equipo de respuesta para emergencias informáticas' del Gobierno de los Estados Unidos), el 80% de las violaciones de ordenadores son debidas al uso de claves de acceso inadecuadas.

Las claves son más predecibles de lo que nos imaginamos. Quizás el problemas es que las personas tenemos poca memoria y poca imaginación, pero el hecho es que la mayoría de las claves son cortas y simples. Abundan los nombres propios, nombres de mascotas, colores, conocidos personajes de ficción, lugares, marcas o la terminología técnica, en el propio idioma o en cualquier otro.

Los piratas informáticos (*hackers*) saben que esto es así, por lo que han desarrollado diccionarios de claves que contienen miles de palabras de este tipo que pueden ir probando automáticamente para lograr entrar en el sistema. Si la clave no está elegida con cuidado, el descubrirla puede ser cuestión de pocas horas.

Por tanto, a la hora de elegir una palabra clave es importante tener en cuenta las siguientes diez reglas básicas:

1. Que tenga una longitud mínima de seis caracteres (pero, a ser posible, mayor).
2. Que no sea una palabra con significado (por ejemplo, PAPA).
3. Que no se corresponda con las iniciales del nombre del usuario o de la empresa (por ejemplo, TdE o IBM).
4. Que no sea una letra repetida (por ejemplo, AAAA).
5. Que no esté formada por letras contiguas del alfabeto (por ejemplo, ABCD).
6. Que no esté formada por teclas contiguas del teclado (por ejemplo, QWERTY).
7. Que mezcle letras mayúsculas, minúsculas y números (por ejemplo, T2pY1h).
8. No compartirla con nadie.
9. No la deje escrita junto al equipo.
10. Y, por último, cambie periódicamente las claves de acceso.

Quizás piense que es imposible recordar la clave de acceso T2pY1h. Quizás sea de los que opinan que una palabra sencilla será fácil de violar, pero, al menos, no se nos olvidará. Lo cierto es que tiene parte de razón, pero es posible que no haya caído en la cuenta de que T2pY1h se puede corresponder con "Tengo 2 perros Y 1 hijo", lo cual ya no resulta tan difícil de recordar.

Existen otros trucos para recordar claves aparentemente complejas. Por ejemplo: reemplazar letras por números o signos ('<0m0k#O?' en vez de '¿Cómo que no?'), elegir una palabra sin sentido, aunque pronunciable ('m1k0f3' por 'micofe') o utilizar acrónimos de frases no populares ('Np6+x1N' por 'No puedo beber más por las noches').

CAPÍTULO
12

Acceder a redes ajenas

INTRODUCCIÓN

Éste no es el primer libro donde se trata el tema de la seguridad y, ciertamente, tampoco será el último. Todos coincidimos en la idea de que la seguridad es realmente importante, sin embargo, pocos hacemos lo suficiente para protegernos. La mayoría de las veces pensamos que el trabajo de pirata informático es demasiado complejo como para que uno de nuestros vecinos tenga las habilidades necesarias. Todo un error.

En este capítulo vamos a describir, aunque no en detalle, las técnicas que utilizan los intrusos para conectarse a nuestra red. Como veremos, estas técnicas no son complejas, aunque sí requieren de una cierta dedicación. El objetivo es doble: por un lado, hacer ver lo fácil que resulta entrar en una red pobremente protegida; y por otro, demostrar cómo las medidas de seguridad tratadas anteriormente son suficientes como para que la complicación haga desistir al intruso.

Lo cierto es que las medidas de seguridad informática se dividen en dos grupos: las que ya se ha descubierto cómo vulnerarlas y las que se descubrirán en un futuro. Hasta ahora no ha existido ningún sistema completamente inmune a los ataques, por mucha confianza que se tuviera en él cuando se lanzó. Por tanto, lo más seguro es que esto se siga produciendo en el futuro. Esto quiere decir que la única forma de estar seguros es teniendo siempre implementadas las últimas tecnologías de seguridad y protección de redes. Hoy por hoy, la última tecnología es el cifrado WPA2 ó 802.11i. Si además estamos interesados en la correcta autentificación de los usuarios, debemos implementar cualquier sistema de autentificación recogido en 802.1x.

Aunque las técnicas que se van a comentar a continuación no van a entrar en explicaciones detalladas, si van a dar pistas de cómo poder entrar en redes ajenas. Para quien se le pase esta idea por la cabeza conviene recordarle que conectarse a redes ajenas sin la correspondiente autorización es un atentado a la intimidad y la privacidad y está recogido como delito en los códigos penales de la mayoría de los países. En el caso de España, el artículo 197 califica como delito la interceptación de las comunicaciones y la utilización de técnicas de escucha de cualquier señal de comunicaciones sin la previa autorización. Por tanto, si se está interesado en estas técnicas de acceso es conveniente realizar las prácticas con la red propia o contar con el consentimiento de los propietarios de la red ajena.

Por otro lado, hay que tener presente que desde un *router* se pueden ver todas las comunicaciones que pasan por él (salvo que estén cifradas). Por tanto, hacer uso de una red ajena no fiable es arriesgarse a que nuestras comunicaciones puedan estar siendo observadas e, incluso, almacenadas. Además, al conectarse a una red ajena, no sólo es nuestro ordenador el que se conecta a dicha red, sino que la red también está conectada a nuestro ordenador. Por tanto, se corre el riesgo de convertirse en víctimas. Hay quien deja abierta su red Wi-Fi, no porque no sepa como protegerla, sino porque espera aprovecharse de los incautos que hacen uso de ella. Este hecho es también constitutivo de delito. Es como dejar la puerta de casa abierta para robar al que entre. El que entra puede haber cometido un delito, pero el que roba también.

En cualquier caso, lo más frecuente cuando se accede a una red ajena no es hurgar en los ordenadores del vecino, sino hacer uso de su conexión a Internet. Lo que se conoce más habitualmente como robar ancho de banda. Este hecho también es constitutivo de delito. En el caso español, el artículo 255 del Código Penal recoge, entre los delitos contra el patrimonio y el orden socioeconómico, el delito de defraudación de fluido de telecomunicación, y el artículo 256 reconoce como delito el uso de un terminal de telecomunicaciones sin consentimiento de su titular. También hacen referencia a este tema los artículos 286 y 623. Por último, si el acceso utilizado fuese el de una empresa o profesional, dado el caso, podría iniciar una reclamación por lucro cesante.

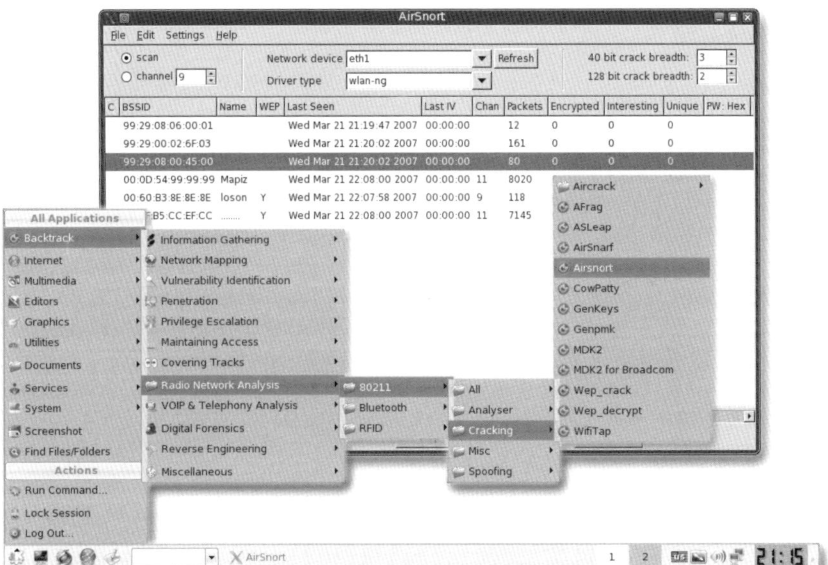

Figura 12.1. Conjuntos de herramientas de hackers en Linux

Por último, la mayoría de las aplicaciones que se mencionan a continuación funcionan exclusivamente en un sistema operativo concreto: Windows, Linux o Mac OS. Aunque siempre es posible disponer de varios ordenadores con distintos sistemas operativos o tenerlos instalados en particiones distintas de un mismo ordenador, también existe la posibilidad de utilizar un software de emulación de sistema operativo. Esto permite ejecutar aplicaciones de un sistema operativo en equipos provistos de otro sistema distinto. Por ejemplo, Cygwin o VMwane son emuladores de Linux sobre

Windows, o Bochs, Dosemu, Plex86, Wine o Win4Lin son emuladores de Windows sobre Linux. Microsoft Virtual PC permite utilizar aplicaciones Windows en un ordenador Mac.

DESCUBRIR LAS REDES DISPONIBLES

El primer paso antes de poder conectarse a una red es detectar su presencia, así como recabar información sobre su configuración. El método más simple para detectar una red es utilizar la propia herramienta de redes inalámbricas que incorpora el sistema operativo o que incluye el fabricante de la tarjeta inalámbrica. Estas herramientas disponen de una opción con el nombre 'Explorar', 'Explorar redes', 'Redes inalámbricas', 'Ver redes', 'Búsqueda de estación' o similar. Al hacer clic sobre esta opción se realizará una exploración de las redes disponibles, mostrándose una lista con indicación del nombre SSID y tipo de red (si está cifrada o no) de cada uno de los puntos de acceso detectados.

Si el sistema operativo utilizado es Linux, existen distintas herramientas que permiten explorar las redes existentes, entre ellas podemos mencionar el comando *iwlist*. Por ejemplo, si introducimos *$ iwlist ath0 scanning* obtendremos distinta información sobre todas las redes detectadas. Otros comandos interesantes en Linux son: iwconfig, iwspy e iwpriv.

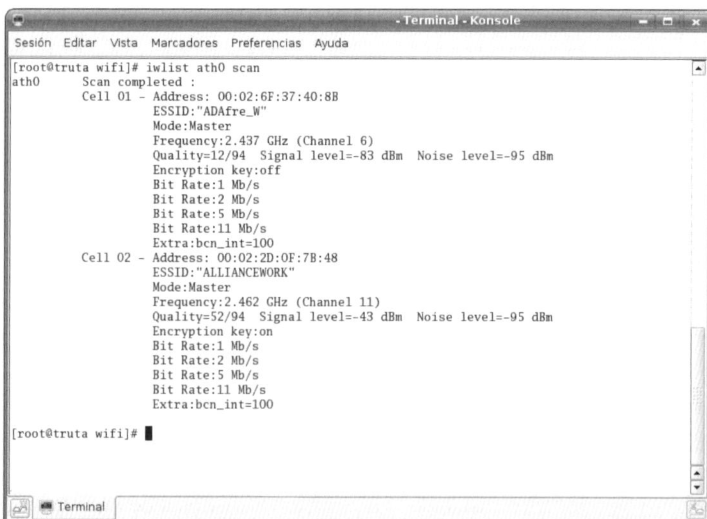

Figura 12.2. Comando Linux iwlist de exploración de redes

Con este tipo de herramientas se pueden conocer dos datos importantes: el nombre SSID de la red y si la red está abierta. El primer dato sirve para identificar al dueño de la red. Es habitual encontrarse que la red tiene el nombre de su propietario (Luis o López) o el de la empresa (Hierros Ferrox). En cuanto al segundo dato, indica si la red tiene cifrada sus comunicaciones o no, si utiliza o no WEP o WPA. Si no está cifrada se dice que la red está abierta.

El hecho de que la red esté calificada como abierta no quiere decir que esté completamente desprotegida, ya que puede estar utilizando cualquier otro sistema de protección distinto del cifrado WEP o WPA.

El software anterior está disponible para cualquier tipo de ordenador (sobremesa, portátil o PDA) y su utilización es bastante simple. No obstante, más adelante veremos herramientas especializadas que ofrecen más detalles de las redes disponibles.

Figura 12.3. Herramientas para crear mapas de redes

Wardriving **o mapa de redes**

Si lo que busca el intruso no es simplemente conocer las redes que existen a su alrededor, las redes de sus vecinos, sino realizar un mapa con todas las redes disponibles en un área (un pueblo, un vecindario o una ciudad), una solución es ir cambiando la posición del portátil e ir pulsando el botón de exploración cada pocos metros, observar el resultado y anotarlo en una base de datos. No obstante, como podemos imaginar, este trabajo resulta bastante tedioso, por lo que ya hay quien ha encontrado una mejor solución.

Una de las mejores herramientas para realizar mapas de cobertura es Netstumbler (*http://stumbler.net*). Se trata de una aplicación en la que, entre sus habilidades, se encuentra la de poder explorar de forma continua el espectro radioeléctrico en busca de las redes disponibles. Esto quiere decir que se puede llevar el portátil en el coche con Netstumbler en ejecución y automáticamente generará una lista con todas las redes detectadas junto con los niveles de señal de cada una de ellas. Verde indica una señal fuerte, amarillo una señal media y rojo casi no utilizable. Si se activa la opción Midi, el programa producirá un sonido indicando el nivel de señal recibido. Claro que utilizar esta opción en una zona muy poblada reproducirá el sonido de una jaula de grillos. La opción Midi resulta muy interesante cuando se necesita alinear las antenas de un enlace punto a punto.

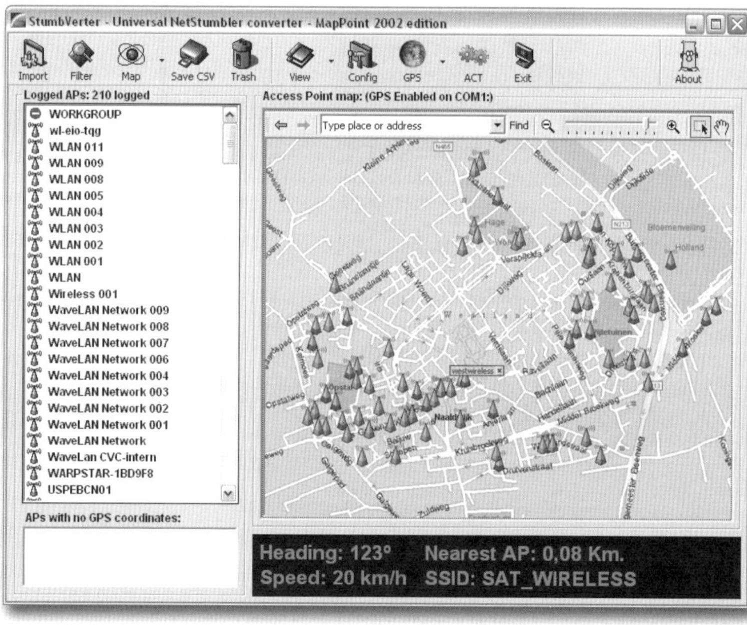

Figura 12.4. Crear un mapa de redes con StumpVerter y NetStumbler

Netstumbler basa su funcionamiento en el envío de un mensaje del protocolo 802.11 conocido como solicitud de prueba (*probe request*). Este mensaje provoca que todos los puntos de acceso de la zona respondan con otro mensaje, conocido como respuesta de prueba (*probe response*), que contiene todos los detalles de la red: SSID, si utiliza cifrado, dirección MAC, canal por el que transmite, fabricante, tipo de conexión (infraestructura o ad-hoc), etc.

Supongamos que el intruso está interesado en disponer de una lista de redes abiertas y que después de dar una vuelta por la ciudad, Netstumbler le muestra varias de ellas. El problema con el que se encuentra ahora es recordar el lugar exacto donde se recibieron las señales de cada una de ellas. Para resolver esta cuestión, Netstumbler dispone de la opción de conectarlo a un GPS para recoger y almacenar en la lista la posición GPS de cada red. A partir de aquí se utiliza otro programa, como por ejemplo StumpVerter o GPSd, para representar este listado en un plano. El resultado es un plano con la localización de las redes abiertas de la ciudad. De hecho, con algo más de trabajo podría destacar aquellas redes detectables desde una plaza o un parque donde se pueda hacer uso de ellas cómodamente sentado en un banco, o desde un bar o cafetería donde compaginar la afición Wi-Fi con un buen café o cerveza.

Netstumbler funciona con Windows, tanto en su versión para PC como para PDA (Ministumbler). Para los usuarios de Linux existe un programa muy similar con el nombre SWScanner, aunque otra buena alternativa es Kismet.

La principal limitación de este tipo de herramientas es que no funcionan para todas las tarjetas de red o modelos de GPS.

La forma más frecuente de explorar las redes disponibles es introducir un ordenador portátil en un coche e ir conduciendo por la ciudad, de ahí el nombre *wardriving*. El inconveniente que tiene este sistema es que las señales radioeléctricas se ven atenuadas por la estructura metálica del coche. Para obviar este problema se suele colocar una antena externa en el techo del vehículo. Sacar el cable de antena por la ventanilla no es un problema y el nivel de recepción se mejora fuertemente. Por cierto, para sujetar la antena al techo no hace falta hacer agujeros, basta con utilizar una base magnética (con imán). Esto permite, además, montar y desmontar la antena fácilmente o utilizarla en distintos vehículos. No obstante, también hay quien utiliza la baca del coche.

Dado que el conductor del vehículo se debe concentrar en la conducción, para evitar distracciones se suele hacer la prueba con un acompañante que se ocupe del portátil, o se prepara todo en el asiento trasero del coche y se ejecutan las aplicaciones correspondientes antes de empezar a conducir. Para sujetar bien el ordenador y evitar que un frenazo lo desplace utilizan los propios cinturones de seguridad. Hay quien ha fabricado un elemento de sujeción con un trípode o una caja de cartón.

Los siguientes son algunos ejemplos de herramientas que permiten crear mapas de redes Wi-Fi:

- Kismet (Linux)
- WiFiFoFum (PDA)
- Netstumbler (Windows)

- o WarDrive ToolBox (Windows)
- o Nmap (Windows y Linux)

En Internet existen sitios que disponen de una recopilación de redes inalámbricas, con detalle de su posición y disponibilidad. Esto le puede ahorrar trabajo al intruso, aunque lo cierto es que el mapa de red de una ciudad cambia cada día.

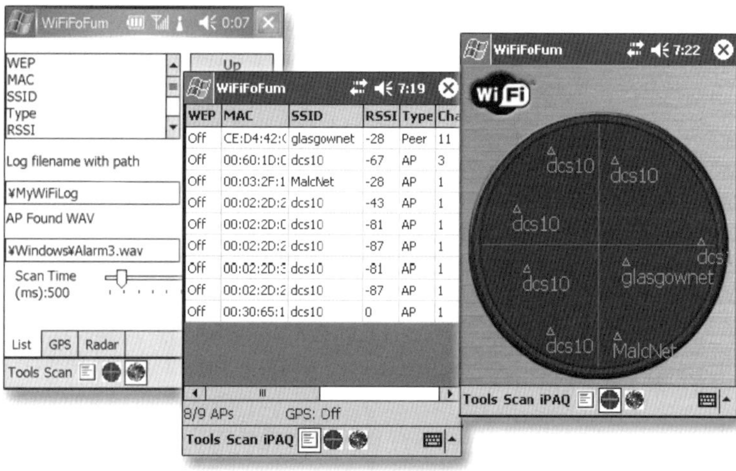

Figura 12.5. Aplicación Wififofum para PDA

RECOPILAR INFORMACIÓN SOBRE OTRAS REDES

Como se ha visto anteriormente, los programas normales que acompañan a los equipos Wi-Fi o que incluyen los sistemas operativos facilitan cierta información sobre las redes del entorno. Básicamente, esta información se limita al SSID o nombre de la red, si la red está o no cifrada, el número del canal en el que transmite y la potencia de recepción. Para conectarse a la red propia es más que suficiente, pero, ¿qué pasa si la idea es conectarse a una red para la que no se está autorizado? En este caso interesa recabar toda la información que sea posible y que pueda ayudar a conseguir entrar.

Lo cierto es que entre los ordenadores de los usuarios autorizados y los puntos de acceso se intercambian la información necesaria para garantizar el acceso, incluida las claves de cifrado. Como el medio utilizado son ondas de radio, cualquier otro ordenador que reciba estas señales y que sepa cómo interpretarlas se podría hacer con toda esa información. Ciertas herramientas Wi-Fi, entre ellas Netstumbler, ofrecen mucha más información sobre las redes del entorno que la que ofrecen los programas normales.

Las herramientas de los intrusos utilizan dos métodos para recabar información:

- **Pasivo**. Estos sistemas se limitan a escuchar e interpretar la información que reciben. Por ejemplo, las redes suelen emitir su identificación SSID, por tanto, basta recibir esos paquetes para identificar este nombre. Los ataques pasivos afectan a la confidencialidad, pero no influyen necesariamente en la autentificación o integridad de la información. Las escuchas, conocidas en inglés como *sniffing*, *wireless footprinting* o *eavesdropping*, son un tipo de ataque pasivo.
- **Activo**. En este caso, los sistemas no se limitan a escuchar, sino que interactúan, de una u otra forma, con la red. Por ejemplo, si no reciben el nombre SSID, interactúan con el punto de acceso o los equipos de los usuarios para conseguir dicha información. Los ataques activos pueden llegar a modificar, eliminar o inyectar tráfico en la red.

La información que se puede conseguir utilizando estos métodos es del siguiente tipo:

- Nombre SSID, aunque el punto de acceso lo tenga oculto
- Esquema de direccionamiento IP de la red
- Marca y modelo del hardware
- Versión del software
- Tipo de cifrado utilizado
- Clave de cifrado WEP
- Números MAC de los equipos
- Puertos IP abiertos
- Información intercambiada

En realidad, no existe una única herramienta que ofrezca toda la información anterior. Unas herramientas están especializadas en un tema y otras en otro. En cualquier caso, se trata de información que, de una u otra forma, puede recabarse de una red Wi-Fi sin disponer de autorización para ello. No obstante, no toda la información se puede conseguir en todos los casos, depende del sistema de protección utilizado.

Éstos son algunos ejemplos de herramientas de este tipo:

- Kismet (Linux)
- WiFiFoFum (PDA)
- Netstumbler (Windows)
- Foundstone's Superscan. Escanea puertos.
- VPNMonitor. Explora la red en busca de protocolos seguros como IPSec, PPTP, SSH o HTTPS.

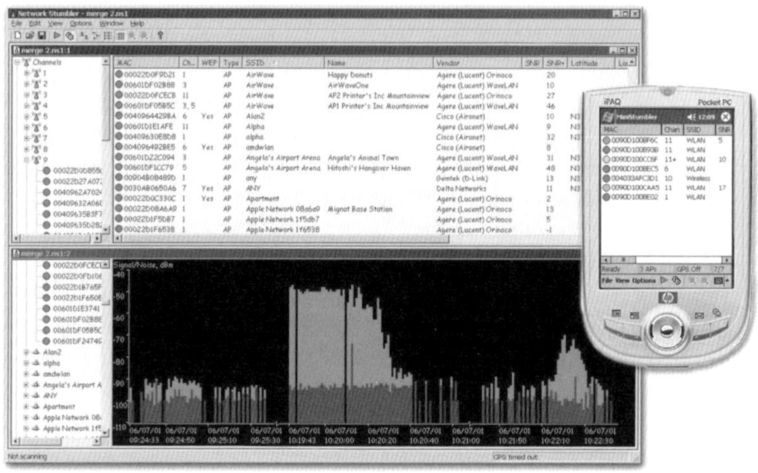

Figura 12.6. Programa Network Stumbler y MiniStumbler en PDA

Alternativamente al uso de estas herramientas, existen sitios en Internet que disponen de bases de datos de redes Wi-Fi de todo el mundo. Uno de estos sitios es el servicio Wigle (*www.wifimaps.com*).

Claro que Internet es una fuente de información a la que los intrusos le pueden sacar un mayor provecho. Si el objetivo es entrar en la red de una empresa, es posible que las configuraciones de sus equipos (nombres de usuario, claves, nombres de grupos de trabajo, nombres de servidores, etc.) estén relacionadas con datos como: nombre de la empresa, marcas comerciales, nombres de empleados, nombres de departamentos, logos utilizados, etc. Pues bien, buena parte de esa información se encuentra en Internet.

La ingeniería social

Ciertamente, cuando se habla de piratería, todos pensamos en un oscuro personaje sentado detrás de un ordenador desarrollando extrañas aplicaciones que le permitan hacerse con nuestros datos. Aunque este estereotipo pueda ser más o menos real, lo cierto es que existe una técnica de ataque para la que se requiere poco conocimiento técnico, se trata de la ingeniería social.

Podríamos decir que cuando un pirata se aprovecha de sus conocimientos técnicos para desarrollar o aplicar un complejo programa de espionaje está realizando ingeniería informática. La ingeniería social se basa, simplemente, en preguntarle la información a quien la sabe.

Claro, si un pirata le pregunta a un usuario que, por favor, le diga su clave WEP para poder acceder a la red Wi-Fi de empresa y robarle información, lo normal es que no obtenga la respuesta. Por ello, los piratas realizan estas mismas preguntas valiéndose de engaños. Por ejemplo, hay usuarios que sí le dirían su clave WEP a alguien que se identifica como el técnico de sistema de su empresa, el presidente de la compañía o la policía y que le argumenta cualquier excusa. A esta técnica se le ha venido a llamar ingeniería social.

Aunque parezca mentira, con ingeniería social se puede conseguir en minutos lo que llevaría semanas o meses conseguir con cualquier otra técnica. A veces, la información no se consigue en una sola pregunta, sino que el pirata se dedica a conseguir información poco a poco para poderse hacer pasar por la persona adecuada para hacer la pregunta correcta que le dará la respuesta que necesita.

Kevin Mitnick, uno de los piratas informáticos más famosos, define la ingeniería social como el arte de conseguir que otra persona haga lo que normalmente no haría por un extraño. Dicho sea de paso, este arte combina muy bien con los sentimientos humanos de compasión, bondad, inseguridad, comodidad o desconocimiento. Albert Einstein dijo una vez *'Sólo hay dos cosas infinitas: el universo y la estupidez humana; y no estoy seguro de la primera'*.

Bueno, quizás la palabra estupidez es exagerada, pero, lo cierto es que romper la seguridad de los humanos suele ser más fácil, requiere menos inversión y constituye un menor riesgo que romper la seguridad de un equipo informático. Eso sí, posiblemente requiere algo más de imaginación.

CONECTARSE A UNA RED AJENA

Los piratas informáticos saben que rara vez se consigue conquistar un objetivo realizando un ataque directo sobre el mismo. Lo normal es que para ganar la guerra haya que librar muchas pequeñas batallas. Algunas de estas batallas se ganarán y otras se perderán, pero lo importante es avanzar. Por tanto, el pirata consigue alcanzar su objetivo a base de realizar sucesivos pequeños ataques que le van proporcionando la información necesaria para avanzar hacia su objetivo final.

Quiere esto decir que antes de intentar entrar en una red se dedica a recopilar información, estudiar el entorno y decidir la mejor forma de entrar. No hay que olvidar que uno de los principios del pirata es no ser descubierto, por lo que, mientras más rápido y limpio sea el acceso, menos posibilidades tiene de levantar sospecha.

Bien, ya ha recopilado toda la información, los escenarios que se le presentan ahora son los siguientes:

- o La red no está protegida.
- o La red tiene oculto el SSID.
- o La red dispone de filtro MAC.
- o La red no tiene DHCP.
- o La red dispone de cifrado WEP.
- o La red dispone de cifrado WPA.

Evidentemente, una red puede tener varias de las protecciones anteriores, por lo que tendría que utilizar distintas técnicas de ataque. En cualquier caso, la primera técnica de ataque que se suele considerar es la ingeniería social. Si se le ocurre una forma de preguntar la clave de cifrado o de que le den de alta nuestro MAC en el punto de acceso, para qué complicarse en intentar romper estas protecciones.

Acceso a una red desprotegida

Si el pirata explora las redes disponibles en su entorno y encuentra alguna que le interese y que no está cifrada, sólo tendrá que seleccionarla y hacer clic sobre el botón *Conectar*. Si la red no cuenta con ningún tipo de protección, la conexión se establecerá sin más. Está dentro.

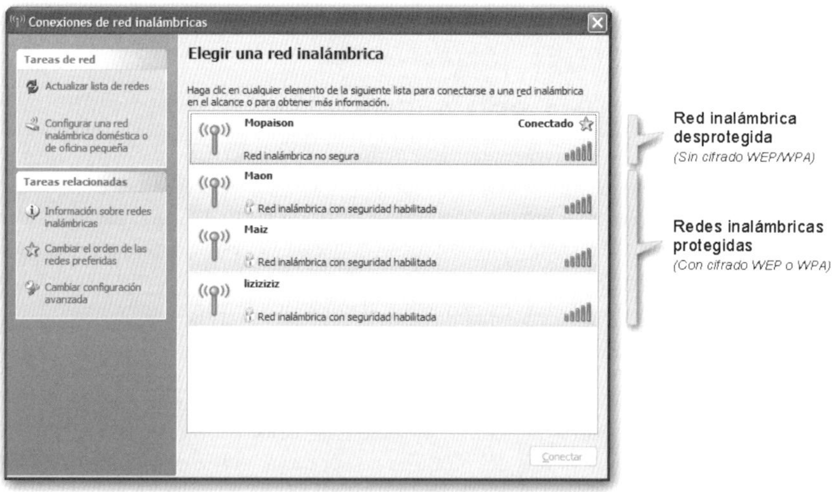

Figura 12.7. Búsqueda de redes abiertas con Windows XP

A partir de aquí puede hacer dos cosas: la primera es hacer uso de su conexión a Internet y la segunda explorar qué otros ordenadores forman parte de la red.

Para utilizar la conexión a Internet, abrirá el programa navegador e intentará acceder a cualquier página Web. Si la red está desprotegida, lo más probable es que consiga realizar este acceso sin problemas. No obstante, si no lo consigue, puede deberse a dos circunstancias: la red no tiene acceso a Internet o tiene una configuración distinta de los DNS.

Los DNS son los equipos que convierten los nombres de dominio (tipo *www.google.es*) en números IP (tipo 100.100.100.100). Cuando introducimos un nombre en el explorador, lo primero que hace el sistema es preguntarle al servidor DNS por el número IP que le corresponde a dicho dominio. Pues bien, los proveedores de acceso a Internet suelen facilitar a sus clientes las direcciones IP de dos DNS (conocidos como DNS primario y secundario). Estas direcciones de los DNS pueden configurarse en el módem *router* del acceso de banda ancha (ADSL o cable) o en el ordenador de cada usuario. Si se configura en el módem *router*, lo normal es que en el ordenador del usuario se tenga seleccionada la opción de obtener la dirección del servidor DNS automáticamente. En caso contrario, es necesario introducir las dirección IP del DNS primario y secundario en cada ordenador.

En realidad, los números IP de los DNS que se tienen que introducir no tienen por qué corresponderse con los del proveedor de acceso, pueden ser cualquier pareja de DNS válidos. Por tanto, si no consigue hacer uso del navegador de Internet, puede que resuelva el problema configurando las DNS en su propio ordenador. Vale cualquier pareja de DNS. Si no conociera ninguna, en Internet pueden conseguirse listados de números IP de servidores DNS.

Si dispone de Windows, la configuración de los DNS se realiza junto con la configuración de la tarjeta de comunicación. Por tanto, debe seleccionar *Inicio*, *Panel de control*, *Conexiones de red e Internet*, *Conexiones de red*, hacer clic con el botón derecho sobre la tarjeta de red a configurar (la inalámbrica) y elegir la opción *Propiedades*. Por cierto, se puede llegar a este mismo punto abriendo el *Explorador de Windows*, marcando la carpeta *Mis sitios de red*, haciendo clic con el botón derecho del ratón y eligiendo la opción *Propiedades*. En cualquier caso, en la nueva ventana que aparece se debe marcar la opción *Protocolo Internet (TCP/IP)* en la lista de elementos y hacer clic en el botón *Propiedades*. A continuación se debe marcar la opción *Usar las siguientes direcciones de servidor DNS* e introducir los dos números IP en las casillas correspondientes. Lo cierto es que estas opciones pueden variar de unas versiones de Windows a otras.

Acceso a una red con SSID oculto

Uno de los sistemas de seguridad Wi-Fi consiste en configurar el punto de acceso para que no emita el nombre de la red SSID. En estas circunstancias, las aplicaciones normales de red Wi-Fi no detectan la red cuando realizan una exploración del entorno. Sin embargo, existen aplicaciones que pueden identificar el SSID aunque el punto de acceso no lo publique.

Si alguien tiene la intención de aprovecharse de una red ajena es fácil pensar que no se va a limitar a utilizar las aplicaciones normales. Una exploración con programas como Netstumbler o Kismet puede recopilar mucha información interesante de las redes del entorno, entre ellas, los nombres SSID de todas ellas. Esta información la consiguen explorando los mensajes que se intercambia el punto de acceso con sus usuarios autorizados.

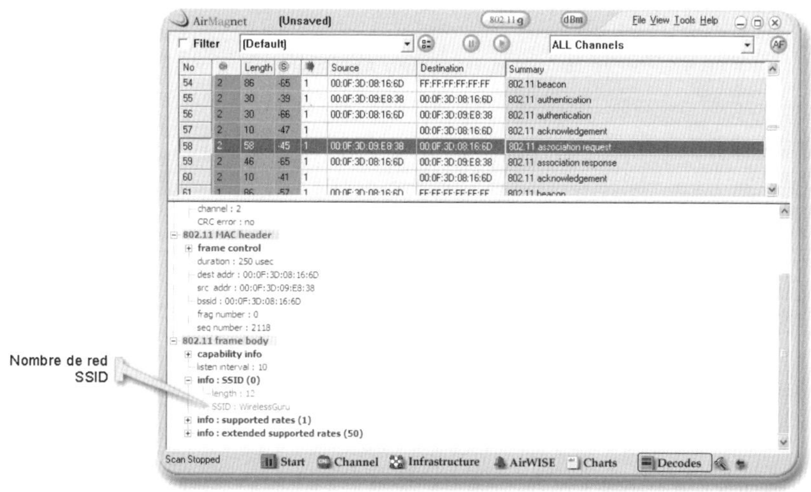

Figura 12.8. Descubrir el SSID con AirMagnet

Por tanto, para acceder a una red con SSID oculto bastará con que el intruso utilice uno de estos programas de exploración, que anote el nombre SSID (incluido mayúsculas y minúsculas), que abra posteriormente la aplicación de la tarjeta Wi-Fi y establezca una nueva conexión introduciendo el nombre anotado anteriormente. Si la única medida de seguridad de la red es ocultar su SSID, conseguirá entrar sin más.

Por ejemplo, para establecer una nueva conexión con la aplicación Wi-Fi de Windows XP accederá a *Conexiones de Red*, hará clic con el botón derecho sobre la conexión de red inalámbrica, seleccionará *Propiedades*, seleccionará la pestaña *Redes inalámbricas* y hará clic sobre el botón *Agregar*. En la nueva ventana que aparece existe un campo para introducir el nombre de red SSID. Con esto hará que la red aparezca en la lista de redes disponibles. Bastará con que la seleccione y haga clic sobre el botón *Conectar*.

UTILIDAD		SIST. OPERATIVO				TIPO DE ATAQUE					
Nombre	Autor	Windows	Linux/Unix	Mac OS	PDA	Explorador de redes	Analizador protocolo	Descubre WEP	Descubre WPA	Ataca LEAP	Muestra Contenido
Airbase	Johnny Cache		Sí			Sí		Sí			
AirCrack	AirCrack Team	Sí	Sí	Sí		Sí		Sí	Sí		
AiroPeek.	WildPackets, Inc.						Sí				
AirSnarf	The Shmoo Group		Sí			Sí					
AirSnort	The Shmoo Group	Sí	Sí					Sí			
AirTraf	Elixar, Inc.		Sí								Sí
Anwrap	Barto y Sweeney									Sí	
APTools	Kirby Kuehl	Sí	Sí			Sí					
Asleap	Joshua Wright	Sí	Sí							Sí	
ClassicStumbler	Alksoft			Sí		Sí					
CommView	Tamosoft					Sí		Sí	Sí		
Driftnet	Chris Lightfoot		Sí								Sí
EtherPEG	Bushell y otros			Sí							Sí
Hitchhiker	Kasuei Consultant				Sí	Sí					
iStumbler	Alf Watt			Sí		Sí					
Kismet	Mike Kershaw	Sí	Sí	Sí		Sí					
MacStumbler	Korben			Sí		Sí					
MiniStumbler	Marius Milner				Sí	Sí					
NetChaser	Michael A. Waldron				Sí	Sí					
NetStumbler	Marius Milner	Sí				Sí					
Packetyzer	Network Chemistry	Sí					Sí				
PocketWarrior	DataWorm Labs				Sí	Sí					
PrismStumbler	Jan Fernquist		Sí			Sí					
StreetStumbler	kg4ixs	Sí				Sí					
StumbVerter	Puchol, Sonar	Sí				Sí					
THC LEAPcracker	Hacker's Choice		Sí							Sí	
WarLinux	Fred		Sí			Sí					
WaveStumbler	Patrik		Sí			Sí					
WebStumbler	Frank Echanique	Sí				Sí					
WepAttack	Blunk y Girardet		Sí					Sí			
WEPCrack	Rager y Danckaert		Sí					Sí			
WEPWedgie	Anton Rager		Sí					Sí			
Wicrawl	Peterson y otros		Sí			Sí					
WiFi Graph	Kasuei Consultant	Sí		Sí	Sí	Sí					
WiFiFoFum	Malcolm Hall				Sí	Sí					
Wireshark (Ethereal)	Gerald Combs	Sí	Sí				Sí				
WiStumbler	Isao Seki					Sí					
WPA Cracker	Takehiro Takahashi		Sí						Sí		
YellowJacket.	B. Varitronics				Sí	Sí					

Tabla 12.1. Ejemplos de herramientas de intrusos de redes Wi-Fi

Acceso a una red sin DHCP

Como se ha visto anteriormente, los puntos de acceso cuentan con un dispositivo conocido como DHCP que se encarga de asignarle automáticamente una dirección IP a cada ordenador. Si esta facilidad DHCP está deshabilitada se tiene que configurar manualmente en cada ordenador de usuario una dirección IP válida.

En algunos casos, los administradores de red deshabilitan DHCP como medida de seguridad. Lo cierto es que buscar un número IP válido puede llegar a convertirse en una tarea complicada, pero no imposible.

Las direcciones IP privadas están reguladas por el documento RFC 1918 (*ftp://ftp.ufl.edu/net/frcs*). En este documento se define que, para que una dirección IP privada sea compatible con Internet, debe estar dentro de los siguientes rangos:

- Del 192.168.0.0 al 192.168.255.255 (Clase C). Estas direcciones están pensadas para las redes de menos de 256 equipos.
- Del 172.16.0.0 a 172.31.255.255 (Clase B). Con estas direcciones se pueden crear redes de hasta 65.536 equipos.
- Del 10.0.0.0 a 10.255.255.255 (Clase A). Pensada para grandes redes. Se pueden direccionar más de 16 millones de equipos con estas direcciones.

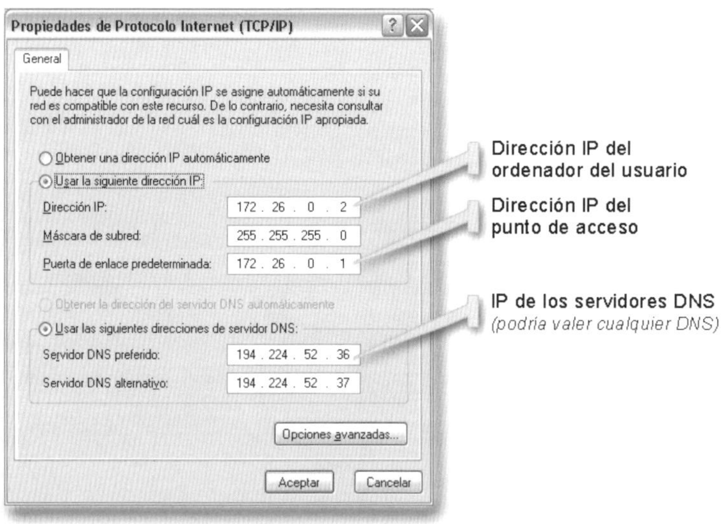

Figura 12.9. Configuración manual de las direcciones IP (Windows XP)

Los administradores de red son libres de utilizar cualquiera de estas direcciones en su red, ya que, al no ser reconocidas por Internet no interfieren en su funcionamiento. Esto quiere decir que las direcciones IP utilizadas por cualquier red de área local, bien sea de una gran empresa con miles de ordenadores o de una pequeña red de dos ordenadores domésticos, son de este rango de direcciones.

Además de los rangos de direcciones anteriores, existen otros dos rangos con un significado especial:

- Del 169.254.0.0 al 169.254.255.255 (256 direcciones). Se trata del rango que utilizan las nuevas versiones de los sistemas operativos (entre ellos Windows) para crear automáticamente sus pequeñas redes locales.
- Del 127.0.0.0 al 127.255.255.255. Lo utilizan los ordenadores con software servidor para identificarse a sí mismos. No se trata de números IP que utilizan otros ordenadores para acceder al servidor, sino de las direcciones que se utilizan en el servidor para hacer referencia a sí mismos, facilitando de esta forma el desarrollo, la configuración y las pruebas de sus propias aplicaciones. El servidor no necesita estar conectado a una red para utilizar estos números.

Por tanto, en el caso de redes pequeñas, lo más probable es que acepten sin problemas direcciones del tipo 192.168.0.10 ó 192.168.1.10. No obstante, lo cierto es que la red podría utilizar cualquiera de los otros rangos de direcciones de la clase A o B. En cualquier caso, suele ser muy común utilizar números IP bajos, por lo que los primeros intentos de asignación los hará con número bajos. Si el punto de acceso tiene limitado el rango de direcciones IP admitidas, los números altos suelen estar fuera del rango. Generalmente, conseguir una dirección IP válida suele ser cuestión de no muchos intentos.

Acceso a una red con filtro MAC

Lo primero que hace el pirata para acceder a una red con filtro MAC es hacerse con un número MAC correcto. Para ello utiliza un analizador de protocolo. Esta aplicación interpreta todos los paquetes que se intercambian en la red, permitiendo identificar el número MAC de sus usuarios. A continuación, basta con que modifique el número MAC de su ordenador e intente el acceso. A este tipo de ataques se le conoce como *MAC spoofing* o robo de identidad.

En el mercado existen muchos analizadores de protocolos, gratuitos y comerciales. Algunos cuestan unos pocos euros y otros miles. De hecho, es una aplicación muy utilizada para el análisis de las comunicaciones. Uno de los analizadores de protocolo más conocidos en el mundo de la piratería en Internet es Ethereal. Otro buen ejemplo es Etherpeek.

Para conseguir el número MAC de un usuario autorizado es necesario esperar a que intente conectarse a la red. En este momento es cuando el usuario le envía esta información al punto de acceso. Si no tiene paciencia para esta espera, existe un procedimiento más rápido: enviar un paquete de desautorización a la dirección del usuario autorizado, lo que lo fuerza a iniciar una nueva conexión, revelando de esta forma su número MAC. Si realiza esta acción mientras el analizador de protocolos almacena todos los paquetes intercambiados, posteriormente sólo tendrá que revisar el analizador de protocolos y filtrar su contenido para que muestre las direcciones de red o números MAC que haya detectado.

Para desautorizar una conexión existen herramientas como: CommView for WiFi, WLAN-Jack, Void11 o FATA-jack.

En cuanto al cambio del número MAC puede hacerlo de distintas formas. Si dispone de Windows, la forma más fácil es utilizar una aplicación como SMAC (*www.klcconsulting.net*). Esta aplicación modifica el número MAC que muestra el ordenador independientemente de que la tarjeta instalada admita o no realizar este cambio. SMAC funciona con Windows 2000, 2003, XP y Vista. Otra alternativa es Etherchange.

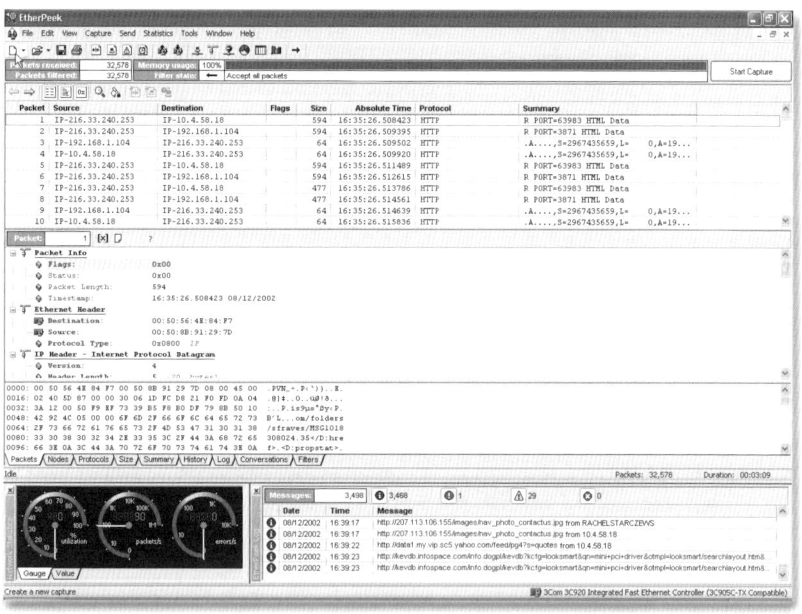

Figura 12.10. Analizador de protocolo Etherpeek

Si dispone de una tarjeta de red inalámbrica que permite modificar su número MAC, este cambio lo puede llevar a efecto desde Windows de la siguiente forma: selecciona la opción *Propiedades* haciendo clic con el botón derecho sobre *Mis sitios de red*, marca la tarjeta en cuestión, hace clic con el botón derecho y selecciona la opción *Propiedades*, hace clic en el botón *Configurar* y selecciona la ficha *Opciones avanzadas*. Si la tarjeta de red permite el cambio de número MAC, bajo el epígrafe *Propiedades* le aparecerá una opción titulada *Dirección de red* (*Network Address*) o *Dirección MAC* (*MAC address*). Al seleccionarla le permitirá introducir el nuevo valor en el campo de la derecha.

Otra alternativa para el caso de que la tarjeta no permita modificar su número MAC consiste en realizar el cambio modificando el Registro de Windows (*regedit*). En cualquier caso, dada la complejidad de este proceso no vamos a pararnos a explicarlo.

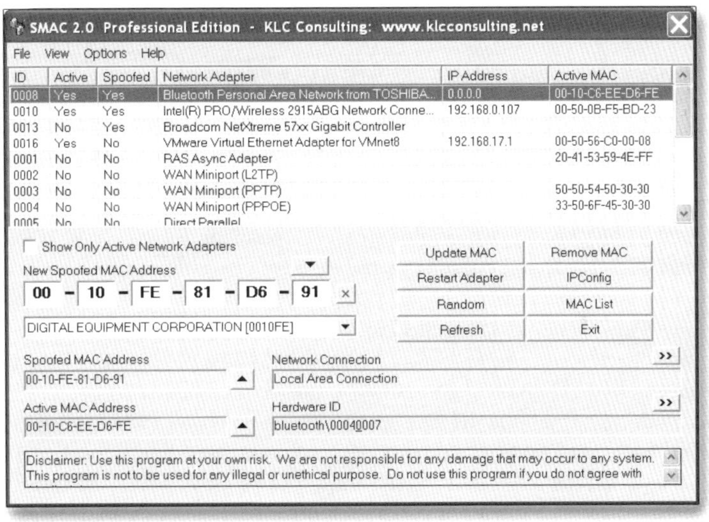

Figura 12.11. Modificar el número MAC con SMAC

En el caso de utilizar Linux, el número MAC puede cambiarlo directamente desde el sistema operativo. Para ello, accede como *root* y sigue los siguientes pasos:

1. Deshabilita la tarjeta de red a la que se le va a cambiar el número MAC. Esto lo puede hacer con el siguiente comando:
   ```
   [root@localhost root]# ifconfig wlan0 down
   ```
2. Inserta el nuevo número MAC. Para esta acción tiene dos alternativas:
   ```
   [root@localhost root]# ifconfig wlan0 hw ether 00:23:67:45:89:ab
   ```
   o bien
   ```
   root@localhost root]# ip link set wlan0 address 00:23:67:45:89:ab
   ```

3. Volverá a activar la tarjeta de red:
```
[root@localhost root]# ifconfig wlan0 up
```

Si prefiere realizar este cambio con una aplicación más amigable, probará a hacerlo con una utilidad llamada MAC changer (*www.alobbs.com/macchanger*).

Los programas como SMAC o MAC changer tienen otra aplicación interesante para los piratas, y es que facilitan su ocultamiento. Los sistemas de red de área local e Internet guardan información sobre su actividad y, entre otras informaciones, pueden guardar el número MAC. Este número MAC identifica la tarjeta de red utilizada para establecer la comunicación. Sin embargo, SMAC ofrece generar un número MAC de forma aleatoria, con lo que el ordenador del pirata mostrará un número MAC que no existe o, en todo caso, no se corresponde con el suyo. Por esta razón, este ataque se conoce también como robo de identidad inalámbrica o *wireless identity-theft*.

Acceso a una red con cifrado WEP

WEP utiliza un sistema de clave simétrica RC4. La palabra simétrica quiere decir que tanto el punto de acceso como el terminal del usuario utilizan la misma clave de cifrado. Con esta clave se genera una secuencia de datos pseudoaleatorios que, combinado con el texto original (con la operación lógica XOR, o exclusiva), produce el flujo de información cifrada que transmite al otro extremo.

Para generar la secuencia de datos pseudoaleatoria se utiliza un vector de inicialización (IV, *Initialization Vector*) de 24 bits de longitud. Este vector es un número, en principio generado aleatoriamente, que se incrementa en una unidad con cada paquete enviado. La mayoría de las implementaciones WEP se ponen a 0 al inicializar el hardware. Dado que el número de combinaciones que se pueden hacer con 24 bits es limitado, en las redes con mucho tráfico se repite el vector de inicialización en cuestión de horas. Lo que supone una debilidad. De hecho, como 802.11b no especifica cómo se genera el IV, algún fabricante podría utilizar un IV fijo. La razón por la que se utiliza IV es asegurarse de que la semilla utilizada para PRNG RC4 es diferente cada vez. Por otro lado, con WEP se cifran las capas de la 3 a la 7 y se dejan sin cifrar la capa 2 (capa MAC).

El IV tiene todas estas vulnerabilidades:

- Tiene poca longitud (24 bits) y no está cifrado.
- Es estático. Esto quiere decir que en redes ocupadas es necesario repetir el mismo IV cada cierto número de horas (entre 5 y 7).
- Al estar comprometido el IV se compromete el flujo cifrado, lo que facilita el descifrado de la información.

- o IV es parte de la clave de cifrado RC4.
- o El protocolo MAC de 802.11 no utiliza una protección cifrada de la integridad de los paquetes (CRC no cifrado).

Lo cierto es que está demostrado que con los ordenadores de que disponemos hoy es relativamente fácil descifrar claves de longitudes inferiores a 80 bits. La forma más segura de descifrar una de estas claves es probando cada una de las combinaciones posibles de forma secuencial. A esto es a lo que se conoce como ataque de fuerza bruta.

Para mejorar la seguridad de las claves WEP se desarrolló una modalidad, no estándar, que amplía la longitud de la clave a 104 bits (128 bits totales). Incluso algunos proveedores incluyen la opción de utilizar claves de 128 bits (152 totales). Con estas claves, los ataques de fuerza bruta se hacen casi imposibles, dado el excesivo tiempo que necesitarían para conseguir descifrarlo. En cualquier caso, existen otros procedimientos para atacar las claves WEP distintos a la fuerza bruta.

UTILIDAD	DESCRIPCIÓN
Airopeek	*Identificar posibles problemas de seguridad y de funcionamiento del protocolo.*
AirScope	*Herramienta de administración de redes inalámbricas. Permite capturar y analizar el tráfico de red de forma remota.*
AirSnarf	*Consigue nombres de usuarios y claves de los puntos de acceso públicos (hotspots) sobre 802.11b.*
Amap	*Explora la red en busca de servicios activos.*
APTools	*Detecta los puntos de acceso conectados a la red cableada.*
Cqure AP	*Software de punto de acceso que funciona sobre Linux. Puede configurarse como gateway o bridge. Incluye un firewall y admite 802.1x.*
Cheops-ng	*Crea un diagrama de las conexiones de red.*
Driftnet	*Escucha el tráfico intercambiado, identificando y mostrando las imágenes que detecta, así como reproduciendo el audio mpeg.*
EtherPEG	*Captura los paquetes TCP y muestra las imágenes que detecta.*
FakeAP	*Genera señales de identificación de falsos puntos de acceso. Está pensado para engañar a los programas exploradores del entorno como Netstumbler.*
Foundstone's Superscan	*Exploración de puertos.*
GFI LANguard	*Realiza una auditoría de seguridad de la red.*
Hot Spot Defence Kit	*Aplicación para la detección de intrusos en redes inalámbricas públicas (hotspots).*
nMap	*Exploración de puertos abiertos en los equipos de la red.*
Qualysguard	*Realiza una auditoría de seguridad de la red.*
Retina WiFi Scanner	*Aplicación que detecta todos los puntos de acceso de una red corporativa.*
SoftPerfect's Network Scanner	*Exploración de puertos.*
VPNMonitor	*Explora la red en busca de protocolos seguros (IPSec, PPTP, SSH o HTTPS).*
ZoneCD	*Software para crear una zona Wi-Fi o punto de acceso público Wi-Fi.*

Tabla 12.2. Otras herramientas útiles para intrusos

Las distintas formas de atacar las claves WEP son las siguientes:

- Ataques pasivos para descifrar el tráfico utilizando análisis estadístico.
- Ataques activos para inyectar nuevo tráfico desde un terminal no autorizado utilizando un texto plano conocido. Aireplay o WEPWedgie son algunas de las utilidades que realizan este tipo de ataques.
- Ataques activos para descifrar el tráfico actuando sobre el punto de acceso.
- Ataques de fuerza bruta con diccionarios de clave. Se trata de analizar el suficiente número de paquetes hasta descubrir la clave.
- Probar las claves preconfiguradas. Muchos fabricantes venden sus equipos con una clave WEP preconfigurada. El problema es que esta clave WEP es conocida. De hecho se pueden consultar en Internet (por ejemplo en *www.cirt.net*).

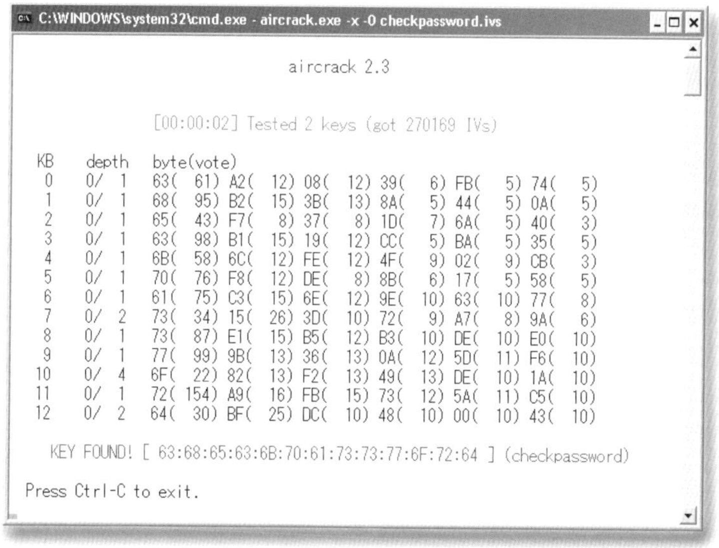

Figura 12.12. Descubrir clave WEP con Aircrack

El pirata dispone de dos tipos de herramientas para descubrir la clave WEP de un equipo:

1. Una herramienta, como Ethereal, Airsnort, Prismdump o Kismet, que pueda capturar una gran cantidad de paquetes de información intercambiados entre el punto de acceso y un terminal autorizado.

2. Una herramienta, como WEPcrack, Airsnort, Aircrack o WepLab, que procese estos paquetes para intentar descifrar la clave. Algunas de estas aplicaciones pueden realizar también la tarea de capturar el número de paquetes necesario.

WEPcrack es posiblemente la aplicación más conocida para reventar claves WEP. De hecho, ésta fue una de las primeras herramientas que aparecieron. WEPcrack está escrito en Perl y puede utilizarse con cualquier sistema operativo que disponga de un intérprete Perl. Este intérprete viene incluido en el sistema operativo Unix/Linux y, aunque Windows no lo incluye por defecto, se puede instalar alguno, como ActivePerl. En este caso se instala primero ActivePerl y se utiliza este programa para ejecutar WEPcrack. WEPcrack ofrece la información de las claves WEP en formato decimal, antes de utilizar estas claves tendrá que convertirlo a formato hexadecimal (la calculadora de Windows puede hacer esta operación).

Airsnort funciona con Unix/Linux, aunque si el pirata es usuario de Windows utilizará WinAirSnort. Ambas versiones tienen la misma apariencia y funcionalidad.

Aircrack, escrito por Christophe Devine, es otra de las herramientas de ruptura de clave WEP. Existe una versión para Windows y otra para Linux. La especialidad de Aircrack son los ataques estadísticos.

WepLab, escrito por José Ignacio Sánchez, es un programa similar a Aircrack. La novedad de WepLab es que incorpora el ataque de fuerza bruta y el ataque de diccionario, los cuales resultan efectivos en determinadas circunstancias.

Si no le convenciera ninguna de estas herramientas, existen más: Wep Decrypter, Chopchop, Wep_decrypt, Auditor Security Collection, Jc-wepcracker, Dwepcrack o WepAttack.

Todos estos programas necesitan una gran cantidad de paquetes para poder romper la clave WEP. Se estima que son necesarios entre 500.000 y 5 millones de paquetes. Si tenemos en cuenta que en una red con tráfico continuo circulan unos 200.000 paquetes a la hora, el tiempo necesario para descubrir una clave WEP varía entre 3 y 25 horas. En el caso de redes con poco tráfico (la de una pequeña oficina o en el hogar), el tiempo necesario puede alargarse durante días o semanas.

Si intenta atacar un punto de acceso que tiene muy poco tráfico, puede tardar días en capturar el número de paquetes necesario. Por tanto, éste es un proceso que puede llevar su tiempo. Cuanto más usuario tiene la red y más intenso es su uso, menos tiempo necesitará para descifrarlo.

Para obtener más información sobre aplicaciones de este tipo se puede consultar la Web *www.securityfocus.com/infocus/1814*.

IR MÁS ALLÁ DEL SIMPLE ACCESO

Una vez que el intruso se conecta a una red ajena puede limitarse a utilizar su conexión a Internet o puede que decida ir más allá. ¿Qué lejos puede llegar? Entre las muchas posibilidades se encuentran las siguientes:

- Acceder a los ordenadores del resto de usuarios de la red o de sus servidores.
- Tomar el control del punto de acceso.
- Impedir que uno o más usuarios puedan utilizarla.
- Utilizar la red de plataforma para atacar a terceros.

Para acceder a ordenadores ajenos existen multitud de técnicas. Algunas son simples, como investigar los grupos de trabajo y las carpetas compartidas, y otras más complejas, como investigar las vías (puertos abiertos, correos, gusanos, etc.) por las que colocarle un caballo de Troya que facilite un control total.

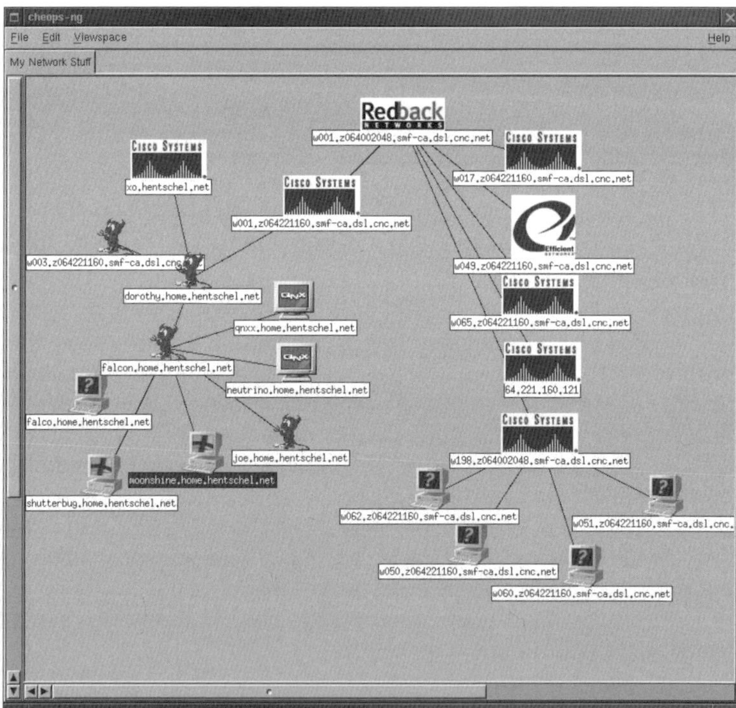

Figura 12.13. Mapa de red creado con el programa Cheops-ng

Los equipos que suelen tener especial interés para los piratas son los servidores. Si el punto de acceso pertenece a la red corporativa de una empresa, no es raro que disponga de servidores Web o de otro tipo para soportar las aplicaciones corporativas. En estos servidores suele haber información interesante como listas de clientes, facturación, descripciones de productos, listas de empleados, datos de las nóminas, cuentas bancarias, etc.

Para tomar el control del punto de acceso sólo tiene que acceder a su servicio de configuración e introducir el nombre de usuario y clave del administrador. Los puntos de acceso se suelen configurar a través de un servicio http o telnet. Esto quiere decir que le bastará con utilizar un navegador de Internet o un cliente telnet e introducir el número IP del equipo. Los retos a vencer son dos: cuál es el número IP del punto de acceso y cuál es el nombre de usuario y clave correspondiente.

Responder a la primera pregunta es fácil. Cualquier aplicación de exploración de redes, por ejemplo Ethereal, facilita el número IP del punto de acceso. Por otro lado, este número IP suele ser el primero del rango de direcciones utilizado por la red. Por ejemplo: 192.168.0.1 ó 172.16.0.1. En su defecto, suele estar entre los primeros. En cualquier caso, este número IP suele venir preconfigurado en el punto de acceso y no suele modificarse en el momento de su instalación. Por tanto, siempre podrá buscar en Internet el número IP con el que viene preconfigurado el punto de acceso en cuestión.

Veamos ahora cómo puede el intruso averiguar las palabras claves del administrador. Digamos que existen tres procedimientos:

- Probar con las claves definidas por defecto por el fabricante. Al igual que ocurre con los números IP y otros parámetros de configuración del punto de acceso, los fabricantes configuran dichos parámetros con unos determinados valores para que el proceso de instalación del equipo sea fácil y rápido. La mayoría de los usuarios instalan el equipo con estos parámetros y no se molestan en cambiarlos posteriormente. Pues bien, en Internet pueden encontrarse nombres de usuarios y claves por defecto utilizados por cada equipo de cada fabricante.
- Probar con las claves más habituales. Aunque parezca mentira, no solemos tener mucha imaginación a la hora de decidir los nombres de usuario y clave de un equipo. Sorprendentemente, existen palabras que son utilizadas frecuentemente, como por ejemplo: *adm*, *admin*, *administrador*, *1234*, *12345*, *00000*, *password*, la marca del equipo o el nombre o apellido del administrador (si es de los comunes será fácil dar con él). Por otro lado, frecuentemente se utilizan palabras con sentido, como: mesa, teclado, usuario, clave, etc. El caso es que existen diccionarios de claves que recogen las más utilizadas. Los programas de descifrado de claves suelen utilizar diccionarios de este tipo, con lo que consiguen descubrir en minutos lo que de otra forma se tardaría años. Más del 30% de las claves de acceso son fácilmente descifrables de esa forma.
- Fuerza bruta. Bueno, si ha fallado todo lo demás y tiene mucho interés en descubrir la clave, puede intentar ir probando todas las combinaciones posibles

hasta dar con la clave correcta. Lo cierto es que esta técnica no tiene ninguna garantía de éxito a corto plazo. Descubrir una clave sencilla puede ser cuestión de horas, pero, a poco que se complique, pueden necesitarse años.

LONGITUD DE LA CLAVE	CARACTERES QUE COMPONEN LA CLAVE			
	Letras minúsculas (26)	Letras y números (36)	Mayúsculas y minúsculas (52)	Todos los caracteres (96)
6	51 minutos	6 horas	2 días	3 meses
7	22 horas	9 días	4 meses	24 años
8	24 días	10 meses	17 años	2.288 años
9	21 meses	33 años	890 años	219.601 años
10	45 años	1.160 años	45.840 años	21 millones de a.
NOTA. Potencia de cálculo estimada: 100.000 claves por segundo.				

Tabla 12.3. Tiempo estimado en descubrir una clave con un programa de fuerza bruta

El hecho es que si el intruso consigue acceder a la configuración del punto de acceso podrá modificarla a su antojo. En cualquier caso, cuando el administrador descubre el ataque puede reiniciar el equipo desde el hardware, restablecer la configuración anterior y mejorar las medidas de seguridad.

No obstante, es posible que el objetivo del pirata sea realizar un ataque de negación de servicio. La forma de realizar este tipo de ataques depende de la configuración de la red y del grado de daño que se desee causar. Por ejemplo, podría dejar sin servicio un servidor, impidiendo que sus usuarios sigan utilizando sus aplicaciones, podría eliminar el número MAC de un usuario de la lista de usuarios permitidos o, simplemente, podría cambiar las claves WEP y de acceso del punto de acceso para dejar sin servicio a toda la red. La variedad de ataques de este tipo es tan grande como la propia imaginación del pirata.

Por otro lado, desde el punto de vista específico de la tecnología Wi-Fi existen distintos tipos de ataques cuya finalidad no pasa por procurar el acceso a la red, sino por obtener información, falsificar la identificación o impedir el funcionamiento del servicio. Algunos ejemplos son los siguientes:

- **Hombre en medio** o MITM (*Man In The Middle*, también conocido como *Monkey In The Middle* o mono en medio). Consiste en que el intruso se logra situar en medio de la comunicación entre el equipo de la víctima y el punto de acceso. Para el equipo de la víctima, el del intruso es el punto de acceso y, para el punto de acceso, el equipo del intruso es el de la víctima. Para poder hacer esto el intruso monitorea la comunicación con un analizador de protocolo hasta que obtiene la información necesaria para poder simular las nuevas identidades.
- **Secuestro de sesión**. En este caso, el intruso espera a que un usuario legítimo se conecte al punto de acceso. A continuación, haciéndose pasar por el punto de acceso, le envía un mensaje de desasociación (*disassociate message*) a la

víctima para desconectarlo. Por último, tomando la identidad de la víctima hace uso de la sesión.

- **Asociación maliciosa**. En este caso, el intruso configura su punto de acceso, software o hardware, para hacerse pasar por el punto de acceso de la víctima. Una vez que se conecta la víctima, utiliza esta conexión para investigar y obtener información de dicho ordenador.

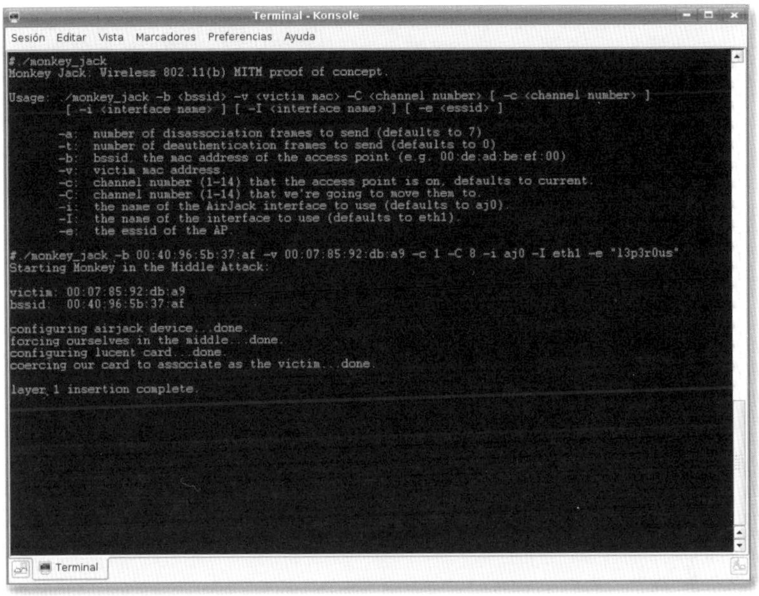

Figura 12.14. Ataque de hombre en medio o MITM

- **Inundación de asociaciones**. Cuando se asocia una estación a un punto de acceso, éste le asigna un número de identificación conocido como AID (*Associate Identification Number*). El punto de acceso dispone de 2007 números de este tipo, lo que quiere decir que el punto de acceso admite un máximo de 2007 asociaciones simultáneas. Este ataque consiste en enviarle al punto de acceso múltiples solicitudes de asociación con identidades distintas hasta que se quede sin AID libres. En la práctica, esto provoca que el punto de acceso se reinicie o que desasocie a los primeros usuarios legítimos para reutilizar AID.
- **Vulnerabilidad del ahorro de energía**. Los ordenadores portátiles, después de un período de inactividad, pasan a lo que se conoce como modo de *standby*, o letargo. En este modo desactivan todas las aplicaciones y unidades periféricas para ahorrar energía. Antes de pasar a este modo de ahorro de energía le comunica su intención al punto de acceso, quien amablemente le guardará en una memoria intermedia (*buffer*) todos los datos entrantes hasta que vuelva a

despertar. Al despertar recogerá todos estos datos del punto de acceso. El ataque consiste en simular el mensaje de despertar del ordenador de la víctima, con lo que el punto de acceso le enviará la información de la memoria intermedia.

- ***Jamming*** (atascar). Consiste en utilizar un dispositivo electrónico que cree interferencias de radio en el punto de acceso para impedir que se comunique con sus usuarios. Éste es un tipo de ataque de negación de servicio o DOS.
- **Vulnerabilidad Michael**. Michael es el nombre de una función de seguridad del sistema de cifrado TKIP utilizado por WPA. Esta función hace que se apague el punto de acceso cuando recibe más de dos paquetes de datos no autorizados en un período inferior a un segundo. Aunque la finalidad es proteger al punto de acceso de posibles ataques, un intruso podría generar estos mensajes intencionadamente para provocar que el punto de acceso se reinicie constantemente, dejándolo inactivo.

CAPÍTULO

13

Aplicaciones de las redes inalámbricas

PARA QUÉ VALE WI-FI

La popularización de la tecnología inalámbrica está suponiendo un creciente interés por parte de los usuarios y de las empresas proveedoras en disponer de soluciones alternativas para dar una respuesta más fácil, cómoda y eficaz a las necesidades de comunicación existentes.

Se puede decir que las ventajas de las soluciones inalámbricas destacan en tres campos:

- Facilidad de comunicar dispositivos portátiles. Si se dispone de un ordenador portátil o PDA, éstos pueden disponer de conexión con el resto de la red local o con Internet sin necesidad de tener que estar atados a un conector de red. Es más, se puede disfrutar de estos servicios aunque se permanezca en movimiento.
- Facilidad de configuración y reorganización. Las redes de área local cableadas son complicadas de instalar por la necesidad que tienen de disponer un conector al lado de cada ordenador. Incluso reorganizar una red cableada puede ser todo un problema si la nueva disposición no coincide con los lugares donde hay red. Las redes inalámbricas son fáciles de instalar y no tienen necesidad de modificación cuando los ordenadores se cambian de sitio.
- Facilidad de establecer comunicación punto a punto vía radio. Cablear una red local dentro de un edifio puede ser una tarea abordable, pero interconectar las redes de dos edificios o comunicar dos ordenadores distantes es muy complicado de hacer por los propios medios vía cable. Resolver esto vía inalámbrica no supone mucho problema. La única limitación es que, si la distancia es grande, debemos contar con visibilidad directa entre los extremos.

La existencia de los servicios de acceso a Internet con banda ancha y la popularización de las redes inalámbricas está llevando a un creciente interés por parte de la empresas proveedoras en ofrecer servicios y aplicaciones basados en el hecho de que los usuarios pueden disponer de un dispositivo inalámbrico en cualquier lugar y con una alta velocidad de acceso hacia y desde Internet. Esto le da un valor añadido importante a los servicios de banda ancha como juegos multimedia, videoconferencias, televigilancia, visitas virtuales, telerreunión, teleformación, retransmisión de eventos, recepción de televisión, radio, acceso a disco duro virtual, interconexión de redes, teleasistencia, teletrabajo, trabajo en grupo, etc.

Un campo de aplicación que todavía no está muy extendido es el del control de los dispositivos del hogar desde el ordenador. Programar la calefacción, controlar el dispositivo de riego o poner en marcha el microondas desde el ordenador no es abordable si hay que llenar la casa de agujeros por los que poner los cables; sin embargo, es mucho más asimilable si lo único que hay que hacer es conectar unos dispositivos inalámbricos a cada aparato, para, a continuación, poder controlarlos, tanto desde el ordenador de casa como desde cualquier parte del mundo a través de Internet. Desde este punto de vista, hacer televigilancia del hogar o poner en marcha o apagar cualquier aparato de forma remota puede que se convierta en habitual dentro de un tiempo.

Figura 13.1. Áreas de aplicación Wi-Fi

COMUNIDADES INALÁMBRICAS

Una de las ventajas de las redes Wi-Fi es que permite que cualquier usuario pueda fácilmente conectarse a una red inalámbrica con tan sólo entrar en su área de cobertura. Esta particularidad hace posible disponer de redes inalámbricas públicas a las que puede acceder cualquier usuario para conectarse a Internet o hacer uso de cualquier otro servicio que ofrezca (uso de impresoras, programas en red, juegos, almacenamiento de información, etc.).

La facilidad anterior permitió que hace unos años un grupo de jóvenes pertenecientes a movimientos ciudadanos crease una red inalámbrica pública a la que podía acceder cualquier persona de forma gratuita con tan sólo situarse en su área de cobertura. Esta idea, que nació en Estados Unidos y Australia, se propagó rápidamente a la mayoría de las ciudades europeas. En España ya existen comunidades inalámbricas en muchas ciudades: Madrid, Sevilla, Málaga, Barcelona, Santiago de Compostela, Zaragoza, Valladolid, Alcalá de Henares, Vitoria, Bilbao, Prado del Rey, etc.

Las comunidades inalámbricas están formadas por voluntarios que, en algunos casos, cuentan con el apoyo de algunas empresas o instituciones. Las empresas suelen ser distribuidores informáticos que donan equipos o los venden con grandes descuentos. Por ejemplo, el *hardware* necesario para crear la comunidad *wireless* de Santiago de Compostela fue facilitado en su inicio por la empresa UMD. Esta empresa, fundada en 1989, experimentó un fuerte crecimiento hasta convertirse en uno de los principales mayoristas de informática en España. Por cierto, el impulsor de esta comunidad *wireless* fue Luis Manuel Villaverde Gómez.

Otro ejemplo significativo es Prado del Rey. Éste es un pequeño municipio de la sierra gaditana (unos 6.000 habitantes, *www.pradodelrey.org*). En septiembre de 2001 se puso en funcionamiento, con el apoyo del ayuntamiento, un primer nodo de red, que ha sido ampliado posteriormente en distintas ocasiones. Cualquier ciudadano o visitante sólo tiene que tener una tarjeta inalámbrica para tener acceso a Internet desde esta localidad. La persona impulsora de este proyecto es Miguel Ángel Aguilar, quien también es cofundador de Redlibre.net. Redlibre es una asociación de voluntarios con la intención de crear redes inalámbricas de acceso gratuito.

Para saber dónde están situados los nodos de las comunidades inalámbricas, existe una base de datos mundial en *www.nodedb.com*. Esta información no es del todo precisa, pero puede ser un buen comienzo. Aquí podrá encontrar también los datos de configuración necesarios para conectarse a dicho nodo, así como las direcciones de correo donde plantear las posibles dudas.

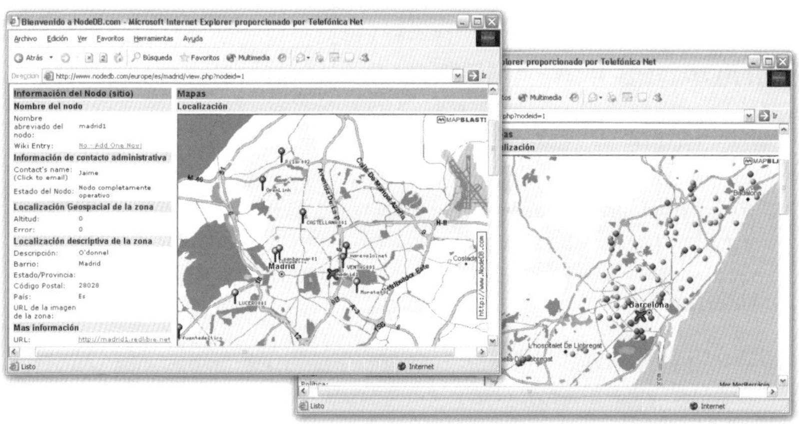

Figura 13.2. Situación de nodos de acceso público de Madrid y Barcelona (según www.nodedb.com)

CIUDAD	DIRECCIÓN WEB
Alcalá	*www.alcalawireless.com*
Almonte	*www.almontewireless.com*
Antequera	*www.antequerawireless.com*
Barcelona	*www.barcelonawireless.net*
Bilbao	*www.bilbowireless.net*
Canarias	*www.canariaswireless.net*
Granada	*www.granadawireless.org*
Madrid	*www.madridwireless.net*
Málaga	*www.malagawireless.org*
Marbella	*www.marbellawireless.tk*
Pucela	*www.pucelawireless.net*
Santiago de Compostela	*www.scqwireless.com*
Sevilla	*www.sevillawireless.net*
Tenerife	*www.tenerifewireless.tk*
Vitoria	*www.anuestroaire.net*
Zaragoza	*www.zaragozawireless.org*

Tabla 13.1. Ejemplos de comunidades inalámbricas españolas

Organización de las comunidades inalámbricas

Técnicamente, una comunidad inalámbrica es una red de redes inalámbricas interconectadas entre sí para crear una red única con cobertura, generalmente, metropolitana o regional, pero que podría llegar a tener alcance nacional o internacional.

Cada red está gestionada por un administrador de red y está formada por los ordenadores o dispositivos Wi-Fi de los usuarios, uno o más puntos de acceso y los equipos y enlaces necesarios para hacer funcionar la red y las interconexiones de la red con el resto de la comunidad. A cada punto de acceso se le conoce con el nombre general de nodo.

Para que toda la comunidad funcione de forma interconectada, es imprescindible que exista un acuerdo en el uso de las direcciones IP. Cada red inalámbrica, cada administrador, necesita su propio rango de direcciones IP para poder asignar direcciones a sus usuarios. Por otro lado, la comunidad necesita determinadas direcciones IP para los elementos de red (servidores DNS, *routers*, etc.). Además, no puede haber dos direcciones repetidas. La gran ventaja es que no se utilizan IP públicas de Internet, sino IP privadas. Las direcciones IP privadas pueden ser utilizadas por los administradores de red con total libertad, sin que las instituciones que gestionan la numeración de Internet tengan que intervenir.

Para organizar todo esto, varios grupos internacionales de comunidades Wi-Fi han desarrollado unos reglamentos internos de direccionamiento. De la misma manera, la asociación Redlibre ha planteado el uso de direcciones IP en toda España utilizando el rango de direcciones privadas 10.0.0.0 para usuarios y el rango 172.16.0.0 para las direcciones necesarias de red (*www.redlibre.net/direccionamiento.php*).

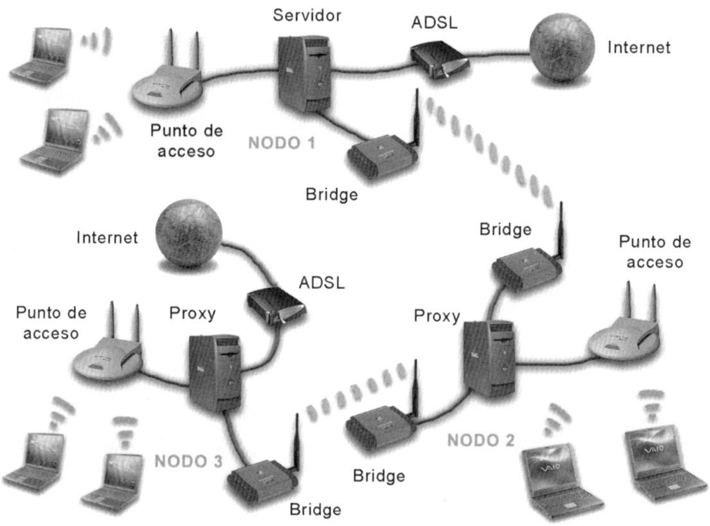

Figura 13.3. Esquema de la comunidad Wi-Fi de Prado del Rey (año 2002)

De acuerdo con el plan de direccionamiento de Redlibre, cada nodo tendrá como mínimo un rango de 32 direcciones. De todas éstas, 29 son para usuarios (de la 10.x.y.2 a 10.x.y.30), una es para el punto de acceso (10.x.y.31), otra para el *router* (10.x.y.1) y otra para la red (10.x.y.0). La máscara de red a utilizar sería la 255.255.255.224. Esto quiere decir que la dirección de cada red termina en .0, .32, .64, .96, .128, .160, .192 y .224. En cualquier caso, si una red necesitase de más direcciones, siempre puede ocupar más de un rango de 32 direcciones.

Para el enrutamiento del tráfico entre nodos, se utiliza un protocolo de enrutamiento dinámico del tipo IGP (*Interior Gateway Protocols*). Los más conocidos son RIP (*Routing Information Protocol*) y OSPF (*Open Shortest Path First*). Por otro lado, para interconectar distintas comunidades inalámbricas, deben utilizarse protocolos del tipo EGP (*Exterior Gateway Protocol*) como, por ejemplo, BGP (*Border Gateway Protocol*).

REDES COMERCIALES DE ACCESO PÚBLICO INALÁMBRICO

Una comunidad inalámbrica puede convertirse, con la configuración adecuada, en una red inalámbrica de acceso público que ofrezca una serie de servicios comerciales. Quizás el principal de los servicios sea el acceso a Internet desde lugares públicos (cafeterías, aeropuertos, etc.), pero este servicio se puede complementar con otros como uso de impresoras, uso de programas en red, juegos, almacenamiento de información, etc.

A las redes inalámbricas que ofrecen sus servicios al público se las conoce como redes inalámbricas de acceso público, PWLAN (*Public Wireless Local Area Network*, 'Red pública inalámbrica de área local') o, simplemente, *hot-spot* (punto caliente en inglés).

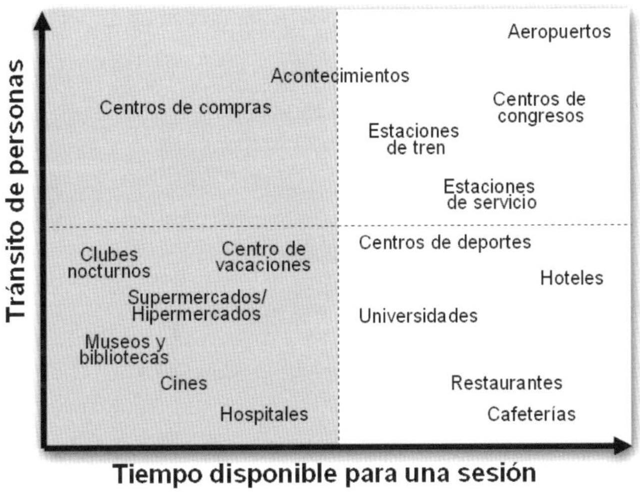

Figura 13.4. Segmentación del mercado de acceso público

Las redes comerciales de acceso público inalámbrico sitúan sus puntos de acceso en aquellos lugares donde existe una gran asistencia de público con tiempo suficiente para conectarse a Internet para realizar cualquier tarea profesional o personal. Estos lugares suelen ser hoteles, centros de convenciones, aeropuertos, campus universitarios, centros comerciales, cafeterías, restaurantes, etc. En estos lugares les ofrecen a sus usuarios la facilidad de acceder a Internet desde su propio ordenador. Los proveedores de este servicio suelen cobrar una cuota mensual fija, una tarifa por uso o ambas cosas, ofreciendo la posibilidad de hacer uso de su servicio desde cualquier punto de su red.

PAÍS	EMPRESA	OBJETIVOS
Alemania	*Lobox*	*Hoteles*
Reino Unido	*BT*	*Aeropuertos*
Austria	*Connect One*	*Hoteles*
Italia	*Megabeam*	*Hoteles y aeropuertos*
Suecia	*Telia*	*Hoteles y aeropuertos*
España	*Telefónica*	*Hoteles, aeropuertos, centros comerciales, etc.*
España	*Kubi Wireless*	*Hoteles y aeropuertos*
USA	*Cometa, Wayport*	*Hoteles y aeropuertos*

Tabla 13.2. Ejemplos de WISP

Los usuarios principales de este tipo de servicios son dos: personas de negocios que se desplazan continuamente y tienen necesidad de mantener acceso a Internet (desde los hoteles, aeropuertos, etc.) y el gran público que aprovecha su estancia en un lugar público (cafetería, centro comercial, etc.) para pasar un tiempo de ocio.

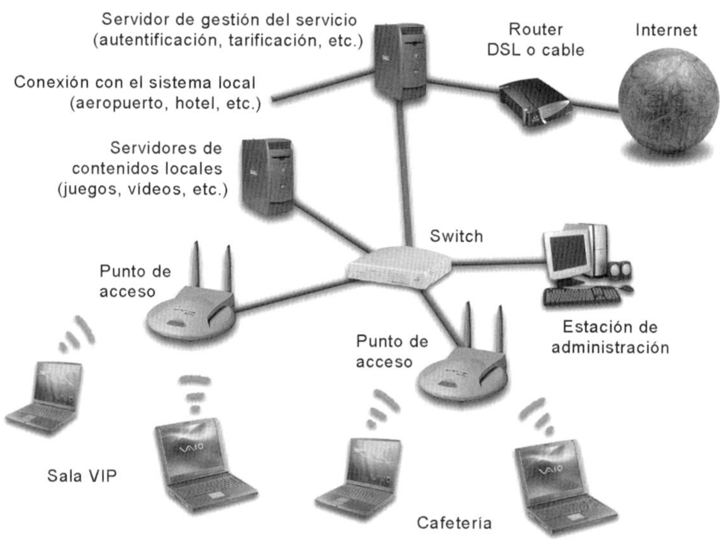

Figura 13.5. Estructura de una red inalámbrica de acceso público

Los servicios de acceso público inalámbrico son vistos como una oportunidad de negocio tanto por los operadores de telecomunicaciones de red fija y móviles, como por empresas independientes. Al proveedor de este tipo de servicios se le conoce por el término general de WISP (*Wireless Internet Service Provider*, 'Proveedores de acceso inalámbrico a Internet'). Éste es el caso de Tmobile en Estados Unidos o de Telia HomeRun o Telefónica en Europa. No obstante, donde más se está desarrollando este mercado es en Japón y Corea. En estos países existe un gran número de WISP y, curiosamente, utilizados en gran medida por los usuarios de PDA.

Dentro de los ejemplos de redes comerciales de acceso público inalámbrico merece una mención especial el proyecto *Zamora Hot City*. La empresa española Wireless&Satellite Networks, en colaboración con el ayuntamiento de la ciudad de Zamora, consiguió, en septiembre de 2002, cubrir la mayor parte de esta ciudad de 65.000 habitantes (se necesitó instalar 300 nodos). Esto no sólo convirtió a Zamora en la primera ciudad del mundo donde poder estar conectado a Internet independientemente de dónde se esté, sino que le valió para conseguir el premio *Computerworld Honors* como la ciudad mejor conectada del mundo (otorgado en colaboración con el Museo de Historia de Estados Unidos y bajo propuesta del presidente de Intel). Desgraciadamente, este proyecto no ha tenido un final tan feliz como su comienzo.

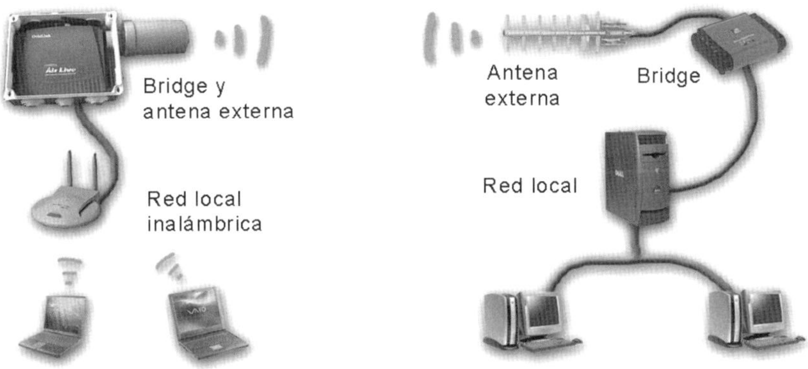

Figura 13.6. Enlace punto a punto con un bridge Wi-Fi

ENLACE PUNTO A PUNTO

Aunque el estándar Wi-Fi es utilizado habitualmente para crear redes locales inalámbricas, también puede utilizarse para crear un enlace de comunicación entre dos puntos. Esta facilidad sirve, por ejemplo, para interconectar dos edificios de una forma fácil, rápida y barata. Tradicionalmente, para establecer una comunicación entre dos puntos que no estuviesen situados en un mismo entorno privado, sólo existía la alternativa de recurrir a un operador de telecomunicaciones. Esto supone pagar una cuota de alta y una tarifa mensual más o menos elevada. Con Wi-Fi se puede establecer esta misma conexión con el único coste de compra de los equipos (e instalación si es el caso). Posteriormente, no hay que hacer ningún pago mensual, salvo los posibles trabajos de mantenimiento, si los hubiera.

Aunque se puede establecer una comunicación punto a punto utilizando puntos de acceso o tarjetas de red, en el mercado existen unos equipos Wi-Fi especialmente pensados para este trabajo. A estos equipos se les conoce con el nombre de *wireless bridge* ('puente inalámbrico'). Un *bridge* inalámbrico interconecta dos ordenadores o dos redes remotas (cableadas o no) mediante una conexión inalámbrica. Una conexión inalámbrica requiere de dos equipos *bridges* inalámbricos, uno en cada extremo.

Una aplicación en la que se utilizan habitualmente los equipos *bridge* es en la interconexión de puntos de acceso para crear una red extensa inalámbrica que cubra todo un campus, zona empresarial, vecindario o ciudad. Los equipos *bridge* pueden establecer enlaces punto a punto o punto a multipunto.

Un par de equipos *bridge* complementados con antenas direccionales y una buena instalación puede llegar a establecer enlaces de más de 10 kilómetros. En algún caso, para eliminar al máximo las pérdidas del cable y conectores, se instala el *bridge* en una caja estanca pegada a la antena. Hay que tener en cuenta que cada 3 dB de pérdida supone disminuir la potencia a la mitad.

Figura 13.7. Imágenes de televigilancia de cámaras Wi-Fi

Por si tiene curiosidad, el récord del mundo de distancia alcanzada con un enlace Wi-Fi lo tiene, por ahora, la Asociación Canaria de Redes Inalámbricas (*www.acri.ws*), quienes consiguieron establecer un enlace a 1 Mbps entre dos de las Islas Canarias, cubriendo una distancia de 70,5 km. El evento tuvo lugar el 3 de agosto de 2002 a las 16:30 horas durante FICIT (Fiesta Canaria de Informática y Telecomunicaciones). Se utilizó una antena de rejilla de 24 dB sin amplificador. Se conectó el Mirador de los Campitos en Santa Cruz de Tenerife con la montaña de Gáldar en Gran Canarias. Curiosamente, este mismo equipo de personas (Alejandro Cámara, José Padilla, Eric

Gibaud, Víctor de la Nuez, Williams de la Nuez y Rubén Delgado) ya se habían hecho un mes antes con el récord de España al cubrir la distancia de 54 km.

TELEVIGILANCIA

La televigilancia consiste en poder ver desde un lugar lo que está ocurriendo en otro mediante la transmisión de vídeo y audio. Tradicionalmente, la televigilancia se ha llevado a cabo mediante la instalación de caros circuitos dedicados. Internet y las soluciones de acceso de banda ancha (DSL o módem cable) nos permiten establecer soluciones de televigilancia a un coste muy bajo. Además, la tecnología inalámbrica permite situar los dispositivos de televigilancia (las cámaras) de una forma fácil y rápida, sin depender de costosas instalaciones cableadas. Por otro lado, Internet ofrece la ventaja de que las imágenes pueden ser vistas desde cualquier parte del mundo.

En el mercado existen cámaras inalámbricas Wi-Fi que permiten situar la cámara en cualquier lugar, con la sola necesidad de disponer de un enchufe de alimentación eléctrica o, en su defecto, de una batería. La señal de vídeo se transmite vía Wi-Fi hasta la red local o Internet.

Figura 13.8. Sistema de televigilancia mediante cámara IP

Hay que tener claro que estas soluciones de televigilancia sólo ofrecen la posibilidad de ver imágenes de forma remota. En ningún caso, esta simple retransmisión de imágenes sustituye a los múltiples servicios de vigilancia y asistencia de las empresas profesionales de este sector.

Las cámaras inalámbricas suelen disponer de un servidor Web interno al que se puede acceder tanto para su configuración como para ver su imagen. La cámara se configura como cualquier otro dispositivo inalámbrico (a excepción de las propiedades de vídeo que son propias de este dispositivo). Si se dispone de varias cámaras, existen aplicaciones (como IPView) que permiten gestionarlas simultáneamente e, incluso, realizar grabaciones de las imágenes.

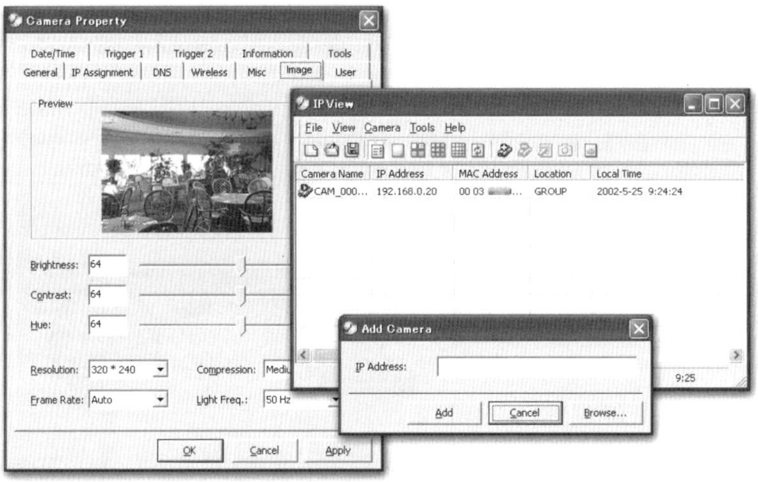

Figura 13.9. Aplicación IPView para gestionar varias cámaras

Para determinadas aplicaciones resulta más conveniente llevar la imagen de la cámara a un servidor desde donde se ofrece al público. También existen empresas en Internet que, por un módico precio, colocan en sus servidores las imágenes de vídeo recogidas por las cámaras Web de sus clientes.

En cualquier caso, la televigilancia a través de Internet resulta una buena solución de supervisión de instalaciones y dependencias tanto para el uso particular (supervisión de los niños, vigilancia de la casa, etc.) como para la pequeña empresa y profesionales (supervisión de instalaciones, tiendas, almacén, despacho, teletrabajadores, etc.). Además, estos sistemas permiten ser combinados con el envío de mensajes de correo electrónico o llamadas al teléfono móvil en el caso de dispararse alguna alarma.

Como conclusión, podemos ver a continuación algunas de las aplicaciones de los sistemas de televigilancia por Internet:

- **Residencial**. Permite supervisar el estado del hogar o de la segunda residencia.
- **Guarderías**. Los padres autorizados pueden ver a sus hijos en la guardería.
- **Personas mayores**. Permite estar en contacto directo con las personas mayores que vivan solas.
- **Comunidad**. Permite que cualquier vecino pueda ver las instalaciones comunes para supervisar el juego de los niños o el aparcamiento del coche.
- **Industrial**. Control de almacenes solitarios, verificación de alarmas, etc.
- **Construcciones y proyectos**. Permite que los clientes puedan ver el estado de la construcción o el proyecto sin tener que desplazarse.
- **Vigilancia**. Para ver y vigilar a distancia distintos centros desde una oficina central.

Por último, las cámaras inalámbricas tienen la posibilidad de ser instaladas sobre personas o equipos en movimiento. Esto las hace ideales para cámaras subjetivas en la retransmisión o grabación de imágenes deportivas o de aventura.

Figura 13.10. Configuración de la cámara Wi-Fi

WI-FI EN EL COCHE

En el *Consumer Electronics Show* ('Muestra de electrónica de consumo'), que tuvo lugar en Las Vegas en enero de 2003, las empresas Linksys y Zadiant Technologies presentaron una serie de aplicaciones de redes inalámbricas para el coche. La aplicación que más llamó la atención fue la posibilidad de cargar el equipo de música del coche con la música MP3 que se tiene en el PC de casa sin necesidad de cables. El coche dispone de una unidad Wi-Fi que le permite conectarse con el ordenador de casa y hacer la transferencia de música de una forma rápida y fácil.

Otra de las aplicaciones que tiene Wi-Fi para el coche es la que se ha venido a llamar maleta digital (*Digital Briefcase*). Una maleta digital consiste en que se lleva un servidor en el coche con toda la información y aplicaciones que necesitamos para nuestra vida diaria. Cuando estamos en casa, podemos acceder al servidor del coche desde el ordenador del hogar y cuando estamos en la oficina, desde el ordenador del trabajo. Es algo así como pensar que el coche es una herramienta informática personal, más personal aún que el ordenador portátil y con la ventaja de que no tenemos que cargar con él. Obviamente, el inconveniente de este tipo de aplicaciones es que se necesitaría estar siempre a una distancia del coche inferior a los 100 metros. En las grandes ciudades esto no es posible muchas veces ni siquiera en la casa.

Si se tiene Wi-Fi en dos o más coches que realizan un viaje en grupo, se puede establecer una videoconferencia entre ellos de forma que es como si todos sus pasajeros viajaran en el mismo vehículo. Entre otras cosas, esto facilitaría el proceso de toma de decisión de parar a descansar o de cambio de ruta.

Por otro lado, el disponer de Wi-Fi en el coche hace posible que se pueda acceder a Internet desde él. Bastaría con acercarse a un punto Wi-Fi público (*hot-spot*) para poder leer el correo electrónico, acceder a las noticias o bajarse la música o vídeo para el resto del trayecto. Uno de los sitios propicios para este tipo de actividades son las gasolineras, áreas de descanso de las autopistas o aparcamientos públicos.

Yendo un poco mas allá, hay quien habla de aprovechar este enlace entre el coche e Internet para poder tener el coche vigilado y localizado. Una cámara en el interior y un sistema GPS pueden complementar el equipamiento para permitir un sistema de vigilancia y localización del vehículo.

Empresas como DaimlerChrysler, Fiat, 3Com, Linksys, Zadiant o Awa están trabajando en este tipo de aplicaciones.

TELEFONÍA WI-FI

La telefonía Wi-Fi permite establecer y mantener conversaciones telefónicas utilizando sus facilidades de movilidad. En definitiva, la telefonía Wi-Fi viene a ser la unión de las redes inalámbricas y de la telefonía IP.

La telefonía Wi-Fi puede tener su campo principal de aplicación en las empresas y sectores como la educación, salud, fabricación o almacenamiento, donde la movilidad de los trabajadores es un factor importante. La ventaja que ofrece la telefonía Wi-Fi frente a las comunicaciones inalámbricas de voz actuales (Dect) es que permite integrar la facilidad de transmisión de voz con la de datos y vídeo. Adicionalmente, la existencia de lugares de acceso público Wi-Fi (*hot-spot*) permite disponer de un servicio telefónico inalámbrico de bajo coste desde lugares públicos.

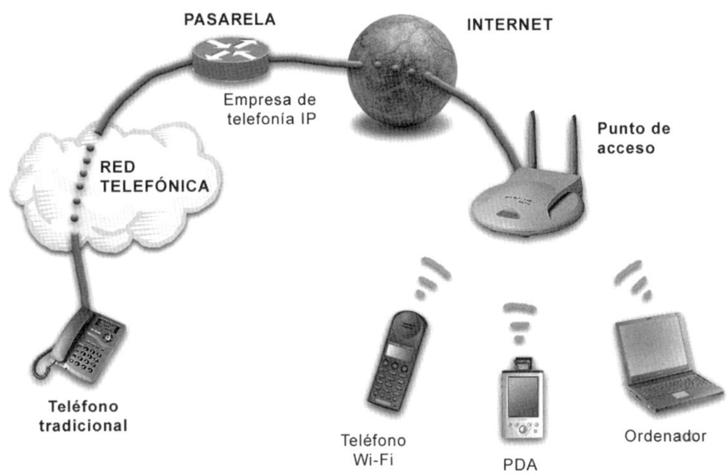

Figura 13.11. Estructura de la telefonía por Internet

Para poder hacer uso de esta tecnología, es necesario disponer de un terminal telefónico específico o de uno multipropósito (PDA u ordenadores portátiles con software de telefonía IP). Los terminales basados en PDA pueden resultar muy interesantes, ya que permiten integrar las funciones de telefonía, vídeo y datos en un solo equipo de reducido tamaño.

Los retos que tienen que vencerse en la actualidad para la introducción de este servicio son fundamentalmente tres: la calidad de audio en una red abierta llena de interferencias y retardos, que actualmente no está garantizada la continuidad del servicio cuando se desplaza el usuario y la falta de seguridad de las comunicaciones Wi-Fi. A pesar de lo anterior, para todas las pegas anteriores, existen soluciones que hacen que este servicio sea posible con todas las garantías.

En cualquier caso, salvo que se disponga de una red Wi-Fi muy congestionada, siempre se puede establecer una comunicación de voz utilizando los servicios de las empresas de telefonía por Internet. Estas empresas hacen de intermediarios entre Internet y la red telefónica permitiendo establecer una comunicación telefónica desde un ordenador a cualquier número telefónico del mundo. Las tarifas de estas empresas suelen ser algo más altas que las de una llamada local en el lugar de destino.

En el mundo existen muchas empresas de telefonía por Internet. Generalmente, suelen utilizar el sistema de prepago, de forma que el usuario sólo tiene que recargar su cuenta con la cantidad que estime oportuna y podrá hablar hasta que se le agote el saldo.

Empresa	PC-PC	PC-Telf	Vídeo	Texto	Observaciones
www.eyeball.com	Sí		Sí	Sí	
www.ivisit.com	Sí		Sí	Sí	Multivideoconferencia
www.mediaring.com	Sí	Sí			Correo voz
www.paltalk.com	Sí		Sí	Sí	Correo voz, transf. archivos
www.visitalk.com	Sí		Sí	Sí	Correo voz
www.clicktel.com		Sí			Llamadas gratis a Florida
voice.yahoo.com	Sí	Sí			
www.redvoiss.net		Sí			Llamadas desde Web
www.go2call.com		Sí			Llamadas desde Web
www.hottelephone.com		Sí			Gratis a Europa y USA
www.iconnecthere.com		Sí			
www.net2phone.com	Sí	Sí			
www.pc2call.com		Sí			Llamadas desde Web
www.pccall.com		Sí			
www.peoplecall.com	Sí	Sí			Empresa española
www.phonehog.com		Sí			
www.skype.es	Sí	Sí	Sí	Sí	La solución más extendida
www.talkyonline.com	Sí	Sí			Empresa española

Tabla 13.3. Ejemplos de empresas de telefonía por Internet

Teléfonos Wi-Fi

La tecnología Wi-Fi está en continua evolución. Lo que surgió como una solución para crear redes locales inalámbricas que permitieran la comunicación de datos está evolucionando hacia un sistema inalámbrico que da soporte a cualquier necesidad de comunicación: datos, voz, imagen, etc.

En este sentido, existen terminales telefónicos inalámbricos de tecnología Wi-Fi que permiten recibir y realizar llamadas telefónicas de voz siempre que se esté dentro del área de cobertura de una red Wi-Fi (dentro de la empresa, en la casa o conectado a alguna red Wi-Fi pública). Para evitar tener que llevar encima dos terminales distintos (uno Wi-Fi y otro de telefonía móvil), también existen terminales multimodos (GSM, Wi-Fi y 3G). Esto posibilita que, con un solo terminal, se pueda utilizar Wi-Fi cuando se esté dentro del área de cobertura Wi-Fi y GSM o 3G cuando se está fuera del área de cobertura Wi-Fi.

Los teléfonos Wi-Fi, al igual que los teléfonos IP o la telefonía por ordenador, necesitan que se contrate los servicios de una empresa de telefonía por Internet. Estas empresas pueden ofrecer incluso un número telefónico exclusivo para las comunicaciones de voz sobre IP.

Se puede encontrar más información sobre este tema en *www.cisco.com* o *www.nextel.com*.

EL HOGAR DIGITAL

Desde hace algunos años se viene hablando insistentemente de la domótica o, lo que es lo mismo, de la automatización del hogar. Cada nuevo desarrollo tecnológico produce inmediatamente que se le busque una aplicación para el hogar. No obstante, su implantación real siempre se ha visto frenada por toda una serie de limitaciones, entre las que se encuentran las siguientes:

- Necesidad de nuevo cableado por todo el hogar
- Complicación en su instalación
- Alto coste
- Baja velocidad de transmisión
- Capacidad de crecimiento limitada
- Compatibilidad

Pues bien, la tecnología Wi-Fi viene a eliminar prácticamente todas las barreras anteriores. De hecho, con la tecnología Wi-Fi se puede ir más allá de la domótica y crear lo que se está viniendo en llamar vivienda inteligente.

Una vivienda inteligente consta de tres tipos de redes interconectadas:

- **Red domótica** o de automatización que interconecta los dispositivos eléctricos del hogar, puntos de luz, calefacción, riego, conmutadores, sistemas de seguridad, etc.

- **Red de entretenimiento** para interconectar la recepción de televisión, películas, radio, juegos, etc.
- **Red de datos** para la interconexión de ordenadores y dispositivos informáticos (impresoras, escáneres, etc.).

El mercado está avanzando en esta idea. De hecho, ya se tiene desarrollado lo que se conoce como pasarela residencial (*residential gateway*). Éste es un dispositivo único que hace de interfaz entre el exterior y cada una de las subredes del hogar (domótica, entretenimiento y datos). Los organismos de normalización están realizando un gran esfuerzo con el objeto de conseguir un estándar común de trabajo que permita desarrollar esta industria.

Una de las iniciativas de normalización más relevante es la que se conoce como OSGi (*Open Services Gateway Initiative*, 'Iniciativa de pasarela de servicios abierta'). Ésta es una alianza de las empresas más importantes del sector de las telecomunicaciones, microelectrónica y fabricantes de equipos de consumo (entre las que está la empresa española Telefónica I+D). OSGi se estableció en 1999 con el objetivo de conseguir un estándar capaz de comunicarse con prácticamente cualquier tipo de aparato eléctrico o electrónico del hogar.

Por otro lado, en relación con el entretenimiento, en el mercado ya existen soluciones que permiten recibir música, películas o canales de televisión por Internet. Este tipo de recepción garantiza una buena calidad de recepción al no verse sometidas a las limitaciones de las recepciones tradicionales de radiofrecuencia.

La red de entretenimiento

Aunque los sistemas de automatización se están introduciendo lentamente en el hogar, lo que sí parece que está logrando unos mayores niveles de penetración es la red de entretenimiento. Hace unos años, la atención de todos los aficionados tecnológicos se centraba en el sistema conocido como cine en casa (*home cinema* o *home theatre* en inglés). Con él se consigue convertir el salón de casa en una sala de cine, por lo menos en cuanto al sonido. Posteriormente han venido las televisiones planas, con lo que se ha podido aumentar el tamaño de las pantallas. Los más cinéfilos incluso han visto como ha bajado el precio de los proyectores, consiguiendo complementar el equipo de cine en casa con una gran pantalla.

Ahora está llegando el momento de la comunicación inalámbrica en el hogar. Las cámaras de foto y de vídeo digital, así como la música MP3 hacen que el ordenador se convierta en el centro multimedia del hogar. Hace tiempo que se comercializan los Media Center o PC para colocar debajo de la tele para poder ver, grabar y reproducir música y vídeo. Lo que aporta Wi-Fi es la posibilidad de conectar los distintos equipos de música y vídeo de forma inalámbrica, incluidos los altavoces.

Entre los muchos equipos Wi-Fi para el hogar de que disponemos actualmente, podemos mencionar los siguientes:

- Cámaras de fotos Wi-Fi. Existen modelos que utilizan esta tecnología exclusivamente para conectarse con el ordenador donde descargar las fotos, mientras que otras se conectan a Internet para descargar las fotos en un servidor. Esto opción permite que durante un viaje se puedan descargar las fotos de la cámara sin necesidad de ordenador (desde un cibercafé por ejemplo).
- Equipos de música que se conectan con el ordenador de casa mediante Wi-Fi. Esta conexión le permite descargar la música que se desea reproducir. Este equipo puede disponer de una radio Wi-Fi para sintonizar las emisoras a través de Internet.
- Altavoces Wi-Fi para eliminar la necesidad de cruzar el salón con cables de este tipo.
- Monitores de vídeo que se conectan con el ordenador de casa mediante Wi-Fi. Esta conexión se utiliza para enviarle las fotos o el vídeo que se desea reproducir.

Figura 13.12. Ejemplos de equipos Wi-Fi para el hogar

- Servidores multimedia para audio y vídeo. Estos equipos se conectan al televisor y almacenan las fotografías y los vídeos que se les envía desde el ordenador mediante Wi-Fi.
- Proyector Wi-Fi para poder ver películas a gran tamaño. Su conexión Wi-Fi con el ordenador evita tener que tender cables. Combinado con un sistema de audio 5.1 permite disponer de un cine en casa.
- Marcos de fotos Wi-Fi. Estos equipos muestran fotos de forma fija o dinámica. Tienen una memoria donde almacenan las fotos a mostrar, pero se comunican con Wi-Fi con un ordenador para actualizar las fotos o modificar su configuración.
- Consolas de videojuegos. Estos equipos disponen de Wi-Fi para conectarse a Internet y poder jugar en línea.
- Equipos DVD Wi-Fi. Se trata de equipos reproductores de DVD normales que incorporan Wi-Fi para que desde el ordenador de casa se le puedan enviar fotos o vídeos que reproduce en la televisión.
- Discos duros Wi-Fi. Son discos duros que se pueden compartir con todos los miembros de la familia.
- Servidores de impresión. Si se dispone de una impresora local, se le puede conectar uno de estos servidores Wi-Fi para poderla compartir sin depender de ningún ordenador.
- Juguetes Wi-Fi. Se trata de juguetes electrónicos que pueden configurarse mediante Wi-Fi, evitando tener que utilizar cables o programas específicos.
- Radio despertador que muestra la información metereológica que recibe de Internet vía Wi-Fi.
- Terminales telefónicos que combinan la tecnología Wi-Fi con Dect y GSM.
- Equipos de televisión sin cables. Se trata de una pantalla LCD o plasma que recibe la señal de antena vía Wi-Fi. Esto evita tener que instalar cables de antena.

Sony, Nikon, D-Link, Sound Blaster, Netgear o Linksys son algunas de las empresas que fabrican dispositivos de este tipo.

LA EMPRESA SIN CABLES

Desde el punto de vista de la empresa, las redes inalámbricas son aplicables en cualquier campo de la industria donde exista la necesidad de utilizar un dispositivo informático, tener movilidad y permanecer en contacto en tiempo real con recursos informáticos de dentro o fuera de la empresa.

Las redes inalámbricas son especialmente útiles cuando los empleados necesitan acceder a la información desde distintos sitios o mantener una cierta movilidad. Éste sería el caso, por ejemplo, de médicos, enfermeras, inspectores, agentes, vendedores, personal de mantenimiento, personal de almacén, atención al cliente, personal de exposición, etc.

Para ver las ventajas de las redes inalámbricas, simplemente hay que pensar en la alternativa actual: utilizar formularios en papel, copiar del papel al ordenador, manejar información impresa no actualizada, tener que moverse para conseguir acceder a la información de la empresa, etc. Esto trae consigo la duplicación del trabajo, aumentar los tiempos de respuesta, introducir errores de interpretación de la escritura manual, manejar información no actualizada, perder tiempo en desplazamientos innecesarios, etc.

Un ordenador portátil o PDA con conexión inalámbrica puede mejorar grandemente el rendimiento y eficacia de muchos puestos de trabajo: facilita la movilidad, elimina el papeleo, disminuye los errores, reduce los costes de gestión, acerca la empresa al trabajador y aumenta la eficiencia.

Figura 13.13. Ejemplos de aparatos Wi-Fi para aplicaciones profesionales

Son muchos los dispositivos profesionales que están incorporando la tecnología Wi-Fi. En la mayoría de los casos, lo único que aporta esta tecnología es el eliminar el cable, pero no faltan los ejemplos donde esa comunicación inalámbrica es el verdadero valor del equipo.

Como ejemplo de dispositivos Wi-Fi en el entorno empresarial podemos mencionar los siguientes:

- Lector de código de barras. Transmite la información a su terminal mediante Wi-Fi.
- Lector de huella digital para autentificación.
- Terminales de punto de venta inalámbricos para cobrar con tarjeta de crédito con total movilidad.
- Sistemas de control remoto, así como sensores.
- Discos duros Wi-Fi para compartir información.
- Impresoras y servidores de impresión.
- Sistemas de televigilancia sin cables. Estas cámaras tienen la ventaja de su fácil instalación y de poder cambiar su ubicación.
- Pequeñas cámaras de vídeo que emiten su imagen vía Wi-Fi. Estas cámaras se pueden colocar en cualquier dispositivo que requiera videosupervisión.
- Videoconferencia y telefonía IP Wi-Fi.
- PDA con aplicaciones corporativas conectada a la red Wi-Fi.
- Ordenador de pared con pantalla táctil para determinadas aplicaciones corporativas.

APÉNDICE A

Glosario

100BASET. Estándar de la red Ethernet que permite velocidades de transmisión de 100 Mbps. Este estándar es también compatible con el estándar anterior 10BaseT. 100BaseT se basa en la norma IEEE 802.3u y se le conoce comúnmente como *Fast Ethernet* o Ethernet rápido.

10BASET. Estándar de la red Ethernet que permite velocidades de transmisión de 10 Mbps. 10BaseT se basa en la norma IEEE 802.3.

802.11. Conjunto de estándares de red de área local inalámbrica definidos por el IEEE (*Institute of Electrical and Electronics Engineers*, 'Instituto de ingenieros eléctricos y electrónicos'). Entre estos estándares se encuentra 802.11b, que es en el que se basa Wi-Fi.

A

ACCESO TELEFÓNICO. Comunicación vía módem utilizando una línea de red telefónica básica. También se le conoce por el término inglés *dial-up*.

ACTIVE X. Tecnología desarrollada por Microsoft para incluir aplicaciones en las páginas HTML.

AD HOC. Véase Modo *ad hoc*.

ADDRESS. Dirección. Véase Dirección.

ADMINISTRADOR. Persona responsable del mantenimiento y/o gestión de una red corporativa, red de área local (cableada o inalámbrica) o de un servidor de red.

ADSL. *Asymmetric Digital Subscriber Line*, 'Línea de abonado digital asimétrica'. Tecnología pensada para poder transmitir datos a alta velocidad a través del bucle de abonado de la línea telefónica. El bucle de abonado es el cable de cobre que va desde la casa del usuario hasta la central telefónica.

ANCHO DE BANDA. Cantidad de datos que puede circular en un medio por unidad de tiempo. Generalmente se mide en bits por segundos. También puede hacer referencia a un rango de frecuencias.

AP. *Access Point*, 'Punto de acceso'. Véase Punto de acceso.

API. *Application Program Interface*, 'Interfaz entre programas'. Interfaz que permite la comunicación entre programas, redes y bases de datos.

APLICACIÓN. *Software* que realiza una función particular para el usuario.

ARP. *Address Resolution Protocol*, 'Protocolo de resolución de direcciones'. Protocolo usado para averiguar la dirección del enlace correspondiente a la dirección IP.

ASCII. *American Standard Code for Information Exchange*, 'Código normalizado americano para el intercambio de información'. Código que le asigna a cada letra, número o signo empleado por los ordenadores una determinada combinación de ceros y unos. Éste es el código más ampliamente utilizado por todos los ordenadores a escala internacional.

ASP. *Active Server Pages*, 'Páginas activas de servidor'. Lenguaje de programación creado por Microsoft para permitir aumentar la interactividad en las páginas *web*.

ATENUACIÓN. Reducción o pérdida de potencia de la señal.

ATM. *Asynchronous Transfer Mode*, 'Modo de transferencia asíncrono'. Tecnología de transmisión de datos a alta velocidad, la cual posee la característica de poder transmitir diferentes tipos de información, incluyendo voz, datos, fax, vídeo, audio e imágenes.

AUP. *Acceptable Use Policy*, 'Política de uso aceptable'. Normas que deben cumplir todos los usuarios que hacen uso de una red.

AUTENTIFICAR. Verificar la identidad. La forma más habitual de verificar la identidad es mediante un nombre de usuario y clave.

B

BANDA ANCHA. Comunicaciones que transmiten datos a alta velocidad. Éste es un término relativo cuyo valor ha ido cambiando con el tiempo; aunque antiguamente se aplicaba a las velocidades superiores a 64 Kbps, hoy el límite va por 1 Mbps.

BANDA DE FRECUENCIAS. Rango de frecuencias del espectro radioeléctrico. El espectro radioeléctrico está dividido en bandas de frecuencias que regulatoriamente son utilizadas para distintas finalidades.

BANDWIDTH. Ancho de banda. Véase Ancho de banda.

BASE DE DATOS. Cualquier conjunto de información almacenada en cualquier formato. Generalmente, el término se aplica a textos o información gráfica almacenada en un ordenador y accesible de forma sistemática. La información de una base de datos suele estar dividida en registros y éstos, en campos.

BIT. Unidad más pequeña de información. Un bit puede tomar el valor 0 o el valor 1. Los ordenadores, internamente, sólo pueden manejar este tipo de información.

BITS POR SEGUNDO. Unidad de medida de la velocidad de transmisión de datos por un medio. Indica el número de bits en un segundo que son transmitidos por ese medio.

BLUETOOTH. Tecnología inalámbrica que permite intercomunicar equipos a una distancia de varios metros (menos de 10 metros). Al contrario que otras tecnologías como Wi-Fi, la tecnología Bluetooth no está pensada para soportar redes de ordenadores, sino, más bien, para comunicar un ordenador o cualquier otro dispositivo con sus periféricos: un teléfono móvil con su auricular, una PDA con su ordenador, un ordenador con su impresora, etc.

BPS. Bits por segundo. Véase Bits por segundo.

BRIDGE. Puente. Dispositivo que interconecta dos redes que utilizan el mismo protocolo haciéndolas funcionar como si se tratara de una sola red. Los puntos de acceso hacen la función de *bridge*.

BROADBAND. Banda ancha. Véase Banda ancha.

BROWSER. Navegador. Véase Navegador.

BSS. *Basic Service Set*, 'Conjunto de servicios básicos'. Una de las modalidades de comunicación en las que se pueden configurar los terminales de una red Wi-Fi. En este caso, la red inalámbrica dispone de un equipo (punto de acceso) que se encarga de gestionar las comunicaciones (internas y externas) de todos los dispositivos que forman la red. Este modo de conexión también es conocido como modo infraestructura.

BSSID. *Basic Service Set Identifier*, 'Identificador básico del conjunto de servicios'. Parámetro que identifica a cada ordenador que forma parte de la red Wi-Fi. Este identificador se genera de forma automática y aleatoria

BYTE. Unidad de información formada por 8 bits.

C

CABLE COAXIAL. Cable que tiene un conductor central rodeado de una malla metálica concéntrica que le protege de las interferencias. El cable de la televisión es un ejemplo de cable coaxial.

CANAL. La banda de frecuencias en la que trabaja una red inalámbrica se divide en canales. Por cada canal se puede establecer una comunicación.

CCK. *Complementary Code Keying*, 'Salto de código complementario'. Técnica de modulación utilizada en Wi-Fi junto con las técnicas de espectro distribuido.

CERTIFICADO. Información adjunta a una página *web* y que garantiza la fuente de dicha información. Los certificados son publicados por compañías independientes dedicadas a la certificación.

CGI. *Common Gateway Interface*, 'Interfaz de pasarela común'. Estándar que describe cómo un navegador *web* intercambia información con un servidor *web*. Esto le permite al servidor leer información introducida por el usuario en una página *web*, procesarla y mostrarle los resultados posteriormente.

CHAT. Hablar. Sistema de conversación de múltiples participantes en tiempo real. Generalmente, la conversación se lleva a cabo en modo texto, aunque también existen los *voicechat* de voz.

CLAVE. Véase Contraseña.

CLIENTE. *Software* que trabaja en el ordenador local para poder hacer uso de algún servicio del ordenador remoto. El *software* del ordenador remoto que permite ese uso recibe el nombre de servidor. También puede hacer referencia al propio ordenador o dispositivo local que depende del ordenador o dispositivo remoto (llamado servidor). En las redes Wi-Fi, cliente puede hacer referencia a los dispositivos (ordenadores, PDA, etc.) conectados a la red a través de un punto de acceso.

CLIENTE/SERVIDOR. Sistema mediante el cual las aplicaciones quedan divididas en dos partes: la parte residente en el ordenador del usuario, el cliente, y la parte residente en un ordenador central compartido, el servidor. El cliente se encarga de hacer de interfaz con el usuario. El servidor se encarga de gestionar la compartición de las aplicaciones, informaciones y periféricos entre los distintos clientes. El sistema cliente/servidor es utilizado tanto en redes de área local como en servicios *on-line*.

CONTRASEÑA. Palabra secreta o secuencia de caracteres que se utiliza para confirmar la identidad de un usuario. Para que sea eficaz, la contraseña debe ser conocida exclusivamente por el usuario y por el proveedor del servicio.

CORTAFUEGOS. Dispositivo de seguridad (*hardware* o *software*) que controla los accesos a una red local desde el exterior (típicamente, Internet).

CRACKER. Persona que intenta romper las protecciones de los programas informáticos comerciales para hacer copias ilegales.

CRC. *Cyclic Redundancy Check*, 'Comprobación cíclica de redundancia'. Datos adicionales que se adjuntan al final de la información para poder comprobar fácilmente que no ha habido errores en la transmisión. Los datos CRC son el resultado de hacer determinadas operaciones matemáticas con la información original. Como las operaciones son las mismas en origen y en destino, si el resultado no es el mismo, es que hay error en la transmisión.

CSMA/CA. *Carrier Sense Multiple Access with Collision Avoidance*, 'Acceso múltiple por detección de portadora con evitación de colisión'. Sistema que emplea Wi-Fi para negociar las comunicaciones entre los distintos dispositivos. Este sistema evita que dos dispositivos puedan intentar hacer uso del medio simultáneamente (evita la colisión).

CSMA/CD. *Carrier Sense Multiple Access with Collision Detection*, 'Acceso múltiple por detección de portadora con detección de colisión'. Sistema que emplean las redes Ethernet para negociar las comunicaciones entre los distintos dispositivos. Este sistema detecta que dos dispositivos han intentado hacer uso del medio simultáneamente (detecta la colisión) y hace que cada uno lo intente de nuevo en tiempos distintos.

D

DAEMON. *Software* que está siempre funcionando en segundo plano esperando a que una aplicación cliente solicite sus servicios. En los sistemas UNIX, se le da este nombre al *software* servidor.

DECIBELIO. Unidad que mide la relación entre dos valores. Por ejemplo, la relación entre la señal y el ruido o la ganancia se miden en decibelios. Esta unidad se representa por las letras dB y utiliza una escala logarítmica.

DHCP. *Dynamic Host Configuration Protocol*, 'Protocolo de configuración dinámica del *Host*'. Protocolo que permite que un servidor asigne dinámicamente las direcciones IP a los ordenadores clientes conforme éstos las van necesitando. La mayoría de los *routers* (incluso los incluidos en los puntos de acceso) incluyen la función de servidor DHCP.

DIAL-UP. Véase Acceso telefónico.

DIRECCIÓN. Cada ordenador conectado a Internet dispone de una dirección que lo identifica. Esta dirección puede estar dada en forma numérica (dirección IP) o alfanumérica (nombre de dominio).

DIRECCIÓN IP. Cadena numérica que identifica a los ordenadores conectados a Internet. Un ejemplo de una dirección IP es 128.56.78.2.

DIRECCIÓN MAC. Número único que asignan los fabricantes a los dispositivos de red (adaptadores de red y puntos de acceso). Este número es permanente y viene grabado en el propio dispositivo para permitir identificarlo de forma inequívoca. Las direcciones MAC están formadas por 12 caracteres alfanuméricos (por ejemplo, 12-AB-56-78-90-FE).

DIVERSIDAD DE ANTENA. Técnica que consiste en añadirle una segunda antena al equipo receptor de radio para conseguir mejorar la calidad de la recepción.

DMZ. *Demilitarized Zone*, 'Zona desmilitarizada' o 'Zona periférica'. Zona de una red de área local que, por estar sometida a un mayor riesgo potencial, se separa del resto de la red mediante un *firewall* y se le aplican medidas de seguridad especiales.

DNS. *Domain Name System*, 'Sistema de nombres de dominio'. Sistema encargado de traducir los nombres de dominio (como *law.columbia.edu*) de los ordenadores conectados a Internet en direcciones IP (como 128.56.78.2).

DoS. *Denial of Service*, 'Negación del servicio'. Ataque a un sistema informático que consiste en impedir su funcionamiento normal. La limitación causada puede ser total o parcial.

DOWNLOAD. Se puede traducir como *bajar* o, menos literalmente, como *traer* o *descargar*. Cuando un usuario copia un archivo de un ordenador remoto a su propio ordenador, se dice que el archivo ha sido bajado (*downloaded*).

DSL. *Digital Subscriber Line*, 'Línea digital de abonado'. Término genérico que hace referencia a la familia de tecnologías que utilizan la línea telefónica para transmitir datos a alta velocidad. ADSL, SDSL o HDLS son algunas de estas tecnologías. También se utiliza el término xDSL para hacer referencia a esta familia de tecnologías.

DSSS. *Direct Sequence Spread Spectrum*, 'Espectro expandido por secuencia directa'. Técnica de modulación utilizada por los sistemas IEEE 802.11b (Wi-Fi) para transmitir datos a alta velocidad (11 Mbps).

E

EAP. *Extensible Authentication Protocol*, 'Protocolo de autentificación extensible'. Protocolo de seguridad utilizado para controlar el acceso de los usuarios Wi-Fi y autentificar sus comunicaciones. Este protocolo está incluido en el estándar 802.1x.

ENLACE. Ruta de comunicación entre dos nodos de una red.

ESTACIÓN BASE. Nombre general que reciben los equipos de una red inalámbrica que se encargan de gestionar las comunicaciones de los dispositivos que forman la red.

ETHERNET. Tipo particular de red de área local. Tiene la particularidad de utilizar el mismo protocolo de comunicaciones que Internet (TCP/IP).

ETSI. *European Telecommunications Standards Institute*, 'Instituto europeo de normas de telecomunicaciones'. Creado en marzo de 1989 y con sede en Sophia-Antipolis, cerca de Niza.

ESPECTRO EXPANDIDO. Sistema de difusión de las señales radioeléctricas. Este sistema utiliza un ancho de banda mayor al estrictamente necesario a cambio de conseguir reducir la vulnerabilidad a las interferencias y garantizar la coexistencia con otras transmisiones.

ESS *Extended Service Set*, 'Conjunto de servicios extendido'. Una de las modalidades en las que se puede configurar una red local inalámbrica Wi-Fi. Reciben este nombre las redes inalámbricas que están formadas por más de un punto de acceso.

F

FAQ. *Frequently-Asked Question*, 'Preguntas frecuentes'. Lista de las preguntas más frecuentes sobre un tema y sus respuestas correspondientes. Muchos servicios en Internet ofrecen una FAQ con el objetivo de orientar a sus nuevos usuarios o de ofrecer información adicional sobre un tema.

FAST ETHERNET. Estándar de la red Ethernet que permite velocidades de transmisión de 100 Mbps. A este estándar se le conoce como 100BaseT y se basa en la norma IEEE 802.3u.

FCC. *Federal Communications Commission*, 'Comisión federal de comunicaciones'. Agencia responsable de regular las comunicaciones en Estados Unidos. Esta agencia no depende del gobierno, sino del Congreso de ese país.

FHSS. *Frequency Hopping Spread Spectrum*, 'Espectro expandido por salto de frecuencia'. Técnica de modulación utilizada tanto por los sistemas IEEE 802.11 como Bluetooth. Transmite datos a baja velocidad (1 Mbps) por lo que en la versión 802.11b se sustituyó por el sistema DSSS para poder transmitir datos a alta velocidad (11 Mbps).

FIREWALL. Véase Cortafuegos.

FIRMWARE. Código de programa que se graba en las unidades de *hardware* de los equipos. A través del *firmware* los fabricantes consiguen actualizar el *hardware* sin cambiar un chip. Estos códigos se guardan en unos chips de memoria conocidos como PROM. Estos chips tienen la particularidad de que no se borran cuando no tienen alimentación eléctrica y pueden ser reprogramados.

FTP. *File Transfer Protocol*, 'Protocolo de transferencia de archivos'. Protocolo de Internet que permite transferir archivos de un ordenador a otro.

G

GATEWAY. Pasarela. Sistema informático que transfiere datos entre dos aplicaciones o redes incompatibles entre sí. El *gateway* adapta el formato de los datos de una aplicación a otra o de una red a otra. Se utiliza generalmente para interconectar dos redes distintas o para hacer que una aplicación entienda los datos generados por otra aplicación distinta.

GNU. Tipo de *software* que puede ser copiado y distribuido libremente. De la misma forma, también puede ser copiado, distribuido o utilizado todo o parte de su código fuente, con la condición de que el *software* producido también sea de tipo GNU.

GPS. *Global Positioning System*, 'Sistema de posicionamiento global'. Sistema de satélites que permite identificar la posición exacta de un dispositivo localizado en cualquier punto de la superficie terrestre.

GUILTWARE. *Software* de tipo *freeware* que contiene un mensaje en el que se cuenta lo mucho que ha trabajado y sufrido el autor para realizar el programa y lo bien que le vendría una pequeña aportación económica. El nombre viene del inglés *guilt*, 'culpabilidad', y hace referencia a los sentimientos de culpabilidad que crea en el usuario si no atiende a la petición del autor.

GURÚ. Experto.

H

HACKER. Persona que se dedica a entrar ilegalmente en sistemas y redes de ordenadores para robar, modificar o borrar información.

HIT. Sistema para medir la carga de trabajo de un servidor. Se le llama *hit* a la transmisión de cada elemento de una página *web*. Si una página *web* consiste en un texto HTML, una imagen y un sonido, el servidor recibe tres hits cada vez que alguien accede a esta página.

HOST. Cualquier ordenador o dispositivo conectado a una red TCP/IP.

HOTSPOT. Zona en la que se puede acceder a Internet utilizando un punto de acceso Wi-Fi de uso público.

HTML. *HyperText Markup Language* 'Lenguaje de diseño de hipertextos'. Formato especial de archivos sobre el que está basada la estructura del servicio WWW (World Wide Web).

HTTP. *Hypertext Transfer Protocol*, 'Protocolo de transporte de hipertexto'. Protocolo que se utiliza en Internet para transferir la información *web*.

HUB. Dispositivo utilizado en las redes de área local para interconectar los ordenadores o equipos de red. Éste es un dispositivo pasivo que se limita a recoger la información de un puerto y retransmitirla por el resto de puertos sin hacer ningún tipo de análisis de ella.

I

IAB. *Internet Architecture Board*, 'Consejo de la arquitectura Internet'. Organización existente dentro de la Sociedad Internet (ISOC) que se encarga, entre otras cosas, de aprobar las normas de Internet.

IBSS. *Independent Basic Service Set*, 'Conjunto de servicios básicos independientes'. Una de las modalidades de comunicación en las que se pueden configurar los terminales de una red Wi-Fi. En este caso, la red inalámbrica no dispone de punto de acceso, llevándose a cabo las comunicaciones de forma directa entre los distintos terminales que forman la red. Este modo de conexión también es conocido como modo *ad hoc*, modo independiente o de igual a igual (*peer-to-peer* en inglés).

IDS. *Intrusion Detection System*, 'Sistema de detección de intrusos'. Sistema utilizado para detectar los intentos de accesos no autorizados a un ordenador o a una red.

IEEE. *Institute of Electrical and Electronics Engineers*, 'Instituto de ingenieros eléctricos y electrónicos'. Asociación mundial de ingenieros de este sector. El IEEE forma también el comité de normalización que recomienda al ANSI (órgano estadounidense de normalización) sobre los estándares de tecnologías de redes de área local.

INTERNET. Conjunto de redes, de ámbito mundial, conectadas entre sí mediante el protocolo IP (*Internet Protocol*). A través de Internet se puede acceder a servicios como WWW, transferencia de archivos, acceso remoto, correo electrónico o noticias, entre otros.

INTRANET. Redes corporativas que utilizan el mismo protocolo que Internet. Estas redes conectan a los ordenadores de la empresa y ofrecen a sus usuarios (empleados de la empresa) acceder a servidores *web* (o de otro tipo) con información corporativa, documentación, bases de datos, acceso remoto, etc.

IP. *Internet Protocol*, 'Protocolo Internet'. Protocolo de nivel de red utilizado tanto por Internet como por la mayoría de las redes de área local cableadas e inalámbricas. Mediante el protocolo IP, cualquier paquete puede viajar a través de las distintas redes de Internet hasta llegar a su destino final. IP es la clave del funcionamiento de Internet.

IPSec. Protocolo de redes privadas virtuales que, aunque forma parte de la recomendación IPv6, es ampliamente utilizado en las redes IPv4 actuales.

ISM. *Industrial, Scientific and Medicine*, 'Industrial, científica y médica'. Banda de frecuencias radioeléctricas reservadas a aplicaciones de este tipo. Ésta es la banda de frecuencias en las que actúa Wi-Fi.

ISO. *International Standard Organization*, 'Organización internacional para la normalización'. Organización que ha definido los protocolos de comunicaciones conocidos como ISO/OSI, utilizado por las redes públicas de conmutación de paquetes.

ISP. *Internet Service Provider*, 'Proveedor de acceso a Internet'. Cualquier empresa que facilite el acceso a Internet a sus clientes o usuarios. Estos usuarios pueden ser personas particulares u otras empresas.

ITU-TSS. *International Telecommunications Union-Telecommunications Standard Sector*, 'Unión internacional de telecomunicaciones-Sector de normalización de telecomunicaciones'. Antes CCITT.

K

KBPS. Kilobits por segundo. Unidad de medida de la velocidad de transferencia de datos. Un kilobit por segundo significa que se transfieren 1.024 bits cada segundo. Un bit es la unidad más pequeña de información (un 0 o un 1).

L

L2TP. *Layer 2 Tunnelling Protocol*, 'Protocolo de tunelado de capa 2'. Protocolo del IETF utilizado para crear redes privadas virtuales.

LAN. *Local Area Network*, 'Red de área local'. Véase Red de área local.

LINK. Enlace. Véase Enlace.

LINUX. Versión del sistema operativo Unix desarrollada por el sueco Linus Torvalds. La característica de este sistema operativo es que es distribuido de forma completamente gratuita.

LOS. *Line Of Sight*, 'Visibilidad directa'. Enlace de radio en el que no hay obstáculos intermedios que impidan su visibilidad directa.

M

MAC. *Medium Access Control*, 'Control de acceso al medio'. Conjunto de protocolos de las redes inalámbricas que controla cómo los distintos dispositivos se comparten el uso del espectro radioeléctrico.

MAC *ADDRESS*. Dirección MAC. Véase Dirección MAC.

MÁSCARA DE SUBRED. Número de 32 bits utilizado para identificar la parte de la dirección IP que identifica a la red y la parte que identifica al ordenador o equipo de red.

MBPS. Megabits por segundo. Unidad de medida de la velocidad de transferencia de datos. Un megabit por segundo significa que se transfieren 1.048.576 (1.024 x 1.024) bits cada segundo. Un bit es la unidad más pequeña de información (un 0 o un 1).

MÓDEM. Equipo que se conecta al ordenador para poder transmitir datos por un medio de transmisión analógico. En el caso de las líneas telefónicas, el módem convierte las señales digitales propias del ordenador en señales analógicas, aptas para ser transmitidas por una línea telefónica. Los módems utilizados habitualmente en las líneas telefónicas suelen ofrecer una velocidad de transmisión de hasta 56 Kbits por segundo.

MODO *AD HOC*. Red inalámbrica Wi-Fi que no disponen de punto de acceso. En este caso, las comunicaciones se llevan a cabo directamente entre los distintos terminales que forman la red. Este modo de conexión también es conocido como modo IBSS, modo independiente o de igual a igual (*peer-to-peer* en inglés).

MODO BSS. Véase Modo infraestructura.

MODO DE IGUAL A IGUAL. Véase Modo *ad hoc.*

MODO IBSS. Véase Modo *ad hoc.*

MODO INFRAESTRUCTURA. Redes inalámbricas Wi-Fi que disponen de un equipo central, conocido como punto de acceso, que se encarga de gestionar las comunicaciones (internas y externas) de todos los dispositivos que forman la red. Este modo de conexión también es conocido como modo BSS.

MODULACIÓN. Hecho de distorsionar una señal eléctrica o radioeléctrica para que contenga la información a transmitir. Al proceso contrario, extraer la información de una señal modulada, se le llama demodulación.

MULTIMEDIA. Sistema que integra sonido, textos e imágenes (fijas o en movimiento) en un único soporte.

N

NAVEGADOR. Programa que permite acceder a los recursos *web* de Internet. Adicionalmente, un navegador puede utilizarse también para acceder a otros recursos, como correo electrónico, grupos de noticias, etc. Internet Explorer y Netscape son los dos navegadores más conocidos.

NAT. *Network Address Translation*, 'Traducción de direcciones de red'. Estándar que le permite a las redes locales conectadas a Internet utilizar su propio sistema de numeración IP privado compartiendo los números IP públicos. Los usuarios de la red pueden acceder a Internet a través del *router*, pero el resto de usuarios de Internet no pueden acceder directamente a los ordenadores de la red local.

NIC. *Network Interface Card*, 'Tarjeta interfaz de red'. Tarjeta de red que necesita cualquier equipo para conectarse a una red de área local (cableada o inalámbrica).

NODO. Cualquier ordenador conectado a una red.

O

OFDM. *Orthogonal Frequency Division Multiplexing*, 'Multiplexado ortogonal por división de frecuencia'. Técnica de modulación utilizada por las redes de área local inalámbrica de alta velocidad (IEEE 802.11a y HiperLAN2). Permite transmitir datos de hasta 54 Mbps.

OFF-LINE. Estar desconectado. Trabajar *off-line* en Internet quiere decir que se está trabajando estando desconectado de la red. Lo opuesto sería trabajar *on-line*, o trabajar conectado a la red.

ON-LINE. Estar conectado. Trabajar *on-line* en Internet quiere decir que se está trabajando estando conectado a la red. Lo opuesto sería trabajar *off-line*, o trabajar mientras se está desconectado de la red.

P

PACKET. Véase Paquete.

PAQUETE. Cada uno de los trozos en los que un protocolo de comunicaciones divide el flujo de información para transmitirlo por la red.

PASSWORD. Véase Contraseña.

PCI. *Peripheral Component Interconnect*, 'Interconexión de componentes periféricos'. Especificaciones creadas por Intel y que definen un sistema de *bus* local que permite conectar al PC hasta 10 tarjetas de periféricos. El estándar PCI ha venido a reemplazar al antiguo estándar ISA (*Industry Standard Architecture*).

PCMCIA. *Personal Computer Memory Card International Association*, 'Asociación internacional de tarjetas de memoria para ordenadores personales'. Asociación de fabricantes de equipos que en 1989 sacó al mercado un tipo de puerto y de dispositivo de pequeño tamaño que permite que se le puedan instalar todo tipo de periféricos a los ordenadores personales. En un principio se dedicaron sólo a ampliar la memoria, de ahí su nombre. Tanto el puerto como los dispositivos reciben también el nombre de PCMCIA. En inglés se la conoce más coloquialmente como *PC Card* (tarjeta de PC).

PEER-TO-PEER. Véase Modo *ad hoc*.

PIGTAIL. Elemento que adapta un conector propietario de radiofrecuencia a uno estándar, generalmente de tipo N.

PKI. *Public Key Infrastructure*, 'Infraestructura de clave pública'. Conjunto de elementos, software y hardware, que permiten que los usuarios de una red puedan autentificarse frente a otros usuarios y usar la información de los certificados de identidad para cifrar y descifrar mensajes, firmar digitalmente información, o garantizar el no repudio de un envío, entre otros usos.

POLARIZACIÓN. Orientación física de la antena con respecto al suelo. Puede ser horizontal o vertical.

POP. *Post Office Protocol*, 'Protocolo de oficina de correos'. Protocolo que permite a los usuarios de ordenadores personales acceder a un *host* y transferir a su ordenador todo el correo dirigido a ellos (recoger el correo). Existen diferentes versiones del programa POP y no todas ellas son compatibles entre sí.

PORT. Véase Puerto.

PPTP. *Point to Point Tunnelling Protocol*, 'Protocolo de tunelado punto a punto'. Protocolo de red privada virtual incluido en los sistemas operativos Windows.

PROTOCOLO. Conjunto de normas que indican cómo deben actuar los ordenadores para comunicarse entre sí. Los protocolos definen desde para qué se va a usar cada hilo de un conector hasta el formato de los mensajes que se intercambian los ordenadores.

PUERTO. Puede tener dos significados: por un lado, puede tratarse de un número que identifica una aplicación particular de Internet. Cuando un ordenador envía un paquete a otro, el paquete contiene la información de la aplicación que está intentando comunicarse con el ordenador remoto. Esta identificación se hace mediante un número de puerto (*port number*). Por otro lado, también se conoce como puerto al conector físico que utilizan los ordenadores para comunicarse con el exterior (puerto de impresora, puerto serie, etc.).

PUNTO DE ACCESO. Equipo de la red inalámbrica que se encarga de gestionar las comunicaciones de todos los dispositivos que forman la red. El punto de acceso no sólo se utiliza para controlar las comunicaciones internas de la red, sino que también hace de puente en las comunicaciones con las redes externas (redes cableadas e Internet).

R

RADIUS. *Remote Authentication Dial In User Service*, 'Servicio de autentificación de clientes de acceso telefónico'. Protocolo utilizado para comunicar los puntos de acceso con el servidor de autentificación para verificar la identidad de los usuarios.

RED. Conjunto de ordenadores interconectados entre sí. También puede hacer referencia a la infraestructura que permite la interconexión de estos ordenadores.

RED DE ÁREA LOCAL. Red de datos que interconecta ordenadores situados en el entorno de un edificio o de las oficinas de una empresa dentro de ese edificio. Una red local permite a sus usuarios compartir información y recursos de la red, como impresoras o líneas de comunicaciones (acceso a Internet).

RELACIÓN SEÑAL/RUIDO. Resultado de dividir el valor de la fuerza de la señal de los datos por el valor de la fuerza del ruido. Generalmente, se expresa en decibelios (dB) y se utiliza como indicativo de la calidad de la comunicación. Cuanto mayor sea este valor, mejor será la comunicación.

RF. Radiofrecuencia.

RJ11. Conector de los equipos telefónicos (teléfonos, fax, módem, etc.). Este conector permite utilizar hasta cuatro hilos.

RJ45. Conector estándar que se utiliza habitualmente en el cableado de las redes locales Ethernet 10BaseT y 100BaseT. Tiene la misma forma que el conector RJ11, con la salvedad de que es de un tamaño algo mayor, lo que le permite utilizar hasta ocho hilos.

ROAMING. Posibilidad que tienen los equipos inalámbricos de desplazarse dentro del área de cobertura de una red inalámbrica sin perder la conexión.

ROUTER. Sistema utilizado para transferir datos entre dos redes que utilizan un mismo protocolo. Un *router* puede ser un dispositivo *software*, *hardware* o una combinación de ambos. Los puntos de acceso, generalmente, hacen las funciones de *router*. A este equipo también se le conoce en español por el nombre de enrutador.

S

SERVER. Véase Servidor.

SERVIDOR. *Software* que permite ofrecer servicios remotos a sus usuarios. También puede recibir el nombre de servidor el propio ordenador donde está instalado el *software* servidor. El ordenador de los usuarios contacta con el servidor gracias a otro *software* llamado cliente.

SISTEMA OPERATIVO. *Software* que hace que los ordenadores puedan funcionar. Es el encargado de gestionar y operar todos los recursos *hardware* y *software* de que disponga el ordenador. Los programas informáticos están diseñados para funcionar con un sistema operativo particular. Mac OS, Windows XP o Linux son ejemplos de sistemas operativos.

SMTP. *Simple Mail Transfer Protocol*, 'Protocolo simple de transferencia de correo'. Protocolo en el que se basa el servicio de correo electrónico en Internet. Este protocolo define el formato que deben tener los mensajes y cómo éstos deben ser transferidos.

S/N. *Signal to Noise Ratio*, 'Relación señal/ruido'. Véase Relación señal/ruido.

SNIFFER. 'Husmeador'. Herramienta que utilizan los administradores de red o los piratas informáticos para interceptar los paquetes de datos de las redes cableadas o inalámbricas. *Sniffer* puede ser tanto *software* como *hardware*.

SNR. *Signal to Noise Ratio*, 'Relación señal/ruido'. Véase Relación señal/ruido.

SPREAD SPECTRUM. Espectro expandido. Véase Espectro expandido.

SSID. *Service Set Identifier*, 'Identificador del conjunto de servicios'. Parámetro que identifica a una red inalámbrica Wi-Fi. También se le conoce como nombre de red.

SSL. *Secure Sockets Layer*, 'Capa de conexión segura'. Protocolo desarrollado por Netscape para codificar la comunicación entre un navegador *web* y un servidor. SSL garantiza la privacidad, autenticidad e integridad de la información intercambiada.

T

TCP/IP. *Transmission Control Protocol/Internet Protocol*, 'Protocolo de control de transmisión/Protocolo Internet'. Normas técnicas de actuación que fijan el interfuncionamiento de las redes que forman parte de Internet.

TELNET. Aplicación de Internet que permite el acceso remoto a otros ordenadores de la red y trabajar como si se fuese un usuario local. Mediante Telnet se puede tener acceso a todas las facilidades del ordenador remoto.

THROUGHPUT. Cantidad real de información que puede transmitirse en un enlace. Es una forma de conocer la eficiencia del enlace. Este valor suele medirse en bits por segundos, bps.

TIME OUT. Se dice que ha ocurrido un *time out* (tiempo límite) cuando dos ordenadores están manteniendo una comunicación y uno, por cualquier razón, no responde. Después de un cierto tiempo (*time out*), la comunicación se corta. Esta idea de plazo de tiempo se aplica también a cualquier otro proceso que disponga de un tiempo máximo de respuesta.

TKIP. *Temporal Key Integrity Protocol*, 'Protocolo de integridad de clave temporal'. Protocolo de cifrado utilizado por el sistema de cifrado WPA (*Wi-Fi Protected Access*) para garantizar la seguridad de las comunicaciones Wi-Fi. Este sistema corrige las deficiencias del sistema WEP al ofrecer un sistema dinámico de claves, enviando cada paquete con una clave de cifrado única.

TRANSCEIVER. *Transmitter-Receiver*, 'Transmisor-receptor'. Equipo de radio que puede tanto transmitir como recibir.

U

UIT. Unión Internacional de Telecomunicaciones.

UNIX. Sistema operativo multitarea y multiprogramación.

UPLINK. Enlace de subida. Suele hacer referencia al puerto donde se pueden conectar otros *hubs* o *switches* para extender la red.

UPLOAD. Se puede traducir como subir. Cuando un usuario copia un archivo de su ordenador a un ordenador remoto, se dice que el archivo ha sido subido (*uploaded*).

URL. *Uniform Resource Locators*, 'Localizador universal de recursos'. Forma particular que se tiene en Internet de especificar las direcciones de sus distintos recursos. Un URL es una dirección.

USB. *Universal Serial Bus*, 'Bus serie universal'. Interfaz serie del ordenador que permite conectar hasta 127 dispositivos (impresoras, adaptadores de red, escáneres, monitores, etc.) a una velocidad de 1,5 ó 12 Mbps. Además, tiene la particularidad de que no es necesario apagar el ordenador para conectar o desconectar los dispositivos.

V

VIRUS. Programa que tiene la característica de autorreproducirse (pasar de unos ordenadores a otros). Los virus pueden ser malignos si causan efectos destructivos en los ordenadores que va contaminando, o benignos, si no van causando daños.

VoIP. *Voice over IP*, 'Voz sobre IP'. Tecnología que permite la transmisión de voz sobre la redes de datos IP. Es la base de las comunicaciones de voz entre ordenadores. Aplicaciones como NetMeeting o Net2Phone se basan sobre esta tecnología.

VPN. *Virtual Private Network*, 'Red privada virtual'. Sistema de cifrado que permite crear redes completamente privadas en cuanto a seguridad y confidencialidad en un entorno no seguro (como Internet o redes inalámbricas).

W

WAN. *Wide Area Network*, 'Red de área extensa'. Red formada por la interconexión de distintas redes de área local situadas en distintos edificios. También recibe este nombre el puerto del punto de acceso donde se debe conectar la conexión con la red de área local cableada (Ethernet).

WAP. *Wireless Application Protocol*, 'Protocolo de aplicaciones inalámbricas'. Protocolo utilizado para que los terminales móviles (típicamente un teléfono móvil) puedan acceder a servicios y aplicaciones de Internet.

WEB HOSTING. Alojamiento *web*. Servicio que consiste en dar alojamiento en un ordenador a los servicios *web* de otras empresas o entidades.

WEBCAM. Cámaras de vídeo que pueden ser conectadas a un ordenador para establecer una videoconferencia o retransmitir un evento.

WECA. *Wireless Ethernet Compatibility Alliance*, 'Alianza de compatibilidad Ethernet inalámbrica'. Asociación de fabricantes de equipos de red creada en 1999 con el objetivo de fomentar la tecnología inalámbrica y asegurarse la compatibilidad de equipos. WECA es la creadora de la marca Wi-Fi y es quien certifica los equipos con esta marca.

WEP. *Wired Equivalency Protocol*, 'Protocolo de equivalencia con red cableada'. Sistema de cifrado de datos que incorporan las redes Wi-Fi. El sistema WEP surgió con la idea de ofrecerle a las redes inalámbricas un estado de seguridad similar al que tienen las redes cableadas.

WI-FI. *Wireless Fidelity*, 'Fidelidad inalámbrica'. Marca creada por la asociación WECA con el objetivo de fomentar la tecnología inalámbrica y asegurarse la compatibilidad de equipos. Todos los equipos con la marca Wi-Fi son compatibles entre sí y utilizan la tecnología inalámbrica definida por el IEEE en su estándar 802.11b.

WIMAX. *Worldwide Interoperability for Microwave Access*, 'Interoperatividad mundial para accesos de microondas'. Organización sin ánimo de lucro creada por fabricantes y suministradores de equipos inalámbricos para promover el uso de las tecnologías de redes inalámbricas metropolitanas de banda ancha IEEE 802.16a y ETSI HiperMAN, así como, asegurar su interoperatividad.

WISP. *Wireless Internet Service Provider*, 'Proveedor de acceso inalámbrico a Internet'. Operador con infraestructura inalámbrica que facilita el acceso a Internet a sus usuarios.

WLAN. *Wireless Local Area Network*, 'Red de área local inalámbrica'. Acrónimo con el que se hace referencia a las redes de área local inalámbricas. Las redes Wi-Fi son un ejemplo de este tipo de redes.

WORLD WIDE WEB. Servicio de Internet basado fundamentalmente en la presentación de información en forma de documentos multimedia, los cuales pueden contener enlaces directos con otros documentos World Wide Web.

WPA. Wi-Fi Protected Access, 'Acceso Wi-Fi protegido'. Especificaciones de seguridad basadas en el estándar IEE 802.11i que incrementa fuertemente el nivel de protección de datos y de control de acceso de las redes Wi-Fi. Las facilidades de seguridad ofrecidas por WPA pueden implantarse en las redes Wi-Fi existentes mediante una instalación de *software*.

WWW. Véase World Wide Web.

APÉNDICE B

Wi-Fi en Internet

Internet es una inmensa biblioteca donde se puede encontrar todo tipo de información. No obstante, quizás el único inconveniente que tiene Internet es que la inmensa mayoría de los servicios disponibles están escritos en inglés. No podía ser menos si tenemos en cuenta que esta red nació en Estados Unidos y que ha sido este país quien la ha potenciado fundamentalmente. Por otro lado, Internet pretende ser una red de servicios a escala mundial y, hoy por hoy, el inglés es el idioma dominante. Esto hace que muchos servicios surgidos en países de habla no inglesa (entre ellos en los países hispanos) se estén ofreciendo en inglés. No obstante, conforme Internet se ha ido popularizando en los países hispanos, han ido apareciendo cada vez más servicios en idioma español.

Si se desea buscar información sobre Wi-Fi o sobre cualquier otra tecnología inalámbrica, una buena forma de hacerlo es comenzar por utilizar un buscador. Cualquiera de las siguientes direcciones le ofrecerá esta posibilidad:

Terra	*www.terra.es*
	www.terra.com
	www.terra.com.mx
	www.terra.com.ar
Ozú	*www.ozu.com*
Google	*www.google.com*
Yupi	*www.yupi.com*
Starmedia	*www.starmedia.com*
El sitio	*www.elsitio.com*
Mundo latino	*www.mundolatino.org*

Otra forma de encontrar información sobre Wi-Fi es visitar cualquiera de los lugares específicos que existen en la red:

WDN	*www.wirelessdevnet.com*
Wireless Week	*www.wirelessweek.com*
WECA	*www.wi-fi.org*

Si se desea ir más directamente al grano, a continuación se dispone de algunas direcciones de Internet relacionadas con Wi-Fi. Estas direcciones son válidas en el día de hoy; sin embargo, téngase en cuenta que la información contenida en esta red tiene la mala costumbre de ser efímera, por lo que existe la posibilidad de que algunas de ellas no existan dentro de un tiempo.

En cualquier caso, lo que a continuación se muestra no pretende ser una exhaustiva guía de servicios Wi-Fi, sino, simplemente, una orientación de los servicios existentes. Si dedica un poco de tiempo a navegar, comprobará que Internet ofrece mucho más de lo que se puede imaginar.

General

Broadband Wireless	*www.bbwexchange.com*
Documentos	*www.qsl.net/n9zia*
Experiencias	*www.guillewireless.tk*
FCC	*www.lns.com/papers/part15*
IEEE	*www.ieee.org*
IEEE 802.11	*www.ieee802.org/11*
IEEE 802.11	*www.80211-planet.com*
Low cost wireless	*www.qsl.net/n9zia/wireless/*
Mobile IP	*www.computer.org/internet/v2n1/mobile.htm*
Mostly Harmless	*wireless.mostlyharmless.dk*
Practically Networked	*www.practicallynetworked.com*
Sifry	*www.sifry.com/alerts*
Sin cables	*www.sincables.net*
Small Netbuilder	*www.smallnetbuilder.com*
Utilidades de diseño	*www.ecommwireless.com/calculations.html*
Weca	*www.wi-fi.org*
WiFind	*www.wi-find.com/index2.html*
Wireless Developer Network	*www.wirelessdevnet.com*
Wireless Week	*www.wirelessweek.com*
Wlana	*www.wlana.com*

Antenas

Adaptadores de conectores (*pigtail*)	*www.seattlewireless.net/index.cgi/pigtail*
Antena con patatas Pringles	*www.oreillynet.com/cs/weblog/view/wlg/448/*
Antena omnidireccional	*205.159.169.11/reference/antennas/2ghz_collinear_omni/*
Antenas exteriores	*www.nycwireless.net/articles/enclosure/index.html*
Antenas yagui	*www.andrewhakman.dhs.org/yagi/*
Antenna page	*www.wlan2.dabsol.co.uk/antenna-page.html*
Antenna redux	*www.tux.org/~bball/antenna/*
Antenna Systems	*www.antennasystems.com/broadband.html*
Arrl	*www.arrl.org/tis/info/yagi-hf.html*
Cable LMR	*www.cepainc.com/LMR%20Cables.html*
Conectores BaProducts	*www.baproducts.com/rf-conn.htm#ntype*
Construir una antena con una lata	*www.turnpoint.net/wireless/cantennahowto.html*
Diseño de antenas tipo yagui	*www.netscum.com/~clapp/wireless.html*
Documentación	*www.pucelawireless.net*
Helical antenna	*www.guerrilla.net/reference/antennas/2ghz_helical/index.html*

Herramientas *software*	*www.zeland.com*
Hyperlink	*www.hyperlinktech.com/web/antennas_2400.php*
Long yagi workshop	*www.ifwtech.com/g3sek/diy-yagi/index.htm*
Mástiles Envirocom	*www.envirocom.co.za/products.htm*
Microwave antenna	*www.tpub.com/neets/book11/46.htm*
Netnimble	*www.netnimble.net*
Superpass	*www.superpass.com*
Telex Wireless	*www.telexwireless.com*
Utilizar una parabólica para Wi-Fi	*www.wwc.edu/~frohro/airport/primestar/primestar.html*
Yagi antenna design	*www.ipass.net/~teara/kq3.html*

Equipos Wi-Fi

3Com	*www.3com.com*
Asante	*www.asante.com*
Cisco	*www.cisco.com*
Compaq	*www.compaq.com/products/wireless/wlan*
D-Link	*www.dlink.com*
Intel	*www.intel.com/wireless/lan*
Linksys	*www.linksys.com*
NetGear	*www.netgear.com*
Nokia	*www.nokia.com/corporate/wlan*
Proxim	*www.proxim.com*
Zoom	*www.zoom.com/zoomair/index.html*

Seguridad

Airsnort	*airsnort.shmoo.com*
Analizador de protocolo Ethereal	*www.ethereal.com*
Kismet	*www.kismetwireless.net*
Netstumbler	*Www.netstumbler.com*
Página no oficial de IEEE	*www.drizzle.com/~aboba/IEEE/*
Security Geeks	*securitygeeks.shmoo.com*
Seguridad de 802.11	*www.drizzle.com/~aboba/IEEE/*
Vulnerabilidad	*www.cs.umd.edu/~waa/wireless.html*
Wap11 Hack	*http://www.seattlewireless.net/index.cgi/Wap11Hack*
Wildpackets	*www.wildpackets.com*

Comunidades Wi-Fi

Free Networks	*www.freenetworks.org*
Madrid Wireless	*madridwireless.net*
Málaga Wireless	*www.malagawireless.org*
NYCWireless	*www.nycwireless.net*
Open Wireless Network	*www.opennetworks.rg3.net*
Personalteco	*www.personalteco.net*
Seattle Wireless	*www.seattlewireless.net*
Zaragoza Wireless	*www.zaragozawireless.org*

Sistemas operativos

Linux & Wireless	*www.hpl.hp.com/personal/Jean_Tourrilhes/Linux/Wireless.html*
Linux AVS	*www.linux-wlan.com/linux-wlan*
Linux PCMCIA	*pcmcia-cs.sourceforge.neet*
Mac Airport	*www.macwindows.com/airportpc.html*
Mac Airport	*www.vonwentzel.net/ABS/index.html*
Mac Wireless	*homepage.mac.com/robm*
Network Computing	*www.nwc.com*
O'Reilly for Linux	*www.oreillynet.com/pub/a/wireless/2001/03/06/recipe.html*
Seguridad de WEP	*www.isaac.cs.berkeley.edu/isaac/wep-draft.pdf* *www.isaac.cs.berkeley.edu/*
Recursos de Microsoft	*www.microsoft.com/windows2000/technologies/communications/wifi/default.asp*
Wireless tools for Linux	*www.hpl.hp.com/personal/Jean_Tourrilhes/Linux/Tools.html*

Índice alfabético

A

B

C

D

E

F

G

H

I

J

K

L

M

Q

R

S

Y

Z